从虚拟化到云计算

邢利荣　何晓龙

编著

电子工业出版社

Publishing House of Electronics Industry

北京·BEIJING

内 容 简 介

本书将向读者展示目前流行的虚拟化技术，随着云计算的兴起和普遍应用，虚拟化技术也开始流行，越来越多的企业开始拥抱虚拟化技术，从而实现降低成本、提升效率的目标。虽然虚拟化不是万能的，但多数情况下，虚拟化技术的实施可以让企业现有资源做更多的事情，获得更高的效率。

由于虚拟化所涉及的内容十分丰富和庞杂，所以本书在选择虚拟化工具时主要依据其使用程度而不会面面俱到，通过展现各个层面的虚拟化应用将读者带入虚拟化的世界，并且根据初学者的学习曲线，先从日常生活中的应用开始讲起，逐步深入到其他平台以及企业应用，没有太多枯燥的理论，只有实实在在的应用，可以使读者在短时间内获得虚拟化的实用技术，快速入门，并学以致用。

本书适合所有的虚拟化技术的初学者、爱好者入门和学习，初、中级用户通过循序渐进地学习本书，可以迅速地进入精彩的虚拟化世界。

图书在版编目（CIP）数据

从虚拟化到云计算 / 邢利荣，何晓龙编著. —北京：电子工业出版社，2013.8
ISBN 978-7-121-20814-0

Ⅰ. ①从… Ⅱ. ①邢… ②何… Ⅲ. ①虚拟网络 Ⅳ. ①TP393

中国版本图书馆 CIP 数据核字（2013）第 137494 号

策划编辑：李　冰
责任编辑：葛　娜
印　　刷：北京天宇星印刷厂
装　　订：三河市鹏成印业有限公司
出版发行：电子工业出版社
　　　　　北京市海淀区万寿路 173 信箱　邮编 100036
开　　本：787×1092　1/16　印张：29.5　字数：773 千字
印　　次：2013 年 8 月第 1 次印刷
定　　价：59.00 元

凡所购买电子工业出版社图书有缺损问题，请向购买书店调换。若书店售缺，请与本社发行部联系，联系及邮购电话：（010）88254888。

质量投诉请发邮件至 zlts@phei.com.cn，盗版侵权举报请发邮件至 dbqq@phei.com.cn。

服务热线：（010）88258888。

平常心认识和学习虚拟化

虚拟化简史

当下，虚拟化技术十分流行，但其实虚拟化并非最新技术，这种技术早在 20 世纪 60 年代就已经出现，并且在当时的 IBM 大型机（mainframe）上得以实现——在 IBM CP-40 上成功地运行了 14 部定制的 IBM System/360。随后 IBM 推出的 IBM S360/M67 更是拥有一个转换层，提供了完整的虚拟化功能，该主机可以运行虚拟化的 S360/M67，这可以说是虚拟化技术的第一次成功应用。

至于虚拟化的广泛应用，这就不得不提到一家公司，这家公司的名字叫 VMware，当时该公司成功地实现了 X86 架构的虚拟化，并推出了比较成熟的产品——VMware Workstation。为什么要这么说呢？是因为要在 X86 架构上实现虚拟化要比其他平台复杂得多。为什么这么说呢？

由于 X86 架构最初主要用于个人计算机之上，所以当时 Intel 在设计 X86 CPU 时，为这种平台架构定义好了 4 个特权级别（privilege level），分别是 ring 0、ring 1、ring 2、ring 3，并且规定操作系统的内核运行在 ring 0 这个级别，操作系统的应用程序运行在 ring 3 级别之上，所以 ring 0 和 ring 3 也就成为 X86 CPU 最常用的运行级别。至于 ring 1 和 ring 2 则比较少用到，驱动程序会用到这两个级别，并且每个运行级别的程序只能在自己的运行级别运行，所以这 4 个特权运行级别其实就是 X86 架构实现虚拟化的最大障碍。

试想作为一个虚拟化应用程序，按照运行级别，它应该运行在 ring 3，而这个程序之上却要安装操作系统，操作系统则需要 ring 0 运行级别，在 ring 3 之上无法运作，这一直是困扰 X86 虚拟化技术实现的重大难题。

幸运的是，VMware 在 1998 年使用 BT（Binary Translate）技术解决了这一难题，随后推出了著名的 VMware Workstation 系列产品，并迅速占领市场。经过多年的创新和发展，VMware 已经成为虚拟化主导厂商，占有虚拟化市场 60% 以上的份额，产品线也扩展到企业虚拟化、虚拟数据中心以及云计算等多个领域。

在虚拟化技术崛起这一段时间，X86 的主导厂商 Intel 和 AMD 也推出了 VT/AMD-V 和 EPT/NPT 等多项硬件辅助虚拟化方面的新技术。前者扩展了 X86 架构，将传统的 ring 0 到 ring 3 特权级别定位为非 Root 模式，增加了 Root Mode，该特权级别可以理解为 ring -1，虚拟化程序可以直接运行在该级别，而不需要任何辅助技术就可以轻松实现虚拟化；而后者则优化了虚拟机系统内存管理单元（MMU），从而优化了虚拟机内存使用，从而提升了虚拟机的效率。

虚拟化技术的类别及主流的虚拟化产品

虚拟化技术经过了这么多年的发展，已经比较成熟了，同时也产生了一个体系庞大、门类复杂的虚拟化产品家族。下面就来详细介绍一下虚拟化的最基本专业名词、分类以及主流产品。

1. Host/Host OS 和 Guest/Guest OS

Host 指的是物理主机，Guest 指的是虚拟主机，而 Host OS 指的是物理主机的操作系统，Guest OS 则是指虚拟主机的操作系统。例如，在物理主机上安装了 Windows 7 系统，Windows 7 中安装了 VMware Workstation，在 Workstation 中创建了一部 Ubuntu 虚拟机，然后在虚拟机中运行了 Ubuntu 操作系统，这时我们就称物理主机为 Host，Windows 7 为 Host OS，Workstation 中创建的虚拟主机为 Guest，Ubuntu 就是 Guest OS。

2. 寄居架构（Hosted）和裸金属架构（Bara metal）

寄居架构的虚拟化产品需要运行在某一操作系统之上，如常用的 VMware Player、VirtualBox、VMware Workstation 以及停止更新的 VMware Server 等虚拟化产品都需要一个操作系统环境，或者是 Windows，或者是 Linux，抑或是 Mac OS，没有操作系统这些虚拟化产品无法运作。

裸金属架构则要比寄居架构潇洒得多，无须任何操作系统就可以直接在裸机上运行，典型产品如 VMware ESXi，可以在裸机上直接运行，而无须其他任何操作系统。

3. Nested Host

Nest 在英文中是鸟巢、筑巢的意思。在虚拟化领域，Nested 指的是一种虚拟机，即虚拟机中的虚拟机（OSes in OS），具体点说，就是 Windows 7 是 Host OS，Ubuntu 是 Guest OS，而在 Ubuntu 中又使用 VirtualBox 创建了一部 Windows XP 虚拟机，那么这部 Windows XP 虚拟机就称为 Nested Host。还有 VMware 推出的虚拟机方案 vSphere in a box，也是基于 Nested Host 的。

4. P2V

P2V 是 Physical-to-Virtual 的缩写，就是将物理计算机的操作系统转换为虚拟机操作系统的操作，这个操作可以通过 VMware 提供的 vCenter Converter 工具实现，也可以通过第三方工具实现。

云计算

随着虚拟化技术的成熟，云计算技术也变得越来越流行了，比较著名的云计算厂商有 Amazon、Google 以及 Salesforce，Amazon 是 IaaS 技术的代表厂商，Google 的 Google App Engine 是 PaaS 的代表厂商，而 Salesforce 则是 SaaS 的代表厂商。那 IaaS、PaaS、SaaS 是什么意思呢？下面就逐一进行详细介绍。

1. IaaS

IaaS 是 Infrastructure as a Service 的英文缩写，翻译过来就是"基础架构作为服务"的意思。那计算机的基础架构是什么呢？无外乎 CPU、内存、硬盘等，其实质就是一部虚拟机，你可以从 Amazon 或其他 IaaS 提供商那里买到合乎需求（硬件、流量、价格等）的虚拟机作为你的服务器，并且可以通过浏览器快速部署操作系统和服务，令你的 Web Service 快速上线并提供服务。本书会介绍 Amazon 的云服务。

2. PaaS

PaaS 是 Platform as a Service 的英文缩写，翻译过来就是"平台即服务"的意思。该平台主要是为广大程序员以及厂商提供一个在线的开发、测试和托管的服务，尤其适合网络应用程序的开发和维护。Google App Engine 就是一个成功的典范，开发者可以轻而易举地在 Google App Engine 上注册账号进行开发和测试，至于开发环境和数据库，这些不用开发者操心，Google App Engine 已经为大家准备好了，直接使用即可，从而大大提高了开发效率。

3. SaaS

SaaS 是 Software as a Service 的英文缩写，这个大家可能比较熟悉，就是常说的"软件即服务"，软件作为一种服务提供给客户使用，著名的 Salesforce 就是该领域的佼佼者，为客户提供多种专业服务，如 CRM、Marking、Chatter 等。

关于本书

本书是一本虚拟化的入门图书，从日常虚拟化应用开始，进而介绍企业虚拟化应用。由于虚拟化技术是一个很大的概念，所以本书不会面面俱到，所有的虚拟化应用都是从个人或企业日常操作中精选出来的，以主流的 VMware 个人版/企业版和 VirtualBox 为例来介绍，最适合边学习边应用。

本书特色

本书最大的特色就是突出最为常用的虚拟化工具，如 VMware 以及 VirtualBox 丰富的应用，图文并茂，内容翔实，多数知识点都联系实际应用，并可以帮助读者解决应用中的实际问题和学习中的难题，提高应用效率。本书主要有以下三大特色：

- 突出最为常用的虚拟化应用，通过虚拟化应用实例来介绍虚拟化工具的使用。
- 虚拟化应用的选择全面且重点突出，从日常的虚拟化应用到企业的虚拟化应用全面涉及，但又重点讲解具有实用价值的应用。
- 循序渐进地学习，从日常的虚拟化应用，逐步过渡到企业级虚拟化应用。

本书配套虚拟机

为便于读者学习，本书配有创建好的虚拟机，下载地址如下。

Ubuntu 12.04：https://skydrive.live.com/redir?resid=E78559025012C3C8!6174&authkey=!AFg XCHVSCp2ivS0

OpenSUSE 12.2：https://skydrive.live.com/redir?resid=E78559025012C3C8!6158&authkey=!AK n64mx6Gfo-gUk

虚拟机版本需求：VMware Player 5.0/VMware Workstation 9 及以上版本

用户名：linux

密码：1234567

关于图书的建议、批评

请发邮件到：hxl2000@gmail.com。

感谢

特别感谢电子工业出版社的李冰和黄爱萍这两位编辑的支持和鼓励，使得本书能够如此之快和读者见面。

本书由何晓龙策划和编写，参与本书创作和编写的有何晓龙、上海电力学院的邢利荣。由于虚拟化应用范围十分广泛，再加上水平有限，书中疏漏和错误之处在所难免，敬请广大读者批评指正。

何晓龙

2013 年 4 月

目 录

01 从虚拟化到云计算
与虚拟机的第一次亲密接触

"虚拟化"这个名词听起来太抽象和专业了，所以本章将从大家日常可以接触到的虚拟化产品开始讲起，通过实实在在的虚拟化应用来了解虚拟化技术。本章会详细介绍虚拟化最新产品 VMware Player 5、VMware Workstation 9 以及 VirtualBox 的安装和使用，并通过具体实例轻松跨入虚拟化技术的大门。

1.1 VMware Player 5 的基本使用

VMware Player 是 VMware 最基础也最为实用的 VMware 桌面产品，其不仅可以播放制作好的 VMware 格式虚拟机文件，还可以创建虚拟机，完全免费。最为重要的是，其核心都是采用相应的 VMware Workstation 的核心，如 VMware Player 4.0 采用的是 VMware Workstation 8.0 的核心，VMware Player 5.0 采用最新的 VMware Workstation 9.0 的核心，依此类推，也就是说，可以通过 VMware Player 体验最新的 VMware Workstation，大家可以将其视为具有常用功能的简化版 VMware Workstation。

VMware Player，顾名思义，最开始的功能是播放 VMware Workstation 制作的虚拟机镜像，从 2010 年发布的 VMware Player 3.0 开始，VMware Player 也具有创建虚拟机的功能了，并作为 VMware 公司抢占桌面市场的王牌。

1. 安装和使用 VMware Player

如何使用 VMware Player 呢？第一步是到 VMware 的网站去下载 VMware Player。首先在 VMware 网站注册一个账号，然后用此账号登录 VMware 网站，进入 VMware Player 下载网页 http://www.vmware.com/ products/player，单击该页面上的"Download"按钮，保存即可。下面就以最新的 VMware Player 5.0 为例来详细介绍其使用方法。

双击 VMware Player 5 的安装文件，这时会弹出 VMware Player 的安装界面，具体效果如图 1-1 所示。

如果 Windows 系统已经安装了先前版本的 VMware Player，安装程序会提示你卸载该版本，具体操作如图 1-2 所示。

图 1-1 VMware Player 5 的安装界面

图 1-2 卸载较旧版本的 VMware Player

单击"Uninstall"按钮后，就会出现重启界面，如图 1-3 所示。

图 1-3 重启 Windows 系统

重启系统后，VMware Player 5 的安装程序会自动运行，没有安装过 VMware Player 的朋友，可以直接从这里开始看 VMware Player 5 如何安装。

首先会弹出欢迎界面，如图 1-4 所示。

图 1-4　开始安装 VMware Player 5

单击"Next"按钮，接下来选择"目标文件夹"，也就是说，要将 VMware Player 5 安装到哪里，这里采用默认位置，大家可以根据实际情况自行定义，如需自定义安装位置，只需单击"Change"按钮即可选择，具体操作如图 1-5 所示。

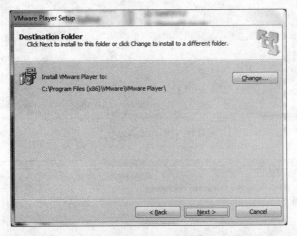

图 1-5　决定安装位置

确定了安装位置后，单击"Next"按钮，这时会出现快捷方式对话框，在这里可以设定将 VMware Player 5 的图标放置在哪里。在默认情况下，桌面和开始菜单都是选中的，一般不用修改，直接单击"Next"按钮继续，具体操作如图 1-6 所示。

设置完图标位置后，就会出现正式安装界面，直接单击"Continue"按钮开始安装，具体操作如图 1-7 所示。

开始安装后，就会出现安装进度条，安装期间，屏幕可能会闪动，不必理会，很快就会安装好，具体过程如图 1-8 所示。

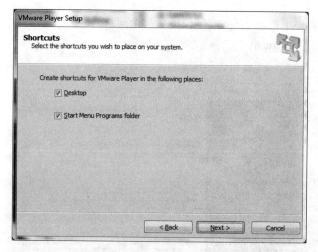

图 1-6　设置 VMware Player 5 启动图标位置

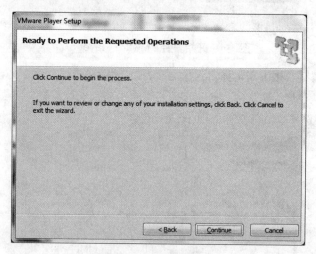

图 1-7　开始安装

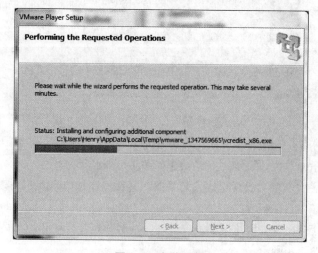

图 1-8　安装过程

最后安装成功会出现如图 1-9 所示的画面。

图 1-9　VMware Player 5 安装成功

安装成功后，双击桌面上的 VMware Player 5 图标，即可启动，第一次运行会出现如图 1-10 所示的接受协议界面，直接选择"Yes"后，单击"Next"按钮继续。

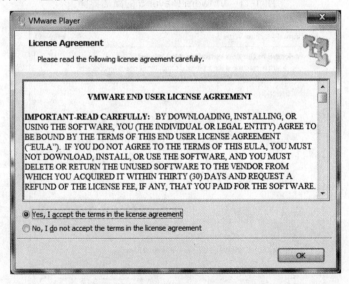

图 1-10　接受 VMware 用户协议

单击"Ok"按钮后，就会出现 VMware Player 5 的简洁界面，如图 1-11 所示。

VMware Player 安装完成以后，即可创建虚拟机或运行虚拟机文件。单击 VMware Player 默认主界面中 Home 右侧的"Create a new Virtual Machine"按钮，即可开始创建虚拟机。首先会出现"New Virtual Machine Wizard"窗口，如图 1-12 所示。

默认选中的是"I will install the operating system later"选项，一般采用默认选项即可，至于光盘镜像，可以创建好虚拟机之后再设置，这样会省事很多，直接单击"Next"按钮继续。

图 1-11　VMware Player 5 的简洁界面

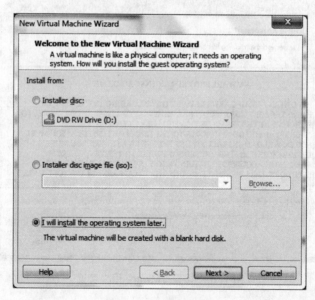

图 1-12　创建虚拟机

　　接下来出现的是选择操作系统对话框，由于 VMware 以支持的平台全面而著称于世，所以一般不用担心要安装的系统不在支持之列，这里选择开源的 Linux 系统。大家可以根据自己的实际需要来选择相应的操作系统，比如要体验最新的 Windows 8，就可以选择 Microsoft Windows，然后从下拉列表框中选择 Windows 8 系统。需要注意的是，VMware Player 默认支持的系统都是 32 位系统，如果要安装 64 位系统，可以从列表中选择，比如要安装 64 位的

Windows 8，则可以选择 Windows 8 X64。这里选择 OpenSUSE 选项，具体操作如图 1-13 所示。

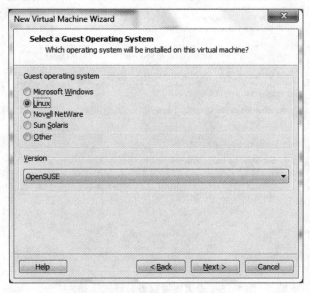

图 1-13　确定虚拟机所安装系统

选择了操作系统类型后，直接单击"Next"按钮，接下来就需要设置虚拟机的安装路径，这里采用默认路径安装，如需改变虚拟机安装位置，直接单击"Browse"按钮选择即可，具体操作如图 1-14 所示。

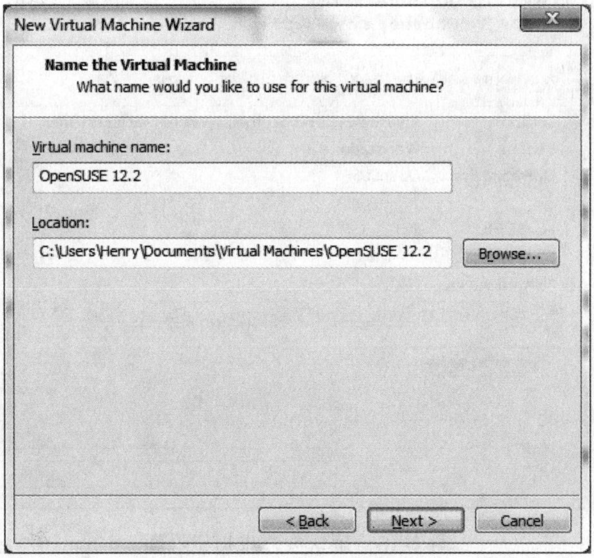

图 1-14　设置虚拟机位置

接下来需要设置虚拟磁盘，默认设置是 20GB，如果感觉不够用可以自行添加。此外还有两个选项，即保存虚拟机到一个文件还是保存虚拟机到多个文件，默认为保存到多个文件，除非必要，否则采用默认设置即可，具体操作如图 1-15 所示。

图 1-15　设置虚拟磁盘容量和保存方式

设置好磁盘容量后，直接单击"Next"按钮，即可完成创建虚拟机的必要设置，出现确认设置界面，具体结果如图 1-16 所示。

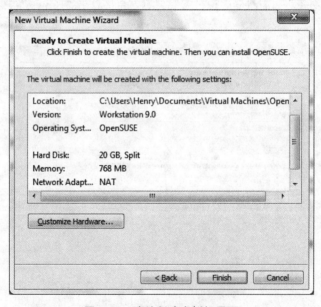

图 1-16　确认创建虚拟机界面

单击"Finish"按钮即可完成虚拟机的创建，至于其他设置，都是可以通过编辑虚拟机配置来改变的，如内存、网卡工作方式、系统光盘镜像等设置，具体操作如图 1-17 和图 1-18 所示。

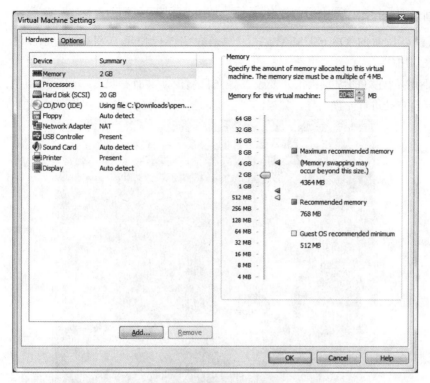

图 1-17　设置内存容量

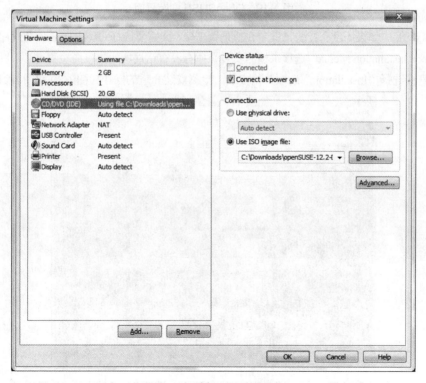

图 1-18　设置光盘引导镜像

2．创建 OpenSUSE 虚拟机

下面就以最新的 OpenSUSE 12.2 为例来介绍如何使用 VMware Player 5 创建一个 OpenSUSE 虚拟机。

启动刚刚创建好的虚拟机，只要设置好光盘镜像，并且是第一次启动虚拟机，VMware Player 5 就会自动进行光盘引导，如果配置正确，就可以看到如图 1-19 所示的安装界面。

图 1-19　OpenSUSE 安装界面

顺利启动后，如果还没有校验过安装介质是否正确，就需要选择 OpenSUSE 安装程序启动菜单中的"Check Installation Media"选项来检测安装介质有没有错误，如果已经检测过了，则可以跳过此步骤，直接选择"Installation"选项开始安装。检测安装介质的操作如图 1-20 和图 1-21 所示。

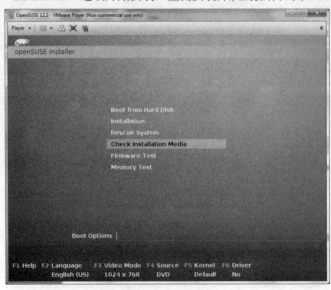

图 1-20　选择"Check Installation Media"选项进行安装介质的检测

图 1-21　检测安装介质是否正确

如果安装介质没有问题，就会出现如图 1-22 所示的界面。

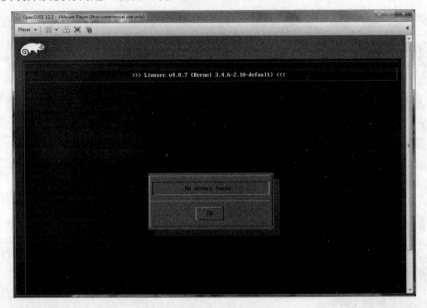

图 1-22　安装介质没有错误

这时，OpenSUSE 的安装程序会自动启动系统安装程序，安装程序的默认语言是英文，所以首先需要选择语言，这里选择"简体中文"，很快界面就变成简体中文的了，然后单击"下一步"按钮继续，具体结果如图 1-23 所示。

选择语言后，即可选择安装模式，这里采用全新安装模式进行安装，具体操作如图 1-24 所示。

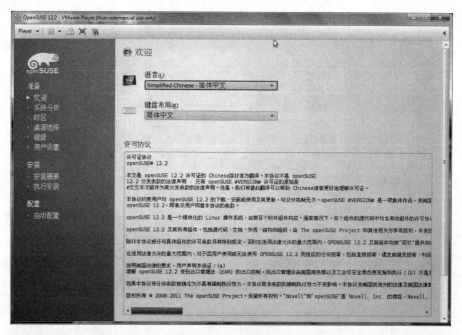

图 1-23　选择语言

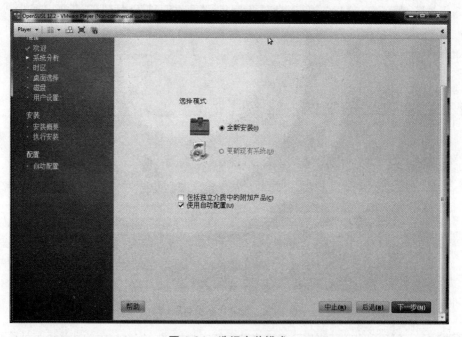

图 1-24　选择安装模式

　　选择好安装模式后，就可以选择时区了，这里选择"上海"，如果处于其他时区，则可以根据实际情况进行选择，设置正确，直接单击"下一步"按钮继续，具体操作如图 1-25 所示。

　　到了选择桌面环境的时候了，系统默认是 KDE 桌面，这里选择"GNOME 桌面"，如果要选择 XFCE 或 LXDE 桌面，则可以打开其他选项进行选择，选择好后即可单击"下一步"按钮继续，具体操作如图 1-26 所示。

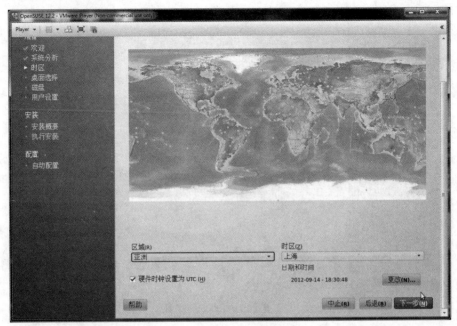

图 1-25　选择时区

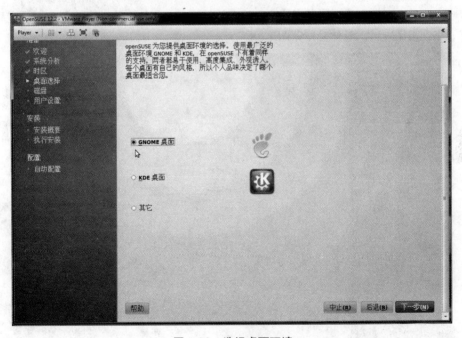

图 1-26　选择桌面环境

选择了桌面环境后就到了系统安装的关键一步——系统分区，这一直是 Linux 初学者的鬼门关，稍不小心，就会毁掉硬盘上的数据，不过由于是虚拟机，这里就没有什么风险了，搞坏了大不了重新创建一部虚拟机，并且操作也大大简化了，直接采用默认分区方案即可。单击"下一步"按钮继续，具体操作如图 1-27 所示。

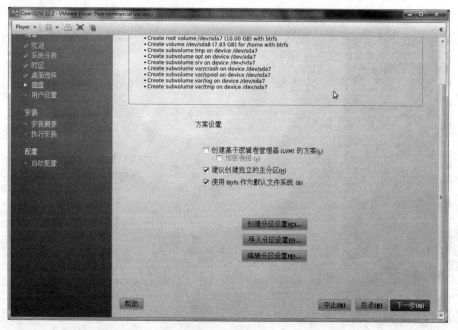

图 1-27　系统分区

分区完成后，开始创建一个普通用户，这个比较简单，直接创建即可。创建好用户后，单击"下一步"按钮继续，具体操作如图 1-28 所示。

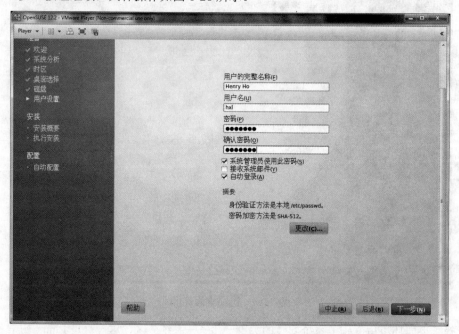

图 1-28　创建用户

创建好用户后就可以开始安装了，这时安装程序会将前面的设置全部汇总，并让你确认，如果没有问题，直接单击"安装"按钮即可开始 OpenSUSE 的安装，具体操作如图 1-29 和图 1-30 所示。

图 1-29　安装设置汇总

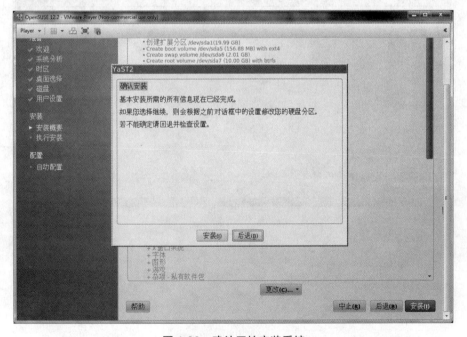

图 1-30　确认开始安装系统

再次确认安装系统后，安装程序就开始根据先前的设置安装系统了，这个过程大约需要半小时，并且取决于物理主机和虚拟主机的配置，具体操作如图 1-31 所示。

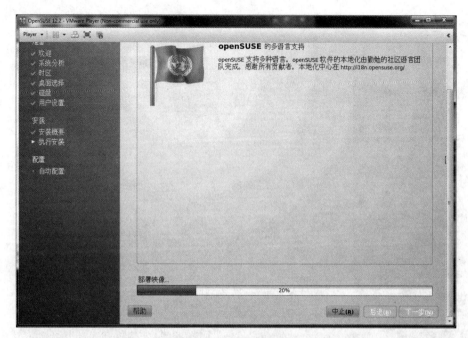

图 1-31　安装 OpenSUSE

安装结束后，安装程序还会自动进行配置，具体过程如图 1-32 所示。

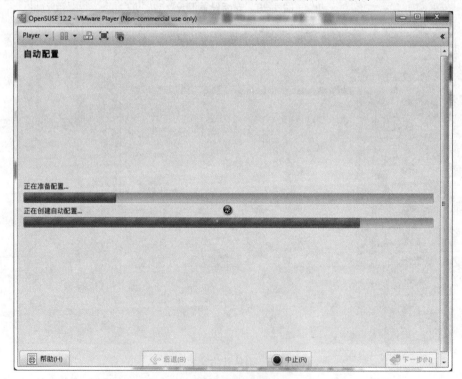

图 1-32　自动配置系统

系统配置完成后，即可自动登录到 OpenSUSE 的桌面环境，由于先前选择了 GNOME 桌面，所以就进入了最新的 GNOME 3.4 桌面环境，具体操作如图 1-33 所示。

图 1-33　OpenSUSE 12.2 最新的 GNOME 3.4 桌面环境

为了便于大家的学习，这里提供两个制作好的 Ubuntu 和 OpenSUSE 虚拟机文件，大家可以直接下载使用，下载地址如下。

Ubuntu 12.04：https://skydrive.live.com/redir?resid=E78559025012C3C8!6174&authkey=!AFgXCHVSCp2ivS0

OpenSUSE 12.2：https://skydrive.live.com/redir?resid=E78559025012C3C8!6158&authkey=!AKn64mx6Gfo-gUk

虚拟机版本需求：VMware Player 5.0/VMware Workstation 9 及以上版本

用户名：linux

密码：1234567

如果要打开制作好的虚拟机文件，可以单击 VMware Player 5 主界面右侧的“Open a Virtual Machine”按钮，选择欲打开的虚拟机文件，即可打开虚拟机。

由于这些虚拟机文件并不是在原始安装它的虚拟机上运行的，打开以后会询问是配置文件移动还是复制，选择“Move”（移动）即可。单击“OK”按钮后虚拟机就开始启动了，启动完成以后可以看到 Ubuntu 12.04 或 OpenSUSE 12.2 的登录界面，如图 1-34 和图 1-35 所示。

使用虚拟机说明文件提供的口令登录以后就可以使用 VMware Player 了。VMware Player 的使用方法是，单击虚拟机窗口进入虚拟机，鼠标和键盘动作就会被虚拟机窗口俘获，而要脱离虚拟机的俘获模式则要使用快捷键 “Alt+Ctrl”（键盘左侧）。

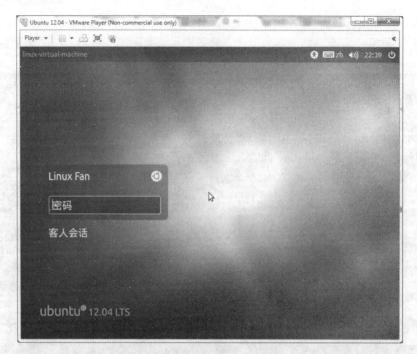

图 1-34　VMware Player 5 运行 Ubuntu 虚拟机

图 1-35　VMware Player 5 运行 OpenSUSE 虚拟机

　　登录虚拟机后，就可以自由体验 Ubuntu 和 OpenSUSE Linux 了。如果要关闭虚拟机，则可以从虚拟机中选择关机或重启，或者直接选择 VMware Player 5 主菜单 "Player" → "Power" → "Power Off（关机）/Reset（重启）"选项，具体操作如图 1-36 所示。

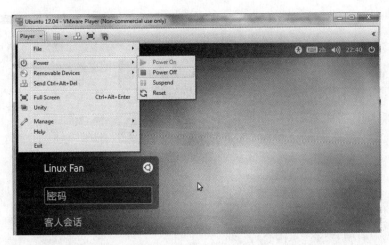

图 1-36　重启或关闭虚拟机

1.2　VMware Workstation 9 使用基础

请参阅 http://www.iplaysoft.com/vmware-workstation.html 站点内容。

VMware Workstation 可以视为增强版的 VMware Player，其不仅具有创建虚拟机、运行虚拟机文件等基本功能，还提供更多增强的功能，如创建配置更为强大的虚拟机，具有更为强大的虚拟硬件功能，管理更大的虚拟内存等。此外还有便捷的快照功能，可以将虚拟机恢复到任意一个快照状态，也有多重快照功能；方便的虚拟机截屏和录屏功能，并自动保存为一个 AVI 视频文件或 JPEG 图像文件格式等。下面就来介绍 VMware Workstation 9 的下载、安装和使用。

1. 下载

由于 VMware Workstation 9 是一款商业软件，需要 249 美元购买，所以如果只是基本的使用，如创建虚拟机、运行虚拟机，则强烈建议使用免费的 VMware Player 5。它们具有相同的核心，但是 Player 只具有基本功能。当然，如果要体验功能全面的 VMware Workstation 9，则可以下载试用版试用，具体方法如下。

要下载 VMware Workstation 9，首先需要注册一个 Vmware 账号，注册地址为：

https://my.vmware.com/web/vmware/registration

根据该页面的提示即可完成注册，有了 VMware 账号，即可登录下载 VMware Workstation 9 的安装程序，安装 Windows 的安装程序大小为 426MB，比先前的版本小了不少。VMware Workstation 的下载页面如图 1-37 所示。

下载完成后，最好使用 WinMD5 校验下载是否正确，如果校验码和官方发布的一致，则说明下载正确，可以安装。

双击 VMware Workstation 9 的安装文件即可开始安装，如果系统中安装有其他 VMware 的产品，如 VMware Player 或 VMware Workstation 8 等先前的版本，安装程序会提示卸载，具体操作如图 1-38 所示。

图 1-37　VMware Workstation 9 的下载页面

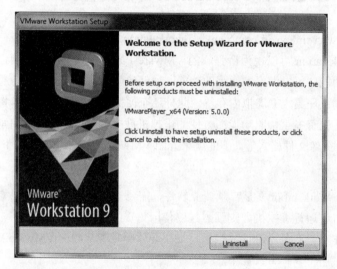

图 1-38　卸载先前的 VMware 产品

直接单击"Uninstall"按钮即可开始卸载，卸载后安装程序会提示开始 VMware Workstation 9 的安装。如果没有安装先前的 VMware 产品，则可以直接从安装开始读起。

2．安装

首先出现的是欢迎界面，直接单击"Next"按钮即可开始安装。

选择安装方式，这个界面有两个选项：一个是 Typical（典型）安装方式，另一个是 Custom（定制）安装方式，除非必要，否则建议选择典型安装方式。那定制安装方式又为我们提供了哪些功能呢？图 1-39 就是选择定制安装方式后的选择对话框。

其实所谓定制安装方式也就是多了两个安装选项，其中一个是扩展的键盘工具，其功能就是支持国际键盘；另一个选项是提供了一个 Visual Studio 和虚拟机之间小巧、简单的调试工具，这些功能一般很少用到。这里选择典型安装方式，单击典型按钮即可进行下一步的安装。

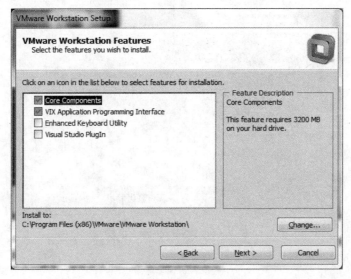

图 1-39　定制安装选项

接下来需要选择安装路径，大家可以根据自己的需求来自行选择，这里采用默认路径。确定路径后直接单击"Next"按钮继续，具体操作如图 1-40 所示。

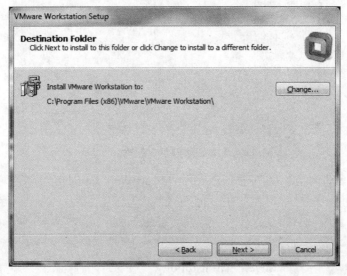

图 1-40　设置路径

接着需要决定是否在启动的时候检查是否有最新的 VMware Workstation 可供更新，建议保留默认的启动检查方式，设置完成后直接单击"Next"按钮继续。紧接着又会出现选择是否安装用户体验改善程序，这个可以自行决定是否安装，设置完成后直接单击"Next"按钮继续，具体操作如图 1-41 所示。

最后，和 VMware Player 一样需要设置快捷方式位置，这里采用默认位置，单击"Next"按钮会出现开始安装界面，单击"Continue"按钮开始安装即可，具体操作如图 1-42 所示。

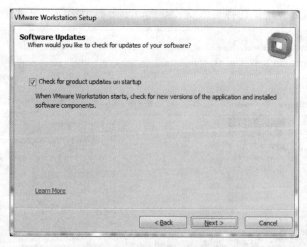

图 1-41 配置软件升级选项

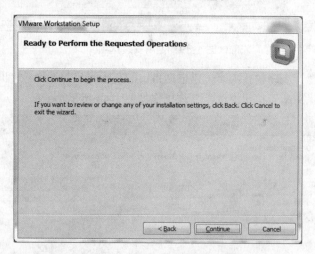

图 1-42 开始安装 VMware Workstation 9

成功安装后启动该程序,即可看到熟悉的 VMware Workstation 9,具体效果如图 1-43 所示。

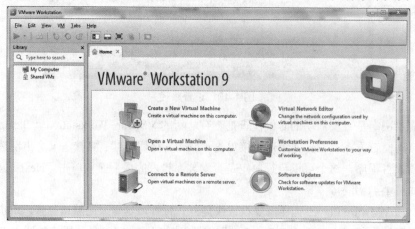

图 1-43 VMware Workstation 的主界面

就主界面而言，VMware Workstation 9 要比 VMware Player 复杂许多，其功能更多，下面就来详细介绍 VMware Workstation 9 的主要功能。

VMware Workstation 9 的主界面大致可以分为三大部分：第一部分是菜单栏，第二部分是工具栏，第三部分就是工作区，这部分又分为虚拟主机库（Library）和虚拟机工作区标签页两部分。几乎全部功能都可以通过菜单来实现，所以这里重点介绍其菜单栏的使用。

3．使用 VMware Workstation 9

（1）文件（File）菜单

如图 1-44 所示为文件菜单，该菜单中包含了创建虚拟机、打开虚拟机文件、链接 VMware Server、将物理主机虚拟化、导出为 VirtualBox 打包格式，以及挂载 VMware 虚拟磁盘等功能。需要说明的是，物理主机虚拟化也就是常说的 P2V，这个功能很方便地将物理主机当前运行的操作系统精确地转换为虚拟机，并可以在虚拟机中运行。不过需要注意的是，这个功能并非 VMware Workstation 9 本身实现的，单击此选项后会提醒你安装 VMware vCenter Convert standalone 使用此功能。

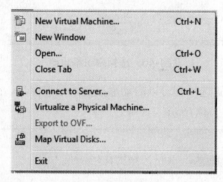

图 1-44 文件菜单

此外，将 VMware 格式的虚拟机打包为 VirtualBox 的 OVF 格式，则方便了虚拟机在其他虚拟化程序中的使用。至于 Map Virtual Disks，则可以将虚拟机的磁盘挂载到 Windows 下的一个虚拟磁盘来访问虚拟机中的文件。

（2）Edit（编辑）菜单

编辑菜单如图 1-45 所示。

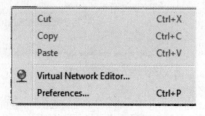

图 1-45 编辑菜单

编辑菜单中包含了剪切、复制、粘贴、虚拟网络编辑器和 VMware Workstation 配置选项等功能。这里简单介绍一下虚拟网络编辑器，该编辑器可以添加和移除虚拟网卡，并且可以编辑网卡的工作方式，具体效果如图 1-46 所示。

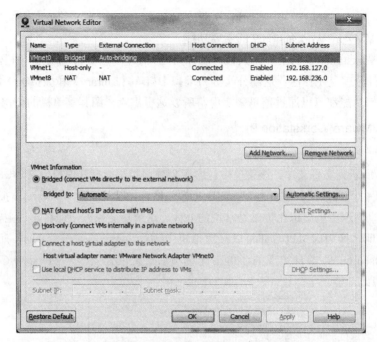

图 1-46　虚拟网卡编辑器

　　VMware Workstation 配置选项则可以启动虚拟机的配置窗口，在该窗口中可以配置虚拟机的方方面面，具体效果如图 1-47 所示。

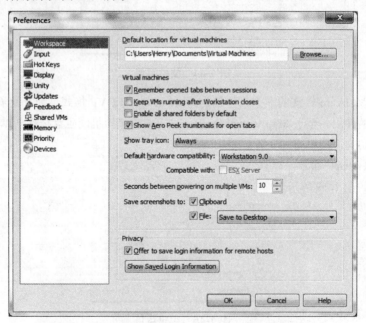

图 1-47　配置 VMware Workstation（不是配置虚拟机）

　　（3）显示（View）菜单

　　显示菜单如图 1-48 所示。

图 1-48　显示菜单

显示菜单可以配置关于虚拟机显示的设置，如全屏显示、自动调节等显示方式，其中 Customize 选项可以定制 VMware Workstation 的主界面。

（4）VM（虚拟机）菜单

虚拟机菜单如图 1-49 所示。

图 1-49　VM 菜单

虚拟机菜单主要用于控制、管理和配置虚拟机（注意不是虚拟机程序），包括运行、暂停、关机、快照、克隆、抓图、录屏、发送"Ctrl+Alt+Del"组合键和设置虚拟机等功能，这些功能都是操作虚拟机所必需的功能，所以一定要充分了解该菜单的功能。

窗口（Tabs）菜单和帮助（Help）菜单这里就不赘述了。

菜单几乎包揽了 VMware Workstation 的全部功能，工具栏以及虚拟机工作区默认的功能其实都是菜单中相对比较常用的功能，这样使用起来会很方便和高效。

虚拟机的创建和打开与 VMware Player 5 基本相同，这里就不赘述了。至于 VMware Workstation 增强功能，会在第 2 章中详细介绍。

1.3 VirtualBox 使用基础

VirtualBox 是一款小巧易用的跨平台虚拟机软件，对中文支持很好，它最早是由德国 InnoTek 软件公司开发的，后被 Sun 公司收购，2010 年，Sun 被甲骨文公司收购，所以现在

VirtualBox 由甲骨文公司进行开发和维护，其名称也变为 Oracle VM VirtualBox，其 Logo 如图 1-50 所示。

图 1-50　VirtualBox 的 Logo

　　VirtualBox 最大的特点就是小巧（安装文件才 90MB 多），最新版本为 4.2.0，功能全面且强大，其功能直逼 VMware 付费的 VMware Workstation，比如可以保存虚拟机任何状态的快照和克隆功能，以及可以让虚拟机和物理机融为一体的无缝模式。此外，其支持绝大多数操作系统，从 Windows 到 UNIX/Linux，也可以在虚拟机中运行几乎全部的操作系统，这个"几乎"可以和 VMwareWorkstation 打个平手。另外，如果安装了 VirtualBox 附加扩展，还可以获得完善的 USB 支持以及远程桌面协定（RDP）、iSCSI 等企业级功能。

　　VirtualBox 和 VMware 一样，完全支持 Intel 的 VT 虚拟化技术以及 AMD 虚拟化技术 AMD-V，这样就可以使虚拟机获得更高的效率。更为重要的是，VirtualBox 除了支持自家的 VDI 虚拟磁盘类型外，还很"大度"地支持众多其他公司的虚拟化产品的虚拟磁盘格式，如 VMware 的 VMDK 虚拟磁盘格式、Microsoft VirtualPC 的 VHD 虚拟磁盘格式和 Parallels Desktop（以苹果 Mac 版虚拟机为主）的 HDD 虚拟磁盘格式等。

　　在多数情况下，这些来自不同厂商的不同虚拟程序能直接运行在 VirtualBox 上，这样就可以用 VirtualBox 打开和运行上述厂商的虚拟机所创建的虚拟机文件了，从而实现了 V2V（虚拟机到虚拟机）、P2V（物理机到虚拟机）的任意迁移。

 背景知识：不同版本的 VirtualBox

　　需要注意的是，和 VMware 不同，VirtualBox 既有免费的闭源版本，也有免费的开源版本 VirtualBox Open Source Edition（OSE）。

　　闭源版本和开源版本 VirtualBox 的各自特点如表 1-1 所示。

表 1-1　闭源版本和开源版本 VirtualBox 的特点对比

闭源版本	开源版本
支持远程显示协议服务（RDP） 该功能允许用户通过 RDP 客户端连接到一个远程的虚拟机	支持虚拟网络计算服务（VNC） 该功能允许用户通过任一 VNC 客户端连接到一个远程的虚拟机
支持 USB 设备 内置的虚拟 USB 控制器支持 USB 1.1 与 USB 2.0 设备	源代码开放 源代码开放，便于定制和二次开发

根据表 1-1 所示，差异一目了然，除了开源与否以及是否支持 USB 设备，对 RDP 支持和对 VNC 支持实际上是半斤八两，两者功能几乎完全一样，都是可视化的远程控制技术。开源与否涉及到各版本所采用的协议，开源版本 VirtualBox OSE 的许可协议为 GNU GPL v2，而闭源版本的许可协议为 VirtualBox Personal Use and Evaluation License。

1．下载 VirtualBox

由于闭源版本可以支持 USB 设备，所以这里选择闭源版本，可以从 VirtualBox 的官方网站 https://www.virtualbox.org/wiki/Downloads 下载该版本安装文件，该下载页提供了 4 个版本的安装文件，分别是 Windows、Mac、Linux 以及 Solaris 版本，目前最新版本为 4.2.0。大家可以根据自己的需要下载相应的最新的 VirtualBox 版本，这里选择下载最为常用的 Windows 版本的 VirtualBox 安装文件。

2．安装 VirtualBox

下载完成后，直接双击 VirtualBox 的安装文件即可开始安装，首先出现的是欢迎界面，具体效果如图 1-51 所示。

图 1-51　VirtualBox 安装程序的欢迎界面

直接单击"Next"按钮，即可开始安装。接下来要选择所安装的组件以及安装路径，所安装的组件除非有特殊需求，否则一般采用默认设置即可；而安装路径则可以根据大家的实际情况确定，这里采用默认设置，确认后直接单击"Next"按钮继续，具体操作如图 1-52 所示。

接下来需要选择 VirtualBox 程序图标创建位置，通常采用默认位置即可，单击"Next"按钮继续，具体操作如图 1-53 所示。

接下来会出现网络接口重设警告，大意是安装 VirtualBox 会设置网络设备，确认是否安装，这里选择是，因为一般重设网络设备不会影响物理主机的使用，具体操作如图 1-54 所示。

在接下来的界面中单击"Install"按钮开始安装 VirtualBox，具体操作如图 1-55 所示。

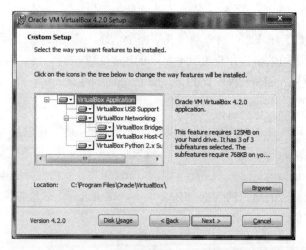

图 1-52　选择安装组件并确定安装路径

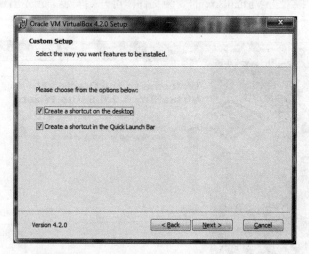

图 1-53　设置 VirtualBox 程序图标位置

图 1-54　确认安装

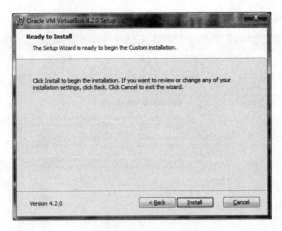

图 1-55 开始安装程序

整个安装过程需要 1～2 分钟，视计算机的配置而定，具体效果如图 1-56 所示。

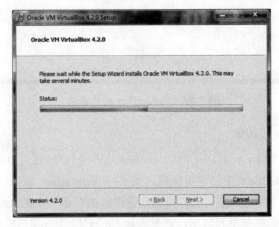

图 1-56 VirtualBox 安装过程

成功安装后，提示安装结束并可以运行 VirtualBox，单击"Finish"按钮便可结束安装并启动安装好的 VirtualBox，具体操作如图 1-57 所示。

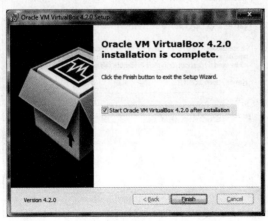

图 1-57 结束安装并运行 VirtualBox

运行后，VirtualBox 的主界面如图 1-58 所示。

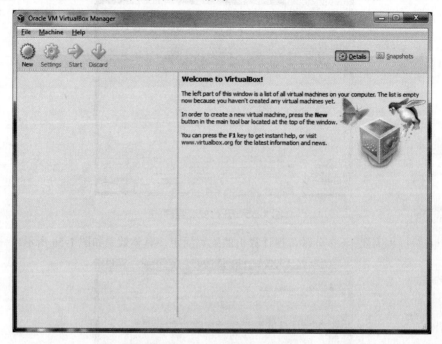

图 1-58　VirtualBox 的主界面

3．创建 VirtualBox 虚拟机

为了方便大家比较 VMware Player 和 VirtualBox 这两个程序，还是以最新的 OpenSUSE 12.2 为例来介绍如何在 VirtualBox 中创建虚拟机。安装好 VirtualBox 就可以创建虚拟机了，单击 VirtualBox 主界面上的"New"按钮就会弹出创建虚拟机对话框，在该对话框中可以命名虚拟机名称，还可以设置虚拟机类型和版本，这里选择 Linux 和 OpenSUSE，设置完成后直接单击"Next"按钮继续，具体操作如图 1-59 所示。

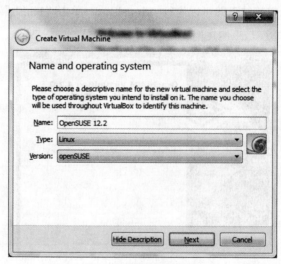

图 1-59　创建 VirtualBox 虚拟机

设置好虚拟机的名称、类型和版本后，还需要设置虚拟机的内存，默认为 512MB，可以根据自己的实际情况自行设置，设置好后单击"Next"按钮继续，具体操作如图 1-60 所示。

图 1-60　设置虚拟机的内存容量

在下一个设置界面中，需要设置虚拟硬盘，这里有三个选项，第一个为不添加虚拟硬盘，第二个为创建一个新的虚拟硬盘，第三个为打开一个已经存在的虚拟硬盘，默认为创建新的虚拟硬盘，保持默认选项，直接单击"Next"按钮继续，具体操作如图 1-61 所示。

图 1-61　创建虚拟硬盘

接下来需要选择虚拟磁盘类型。由于 VirtualBox 源于开源软件，所以支持众多虚拟化厂商的产品的虚拟硬盘格式，如 VMware、Microsoft 以及著名的开源虚拟机项目 QEMU 等格式的虚拟硬盘格式，大家可以根据自己的需要来选择相应格式，这里采用 VirtualBox 默认的 VDI

虚拟磁盘格式，VirtualBox 真是有容乃大的虚拟机。选择好合适的虚拟磁盘格式后，单击"Next"按钮继续，具体操作如图 1-62 所示。

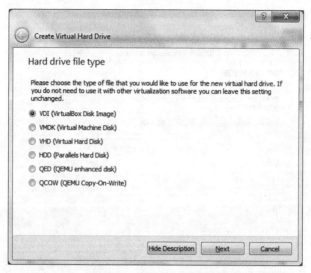

图 1-62　选择虚拟磁盘格式

接下来要设置虚拟磁盘的分配方式，默认是动态分配，对于这种镜像设置的大小只是为磁盘的大小设定了一个上限，但是并不是马上就分配空间，其大小随着实际硬盘空间的需求而扩展，直至设定的上限。这种类型较适合于硬盘空间比较紧张的情况。

另外一种是静态分配，也就是说，你给虚拟机分配了多少磁盘空间，所创建的虚拟磁盘就有多大，除非有特殊需求，否则采用默认的动态分配虚拟磁盘即可。设置完成后，直接单击"Next"按钮继续，具体操作如图 1-63 所示。

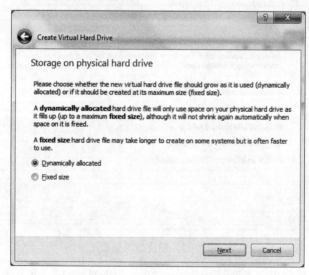

图 1-63　选择虚拟磁盘存储方式

接下来需要设置虚拟磁盘的容量，容量可以从 4MB 到 2TB，默认为 8GB 容量，根据自己

的实际需要设置合适的容量即可。设置完毕，直接单击"Next"按钮继续，具体操作如图 1-64
所示。

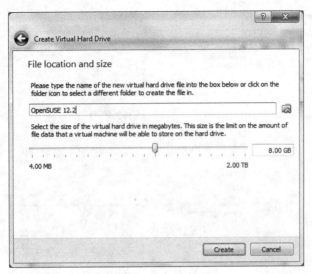

图 1-64　设置磁盘容量

最后出现了摘要窗口，显示所设置的详细参数，如果设置没有问题，直接单击"Create"
按钮完成虚拟机的创建，具体操作如图 1-65 所示。

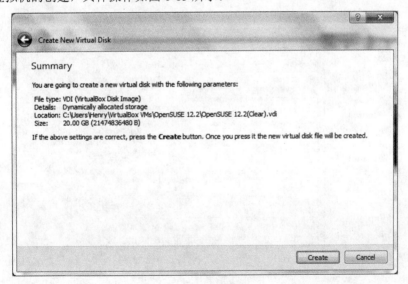

图 1-65　摘要窗口

4．为虚拟机安装 OpenSUSE

VirtualBox 和 VMware Player 5 一样，新创建的虚拟机会自动从光盘引导，所以只要在
VirtualBox 中设置好启动光盘镜像，直接启动虚拟机即可开始安装。至于在 VirtualBox 中设置
启动光盘镜像，也很简单，只需选择虚拟机设置，即可弹出 Settings 对话框，选择"Storage"
选项，如图 1-66 所示。

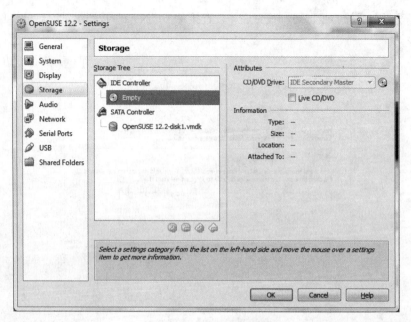

图 1-66 Storage 设置界面

然后会看到 IDE Controller 下光盘显示为 Empty，单击其右侧的光盘图标，即可选择光盘启动镜像，挂载后如图 1-67 所示。

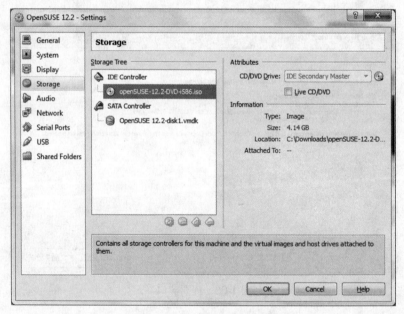

图 1-67 加载光盘镜像后的界面

加载光盘镜像后，右键单击 VirtualBox 主界面中的虚拟机并选择启动选项，随后虚拟机即可启动，具体效果如图 1-68 所示。

选择菜单中的"Installation"选项即可开始安装，随后出现如图 1-69 所示的系统语言选择界面。

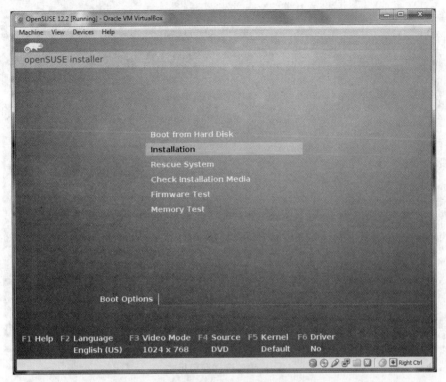

图 1-68　运行 OpenSUSE 安装程序

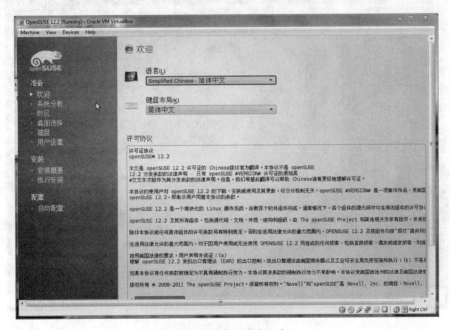

图 1-69　选择系统语言

接下来选择 OpenSUSE 的安装模式，选择默认的全新安装即可，具体操作如图 1-70 所示。选择好安装模式后就可以选择所在时区了，保持默认设置即可，单击"下一步"按钮继续安装，具体操作如图 1-71 所示。

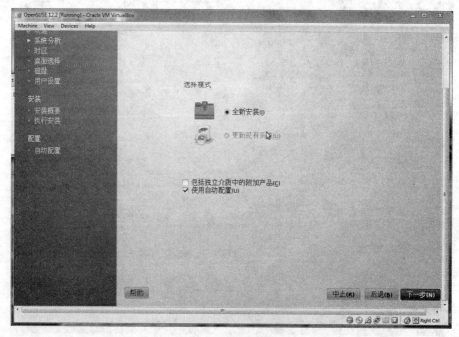

图 1-70　选择安装模式

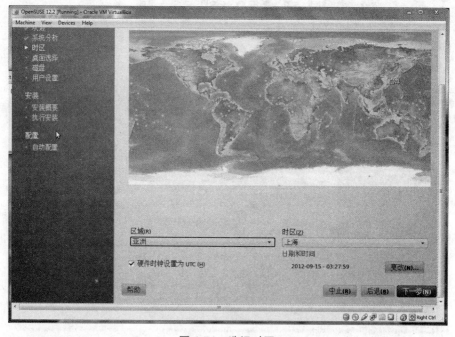

图 1-71　选择时区

选择默认的桌面环境，这里采用默认设置，安装 KDE 桌面环境，具体操作如图 1-72 所示。选择好桌面环境后，开始分区，采用默认设计即可，并将"使用 Btrfs 作为默认文件系统"选上，顺便体验一下下一代默认的 Linux 文件系统，设置完成后单击"下一步"按钮继续，具体操作如图 1-73 所示。

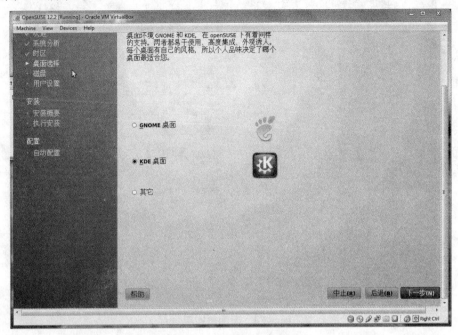

图 1-72　选择桌面环境

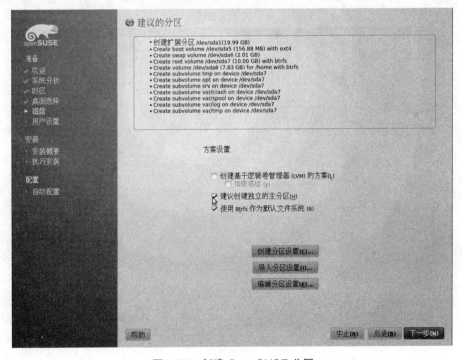

图 1-73　创建 OpenSUSE 分区

　　分区之后是添加普通用户，默认选中了"自动登录"选项，为了安全起见，建议取消选中此选项，单击"下一步"按钮继续，具体操作如图 1-74 所示。

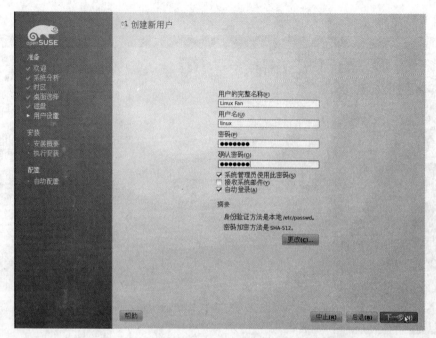

图 1-74 添加普通用户

添加完普通用户后会出现安装配置清单，确认配置无误后即可单击"安装"按钮开始安装，具体操作如图 1-75 所示。

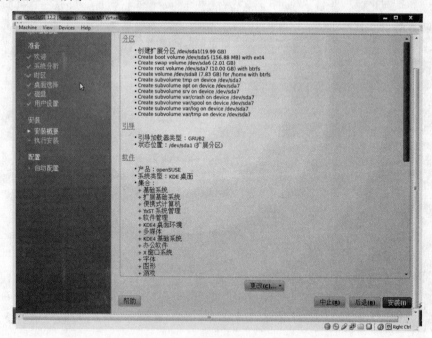

图 1-75 确认安装系统

系统开始安装后，就会出现进度条，安装完成后，会出现自动配置界面，具体效果如图 1-76 和图 1-77 所示。

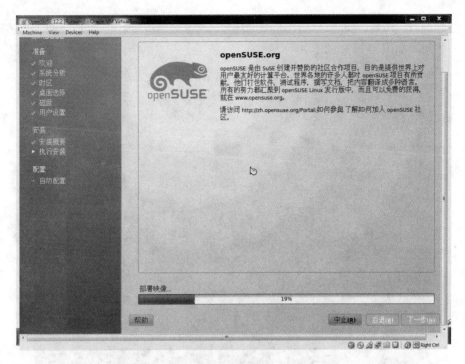

图 1-76　系统安装进度

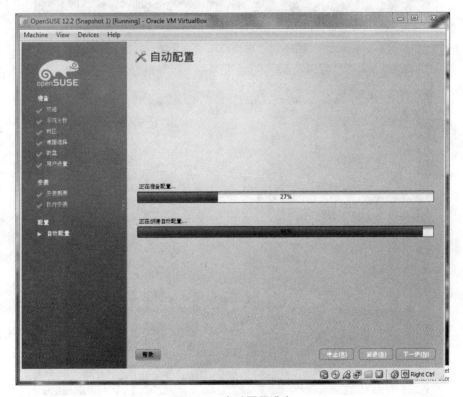

图 1-77　自动配置进度

安装和配置完成后，就会启动 KDE 桌面环境，进入桌面环境后就可以看到 KDE 熟悉的界面了，具体效果如图 1-78 和图 1-79 所示。

图 1-78　启动 KDE 桌面环境

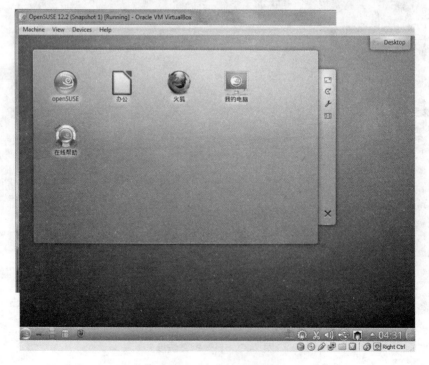

图 1-79　KDE 桌面环境

需要注意的是，虚拟机启动会有两个窗口，其中一个为 VirtualBox 的主窗口，另一个为虚拟机窗口，主窗口可以对 VirtualBox 的虚拟机进行管理和配置。

小结

本章通过虚拟化实际应用详细介绍了三个最常用的虚拟机的基本使用方法，其中 VMware Player 5 免费，但功能有限；VMware Workstation 9 功能全面，但售价高昂；开源的 VirtualBox 虚拟机不仅免费，而且功能强大，大家可以根据自己的需求选择一款虚拟机软件开始自己的虚拟化之旅。

02 虚拟机使用进阶

从虚拟化 到云计算

上一章详细介绍了最常用的几个虚拟机的基本用法，本章将介绍这些虚拟机的进阶用法，如快照、克隆、备份、迁移以及数据共享等，通过这些进阶技术，使虚拟机用起来更加灵活和便捷，从而让虚拟化技术为我们创造更大的价值。

2.1 VMware Player/VMware Workstation 使用技巧

1. 安装 VMware Player/VMware Workstation 虚拟机驱动和增强程序

成功使用 VMware Player 或 VMware Workstation 创建好虚拟机之后，通常需要安装虚拟机驱动和增强工具，这样虚拟机的功能将更加完善和全面，并更为强大，具体来说，可以实现诸如虚拟主机和物理主机之间复制文本、数据共享，以及虚拟机的增强显示等功能。下面就以 VMware Player 5 和 VMware Workstation 9 为例来介绍虚拟机驱动和增强工具的安装。

（1）VMware Player

首先启动 VMware Player 5 并运行其中需要安装虚拟机驱动和增强工具的虚拟机，这里以最新的 Fedora 17 为例来介绍如何为 VMware Player 5 安装虚拟机驱动和增强工具。

启动虚拟机后，选择主菜单"Player"→"Manage"→"Install VMware Tools"选项，具体操作如图 2-1 所示。

紧接着会弹出一个对话框，提示需要下载，单击"Download and install"按钮，开始下载，下载完毕后，由于虚拟机目前的光驱中挂载了启动盘，所以提示目前 CD-ROM 被锁定，直接单击"Yes"按钮继续，具体操作如图 2-2 所示。

随后 VMware Tools 镜像就会自动挂载到虚拟机，这时虚拟机会提示是否打开 VMware Tools 光盘，单击"Yes"按钮后，就会弹出如图 2-3 所示的加载 VMware Tools 光盘镜像界面。

接下来打开 Fedora 17 的终端，终端程序的名称是 gnome-terminal，可以直接使用 GNOME 3 的搜索功能来查询和运行。首先安装 VMware Tools 所需的编译器和内核头文件，具体命令如下：

```
$sudo yum install gcc kernel-headers
```

图 2-1 安装 VMware Tools

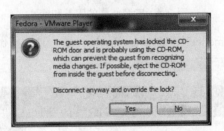

图 2-2 锁定信息窗口

图 2-3 加载 VMware Tools 光盘镜像

具体操作如图 2-4 所示。

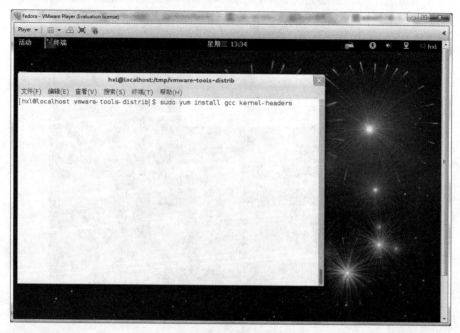

图 2-4　安装必需的工具和库

成功安装后，进入/run/media/hxl/VMware Tools 目录，具体操作如图 2-5 所示。

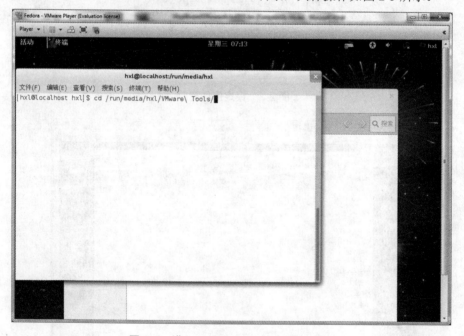

图 2-5　进入 VMware Tools 工具盘目录

进入该目录后，会看到和文件管理器中类似的文件结构，具体操作如图 2-6 所示。

将其中的文件 VMwareTools-9.2.0-799703.tar.gz 复制到临时目录/tmp，具体操作如图 2-7 所示。

图 2-6 终端中的 VMware Tools 目录

图 2-7 复制文件到临时目录

成功复制后，进入 tmp 目录会看到如图 2-8 所示的内容。

接下来就需要使用 tar 命令解压解包 VMware Tools 的这个 tar 包，具体操作如图 2-9 所示。

图 2-8　成功复制文件

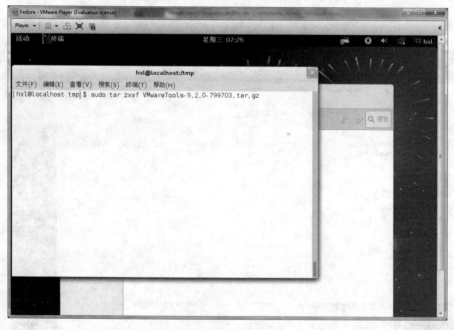

图 2-9　解压解包文件

进入解压后的目录，开始安装 VMware Tools，具体操作如图 2-10 所示。

安装程序运行后，会提示选择安装目录，默认目录为/usr/bin，除非有特殊需求，否则保持默认目录即可。直接按下回车键即表示采用默认设置，具体操作如图 2-11 所示。

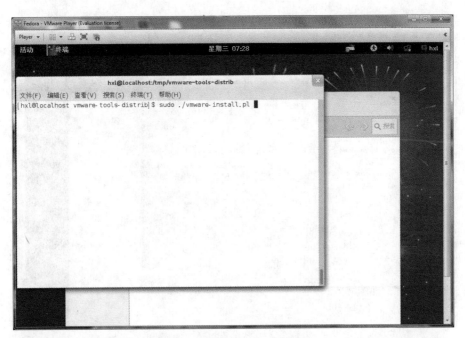

图 2-10 开始安装 VMware Tools

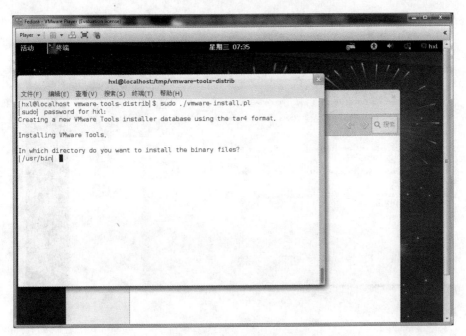

图 2-11 选择安装目录

还需要选择包含 init 的目录，通常保持默认路径即可。直接按下回车键继续，具体操作如图 2-12 所示。

选择包含 init 脚本的目录，一般保持默认路径即可。直接按下回车键继续，具体操作如图 2-13 所示。

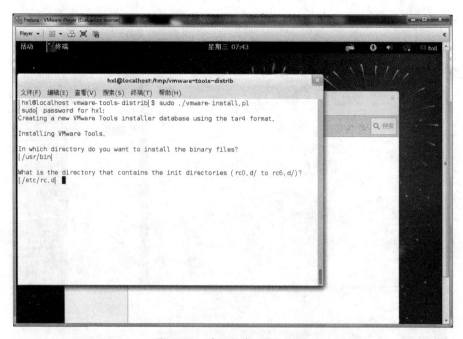

图 2-12　选择包含 init 的目录

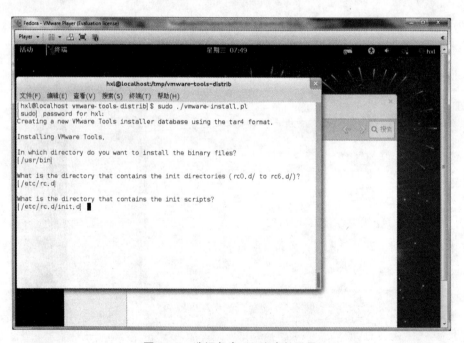

图 2-13　选择包含 init 脚本的目录

选择上述目录后，接下来是选择安装目录，通常保持默认路径即可。在这个过程中会提示创建目录，直接键入 yes 即可，之后会出现提示，具体操作如图 2-14 所示。

最后，还需要确认调用，直接按下回车键即可开始安装，具体操作如图 2-15 和图 2-16 所示。

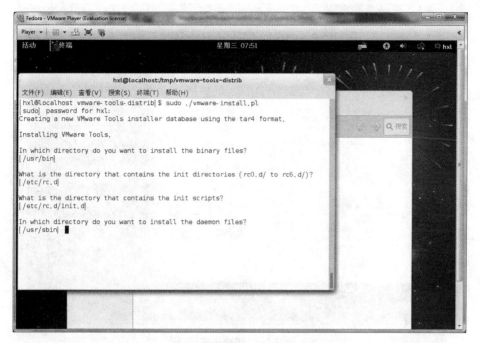

图 2-14 确定一些安装路径

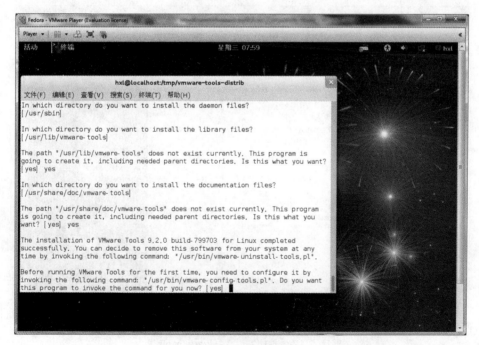

图 2-15 确认调用

此外，安装过程中还会跳出大量需要回答的问题，一般情况下，采用默认值即可顺利完成安装，成功安装后会出现如图 2-17 所示的界面。

成功安装 VMware Tools 工具后，重新启动系统即可使用 VMware 强大的扩展功能了。

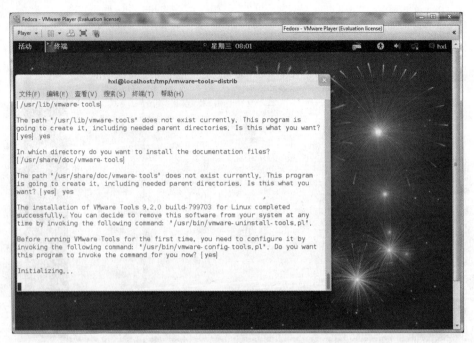

图 2-16　初始化安装

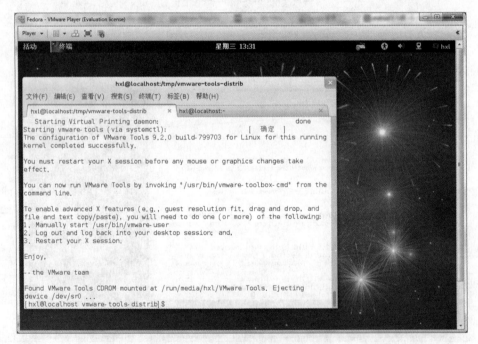

图 2-17　成功安装 VMware Tools

重启后，可以简单地检查一下 VMware Tools 是否安装成功。再次打开"Player"→"Manage"
选项，会看到原先安装 VMware Tools 的选项已经变为"Reinstall VMware Tools"了，说明 VMware
Tools 安装成功，具体效果如图 2-18 所示。

图 2-18　成功安装 VMware Tools 工具

（2）VMware Workstation

至于 VMware Workstation 9 安装虚拟机驱动和增强程序，除了选择安装 VMware Tools 的菜单略有不同之外（VMware Workstation 9 的菜单为"VM"→"Install VMware Tools"，具体操作如图 2-19 所示），其他的和 VMware Player 5 中的安装方法基本相同，所以这里就不赘述了。

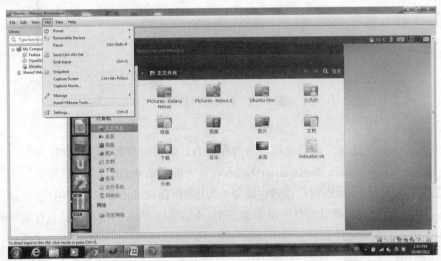

图 2-19　VMware Workstation 9 中安装 VMware Tools

需要注意的是，安装 VMware Workstation 9 会自动安装一个 VMware Player 5，这时 VMware Tools 已经包含在其中，不用单独下载 VMware Tools 安装镜像，可以节约大量时间。

2. 虚拟机硬件的添加、删除和设置

使用虚拟机和使用真实计算机十分相似，虚拟机其实就是真实计算机的软件实现，这不能不说软件技术太神奇了，可以成功地塑造硬件，而且这种硬件的成本极低。比如要为真实计算机添加一块硬盘，除了需要花钱去买一块硬盘外，还需要安装到计算机，这才能使用；而虚拟

机则简单得多，关掉虚拟机，直接编辑虚拟机的配置，添加一块硬盘2分钟即可完成，这就是虚拟化带来的便利。不过，虚拟机还是需要物理计算机的支持。

下面就来介绍如何为虚拟机添加、配置硬件。

一般来说，多数硬件都可以随时添加和配置，下面介绍添加和编辑硬件的方法。

首先要关掉虚拟机，然后单击"Edit the virtual machine settings"选项，就可以开始配置或添加/删除硬件了，具体操作如图2-20所示。

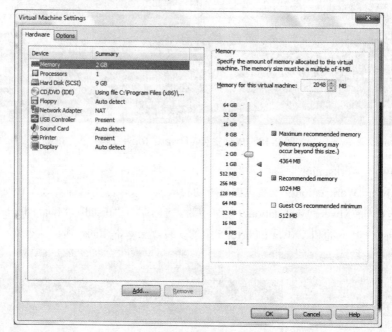

图 2-20　配置虚拟机硬件

（1）内存设置

选择"Memory"选项，设置虚拟机的内存大小。如果内存太小，可以将内存的值调大，VMware Player 5 和 VMware Workstation 9 的内存最大值都是 64GB，不过这个设置还得看物理主机的物理内存的大小，所以内存设置也要量入为出，根据物理内存以及虚拟机所需内存而定。还有就是内存不能像其他硬件一样可以添加多个，但虚拟机内存的值是可以自行定义的，只要不超过最大值 64GB 即可。

（2）CPU 设置

虚拟机的 CPU 最好在安装虚拟系统之前就设置好，VMware Player 5 最多支持 4 个单核CPU；而 VMware Workstation 9 最多可以支持 4 个 CPU，每个 CPU 又可以设置 1~4 个核心，从这里就可以看到差异了，具体情况如图 2-21 和图 2-22 所示。

此外，虚拟化硬件支持一般采用默认的自动检测即可。

（3）硬盘设置

在创建虚拟机的时候默认是一块硬盘，容量可以在不超出最大容量的前提下自行定义，虚拟机安装好后，硬盘的容量就相对固定了。不过，和内存不同的是，硬盘可以根据需要自行添加，容量也是可以调整的。下面就详细介绍如何添加硬盘和扩展硬盘容量。

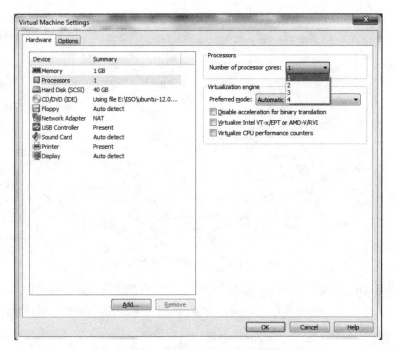

图 2-21　VMware Player 的 CPU 设置

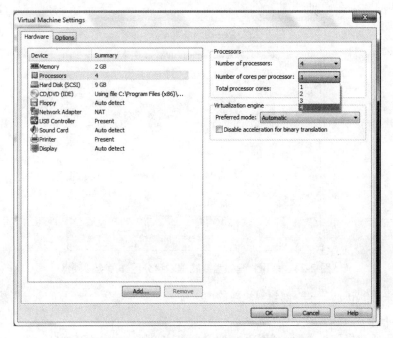

图 2-22　VMware Workstation 的 CPU 设置

　　关掉虚拟机，然后单击"Edit the virtual machine settings"选项，这时会弹出虚拟机配置对话框。单击下部的"Add"按钮，会出现一个添加硬件对话框，可以从中选择要添加的硬件，具体结果如图 2-23 所示。

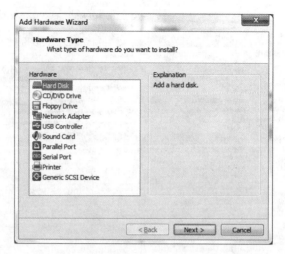

图 2-23　添加硬件向导

选择"Hard Disk"选项，单击"Next"按钮，这时会弹出选择磁盘对话框，默认创建一块新的虚拟硬盘。另外两项是使用已经创建好的虚拟硬盘，以及使用物理磁盘或物理磁盘分区作为虚拟硬盘。需要注意的是，使用物理磁盘或物理磁盘分区作为虚拟硬盘有一定的风险，而且很具杀伤力，操作失误可能导致物理磁盘数据的损毁，从而造成物理主机无法启动等问题，所以初学者要慎用。操作界面如图 2-24 所示。

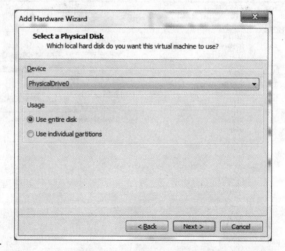

图 2-24　采用物理磁盘或物理磁盘分区作为虚拟硬盘

这里就采用默认选项——创建一块新的虚拟硬盘，安全稳妥，单击"Next"按钮继续，具体操作如图 2-25 所示。

接下来需要选择磁盘类型，和物理磁盘类似，虚拟磁盘也分 IDE 和 SCSI 接口，默认选中 SCSI，通常采用默认选项即可，具体操作如图 2-26 所示。

设置虚拟硬盘的容量，默认值为 20GB，虚拟硬盘的最大容量为 2TB（1TB=1024GB），可以根据自己的需求设置，这里设置为 40GB，具体操作如图 2-27 所示。

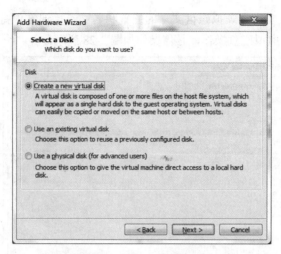

图 2-25　添加一块虚拟硬盘

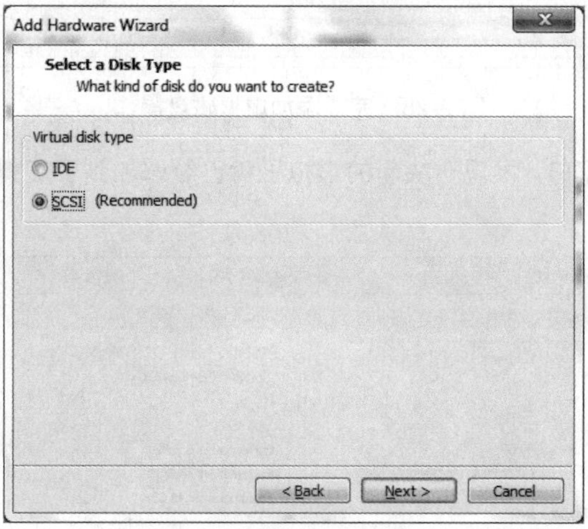

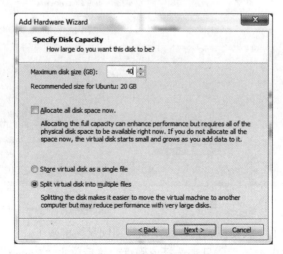

图 2-26　选择磁盘类型

图 2-27　设置虚拟硬盘的容量

　　设置完毕后，就需要指定虚拟磁盘文件的位置和名称了，通常保持默认配置即可，单击"Finish"按钮完成添加虚拟磁盘操作，具体操作如图 2-28 所示。

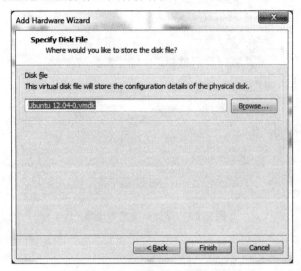

图 2-28　完成添加虚拟磁盘操作

　　重新回到硬件编辑窗口，发现一块新的虚拟磁盘已经添加到了虚拟机，具体结果如图 2-29 所示。

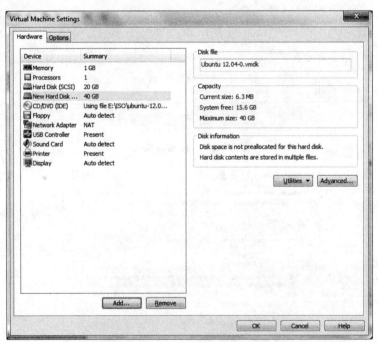

图 2-29　成功添加虚拟磁盘

这样就成功地添加了一块虚拟硬盘，比添加物理硬盘简单多了。

如果要删除第二块虚拟硬盘，只需选择该硬盘，然后单击"Remove"按钮，即可移除该虚拟硬盘。

（4）扩展硬盘容量

我们常常会遇到磁盘空间不够但又不能通过添加磁盘来解决的情况，这时使用 VMware 的磁盘扩展功能再合适不过了。具体方法是，在虚拟机硬件配置窗口中选择"Hard Disk"选项，然后单击右侧下部的"Utilities"下拉按钮，选择其中的"Expand"选项，具体操作如图 2-30 所示。

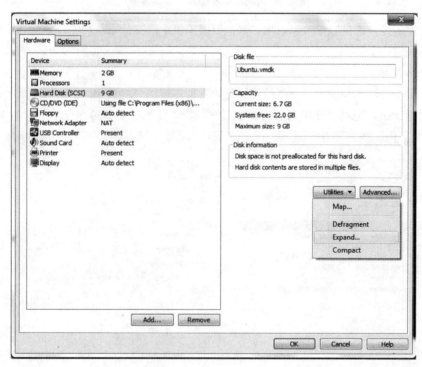

图 2-30　控制当前磁盘空间

随后便会弹出扩展磁盘容量对话框，这时可以修改磁盘容量，设置好后，单击"Expand"按钮即可扩展磁盘容量，具体操作如图 2-31 所示。

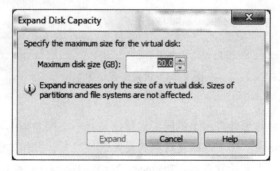

图 2-31　设置磁盘的新容量

这时会出现扩展磁盘容量的进度条，稍等片刻即可扩展完毕，成功扩展虚拟磁盘容量后可以看到如图 2-32 所示的对话框。

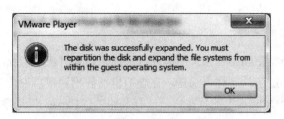

图 2-32　成功扩展虚拟磁盘的容量

需要注意的是，磁盘容量可以自由扩展，但虚拟机中的文件系统可不一定能自由扩展，这一点一定要注意。

（5）光驱设置

至于光驱，可以添加多个，不过最好还是和物理主机的光驱数相匹配。光驱既可以使用物理主机的物理光驱，也可以使用光盘的镜像文件，具体设置如图 2-33 所示。

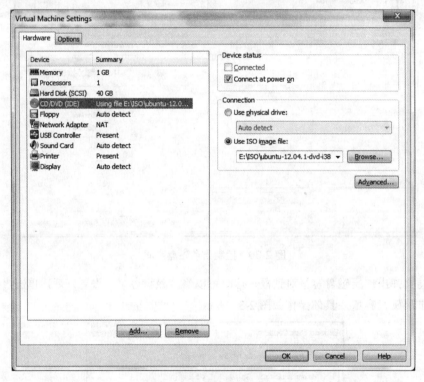

图 2-33　设置光盘镜像

（6）网卡设置

虚拟机的网卡设置和物理计算机上的网卡设置还是有不小的差别的，选择虚拟机硬件配置窗口中的"Network Adapter"选项，即可看到其设置选项，具体操作如图 2-34 所示。

可以看到网卡有 4 个主要设置选项：Bridged、NAT、Host-only 和 LAN segment。

● Bridged 网络方式

在这种方式下，虚拟机的 IP 地址可设置成与本机系统在同一网段，虚拟系统相当于网络内一台独立的机器，与本机共同插在一个路由器上，网络内的其他机器可以访问虚拟机，虚拟机也可以访问网络内的其他机器。这种模式最接近物理计算机在网络中的情况。

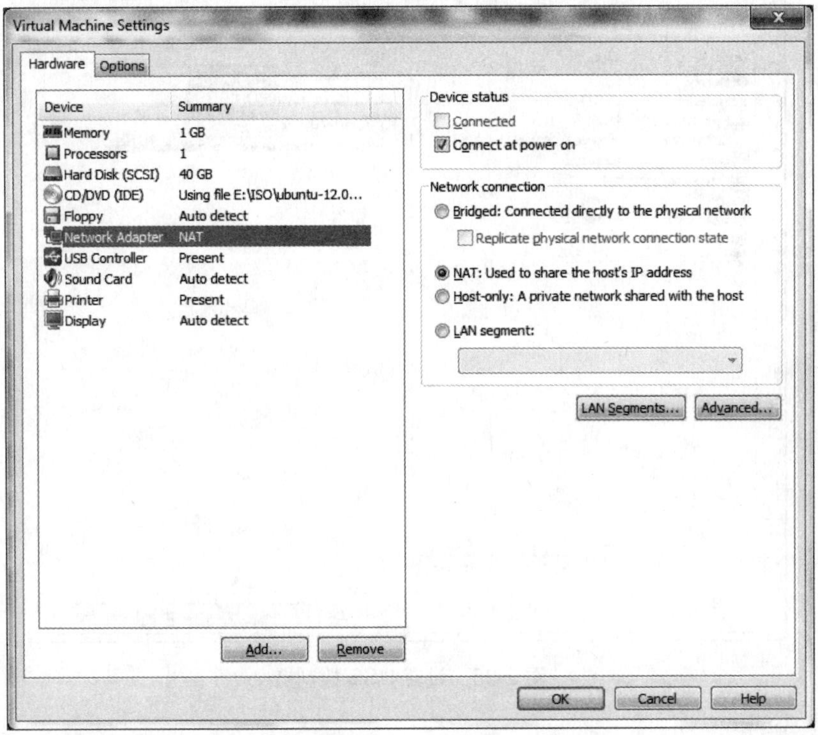

图 2-34　网卡设置

● NAT 网络方式

NAT 网络方式只能实现物理主机系统与虚拟机的双向访问，不过虚拟机无法访问网络中的其他计算机，网络中的其他计算机不能访问虚拟机。NAT 网络方式 的 IP 地址配置方法是，虚拟机通过 DHCP 服务自动获得 IP 地址，当然，物理主机中的 VMware Services 会为虚拟机分配 IP 地址。这种模式其实和公司中多台 PC 使用一个公网 IP 地址上网的原理一样，所以称之为 NAT 网络方式。

● Host-only 网络方式

Host-only 网络方式只能进行虚拟机和物理主机之间的网络通信，即网络内的其他主机是不能访问虚拟机的，虚拟机也不能访问网络中的其他主机，犹如物理主机和虚拟主机的网络专线。

默认的网络方式是 NAT，可以根据需要选择合适的网络方式。至于网卡的添加/删除和硬盘的操作基本类似，这里就不赘述了。

（7）USB Controller 设置

USB Controller 设置界面如图 2-35 所示。首先设置 USB 协议，可以看出 VMware 支持 USB 1.1/2.0/3.0，默认是 USB 2.0，可以根据实际需要自行定义。此外，还可以设置自动连接和与物理主机共享蓝牙设备等。

需要注意的是，USB 控制器只能有一个，所以无法添加两个及以上。至于删除则和硬盘操作基本相同，这里就不赘述了。当然，如果删除了 USB 控制器，则可以添加一个。

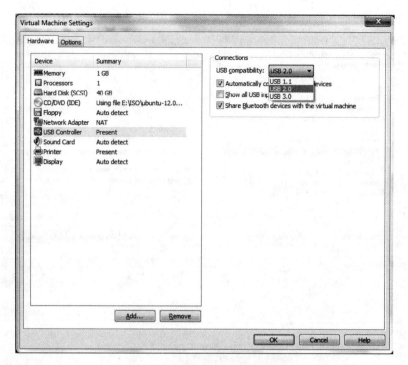

图 2-35　设置 USB 控制器

（8）显卡设置

显卡设置界面如图 2-36 所示。

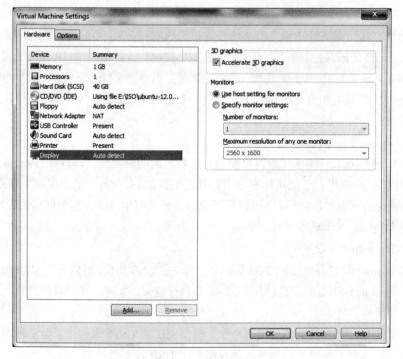

图 2-36　设置显卡

可以设置显卡的 3D 加速属性以及显示器分辨率，显示器分辨率一般采用默认设置即可。

（9）声卡和打印机设置

声卡和打印机通常采用默认设置即可，一般而言，用虚拟机听音乐和打印的情况不多。

总之，多数虚拟设备可以添加和删除，如处理器、硬盘、光驱和网卡等，也有些虚拟设备一个虚拟机只能有一个，如内存、USB 控制器、显示系统等。特别要注意的是，一定要考虑有些设备添加后是否可以工作或正常工作的情况。

3．虚拟机的克隆和还原

（1）VMware Player 5 的克隆和还原

由于 VMware Player 5 没有快照和备份功能，所以要备份或还原 VMware Player 5 的虚拟机只能采取复制或打包所有虚拟机文件的方式。安装好虚拟机后，直接使用 WinRAR 或 WinZip 压缩即可备份 VMware Player 虚拟机，而还原则是将备份过程倒过来操作即可。

（2）VMware Workstation 9 的克隆和还原

和 VMware Player 5 不同的是，VMware Workstation 9 具有专业的克隆和还原功能，克隆功能可以使用户方便地克隆出多份相同的虚拟机与其他人共享。

克隆的具体操作方法如下。

首先关闭要克隆的虚拟机，然后在 VMware Workstation 9 主界面中选择该虚拟机，再选择主菜单"VM"→"Manage"→"Clone"选项，会弹出克隆虚拟机对话框，具体操作如图 2-37 所示。

图 2-37　克隆虚拟机对话框

单击"Next"按钮即可开始克隆操作，这时会出现选择克隆状态的窗口，默认为"The current state in the virtual machine"，即克隆虚拟机的当前状态，另外一个选项为"An exist snapshot"，即克隆虚拟机的一个快照状态。大家可以根据需要灵活选择，这里采用默认的克隆当前状态选项。单击"Next"按钮继续，具体操作如图 2-38 所示。

接下来选择克隆类型。选择"Create a linked clone"可以进行链接克隆，而选择"Create a full clone"则进行完全克隆，这里选择完全克隆，具体操作如图 2-39 所示。

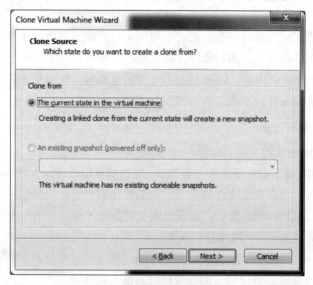

图 2-38　选择克隆的虚拟机

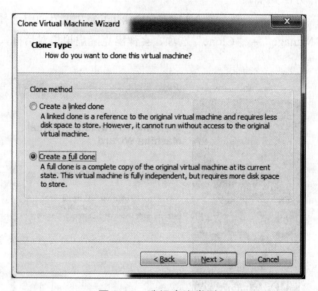

图 2-39　选择克隆类型

这里简单介绍一下这两种克隆类型。

● Full clone（完全克隆）

完全克隆即克隆完整的虚拟机，其执行效率和被克隆虚拟机完全相同，但比下面将要提到的链接克隆占用更多的空间，并且克隆速度比较缓慢。

● Linked clone（链接克隆）

链接克隆依赖于被克隆虚拟机，但其占用的磁盘空间比完全克隆少得多，克隆速度也快得多。

由于链接克隆依赖于被克隆虚拟机，如果源虚拟机出现问题，克隆出来的虚拟机也同样会出现问题。

　　确定了克隆类型后，即可单击"Next"按钮选择克隆文件的保存位置，具体结果如图 2-40
所示。

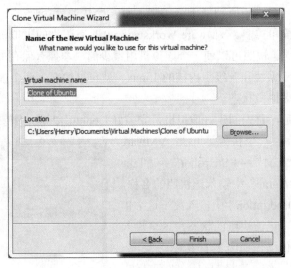

图 2-40　确定克隆位置

　　确定克隆位置后，即可单击"Finish"按钮开始克隆，克隆开始后会出现进度条，如图 2-41
所示。

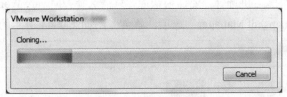

图 2-41　克隆进度条

成功克隆后，便会出现如图 2-42 所示的克隆成功界面。

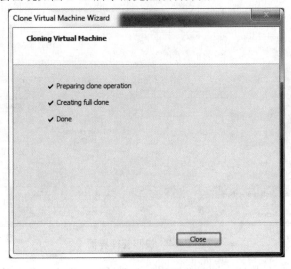

图 2-42　克隆成功

（3）VMware Workstation 快照功能

VMware Workstation 9 具有强大的快照功能，可以让虚拟机恢复到任何一个快照状态，这项功能和 Windows 的系统还原功能十分类似，每一个快照就类似一个还原点，只不过要比 Windows 的系统还原简单得多。VMware Workstation 9 具有强大的虚拟机管理功能，可以轻松地创建和管理多个快照。快照可以使一个虚拟机用很少的成本拥有保存多个虚拟机的状态，例如，默认内核的 Linux 系统和升级了内核的 Linux，就可以保存为两个虚拟机状态，随时可以迅速地切换到另一个虚拟机状态。

快照的创建方法是，首先创建好虚拟机，安装好 Ubuntu 12.04，刚安装的系统是一个干净的系统，所以需要保存一个快照。单击 VMware Workstation 9 主菜单"VM"→"Snapshot"→"Take Snapshot"选项，在"Name"中输入该快照的名称，如"Cleansys"；在"Description"中输入关于这个快照的说明，以免日后忘记该快照的状态，这里输入 Init Ubuntu 12.04，具体操作如图 2-43 所示。

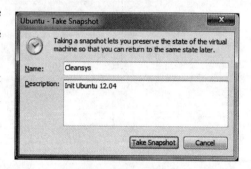

然后进入 Ubuntu 系统，选择 Update 进行升级，升级后可再创建一个快照，名称为 update+date，在说明中可以标明升级的日期，便于日后的维护。

图 2-43　输入快照信息

这样就有了两个快照可供选择，要切换快照，只需选择 VMware Workstation 主菜单"VM"→"Snapshot"→"Snapshot Manager"选项，就会弹出如图 2-44 所示的快照管理界面。

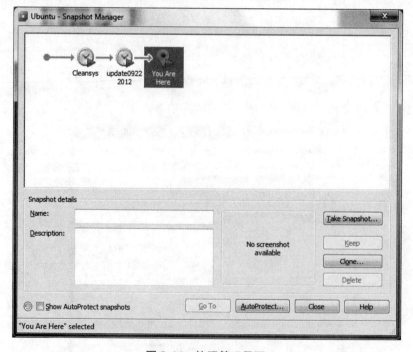

图 2-44　快照管理界面

直接双击"Cleansys"快照，这时会弹出一个对话框，确认是否恢复到 Cleansys 状态，单击"Yes"按钮，虚拟机就会恢复到 Ubuntu 刚刚安装完的状态，具体操作如图 2-45 所示。

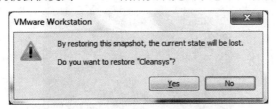

图 2-45　确认虚拟机快照恢复对话框

快照恢复到刚刚完成安装的状态之后，又想回到恢复之前的状态，只需再次选择 VMware Workstation 主菜单"VM"→"Snapshot"→"Snapshot Manager"选项，打开快照管理界面，双击 update09222012 快照，在弹出的恢复快照对话框中单击"Yes"按钮，即可立即恢复到升级后的状态，具体操作如图 2-46 所示。

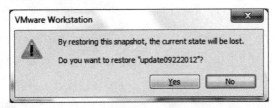

图 2-46　确认恢复快照对话框

4．VMware Workstation 抓图功能

VMware Workstation 的抓图功能可以方便地把虚拟机中的界面保存成 BMP 格式的图片，十分方便记录虚拟机的整个操作过程。具体方法是，启动虚拟机，选择 VMware Workstation 主菜单"VM"→"Capture Screen"选项即可开始抓图，第一次抓图完成后，会显示如图 2-47 所示的提示。

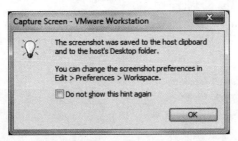

图 2-47　抓图提示

当然，可以不再显示这个抓图提示，直接选择"Do not show this hint again"选项即可。这样即可完成抓图。

此外，还可以使用"Ctrl+Alt+PrintScreen"快捷键快速抓取图片，所抓取的图片默认保存在 Windows 桌面，是以虚拟机名称加日期作为文件名的 PNG 格式文件，具体结果如图 2-48 所示。需要注意的是，先前的 VMware Workstaion 版本抓取的图片默认保存为 BMP 格式。

如果需要更改默认的保存位置，可以选择 VMware Workstation 主菜单"Edit"→"Preferences"选项，然后在默认的 Workspace 设置界面的"Save screenshot to:File"旁的下拉列表中选择"Brown for custom location"选项，随后弹出选择文件夹对话框，直接选择保存位置即可。

图 2-48　VMware Workstation 抓取的图片名称和格式

5. VMware Workstation 录屏功能

VMware Workstation 9 的录屏和回放功能可以方便地把虚拟机中的操作录制成 AVI 视频文件。具体的录制方法是，启动虚拟机后选择 VMware Workstation 主菜单"VM"→"Capture Movie"选项，随后会弹出另存为对话框，确定好录屏文件的保存位置，具体操作如图 2-49 所示。

图 2-49　确定文件保存位置以及录屏质量

在"File name"下面还有 Quality（视频质量）可供选择，默认为"Medium"，即中等质量。如果录屏时间较长，建议选择低质量视频格式（Low）；如果要求比较高，则选择高质量视频格式（High），然后单击"Save"按钮即可开始录屏。

录屏完成后，选择 VMware Workstation 主菜单"VM"→"Stop Movie Capture"选项即可完成录制。

这时打开当初选好的文件夹，即可看到所录制的文件，如果是 Windows 环境，则可以用媒体播放器直接播放这个 AVI 视频文件，具体效果如图 2-50 所示。

图 2-50　使用媒体播放器播放所录视频

需要注意的是，录屏过程中最好避免重启操作，这是因为许多系统重启时的分辨率比较低，而进入系统后分辨率比较高，这样录屏中就会形成难看的填充画面。

6. VMware Player/Workstation Unity 显示模式

安装了 VMware Tools 之后，可以增加许多强化功能，Unity 显示模式就是其中之一，Unity 在这里当"联合"讲，也就是让虚拟机和物理主机系统联合在一起的意思，和 VirtualBox 的无缝模式十分类似，具体效果如图 2-51 所示。

图 2-51　VMware Player/Workstation Unity 显示效果

Unity 显示模式切换也很容易，直接选择 VMware Player/Workstation 主菜单"View"→"Unity"选项即可切换到 Unity 显示模式。

这时 VMware 虚拟机窗口就会显示如图 2-52 所示的效果，单击其中的"Exit Unity"按钮即可退出 Unity 显示模式，返回正常的窗口模式。

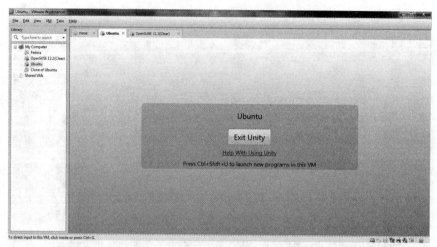

图 2-52　退出 Unity 显示模式

7．虚拟机和物理主机数据共享

虚拟机和物理主机共享数据是一项很有用的功能，实现方法也不少，比如通过 FTP 实现文件共享，通过 Windows 共享文件夹实现文件共享等，这里主要介绍如何利用虚拟机本身的功能来实现数据共享，具体效果如图 2-53 和图 2-54 所示。

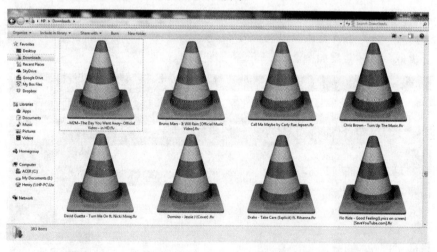

图 2-53　Windows 中 Downloads 下载目录中的视频文件

要设置文件夹共享，与虚拟机是否运行无关，且设置后立即生效。这里以在常用的 Windows 环境下安装 Ubuntu Linux 虚拟机为例来介绍具体的设置方法。直接打开其设置窗口，选择"Options"标签页，再选择"Shared Folders"选项，这时会出现如图 2-55 所示的界面。

图 2-54　在虚拟机中打开共享的 Downloads 文件夹

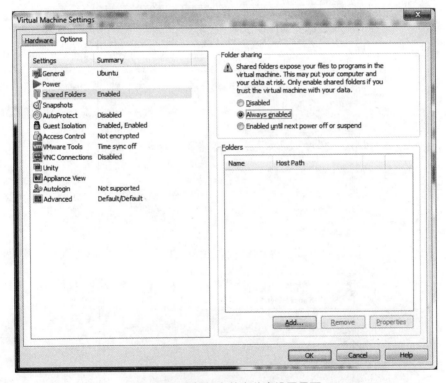

图 2-55　虚拟机文件夹共享设置界面

选择"Always enabled"选项，启用虚拟机和物理主机直接的数据共享，然后还需要添加所共享的文件夹，单击"Add"按钮，即可出现添加共享文件夹向导，如图 2-56 所示。

直接单击"Next"按钮，即可出现添加物理主机共享文件夹选项，具体操作如图 2-57 所示。

这里选择共享 Windows 的下载目录，单击"Browse"按钮选择即可，选择好后单击"Next"按钮设置共享文件夹的属性，具体操作如图 2-58 所示。

图 2-56　添加共享文件夹向导

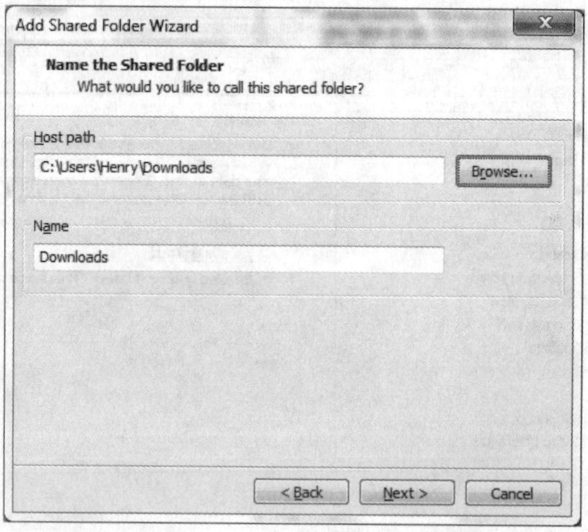

图 2-57　添加物理主机共享文件夹选项

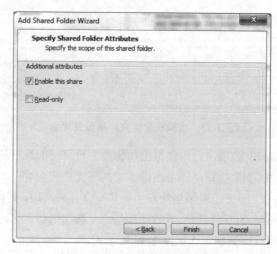

图 2-58　设置共享文件夹的属性

第一个选项表示启用共享文件夹，默认选中，至于第二个选项只读，则可以根据需要设置，默认为可以进行读写操作，共享文件夹的属性设置完成后单击"Finish"按钮完成操作，具体结果如图 2-59 所示。

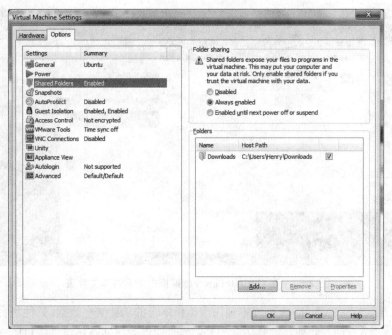

图 2-59　完成共享文件夹的设置

如果需要共享多个文件夹，只需重复上述操作即可添加，具体操作如图 2-60 所示。

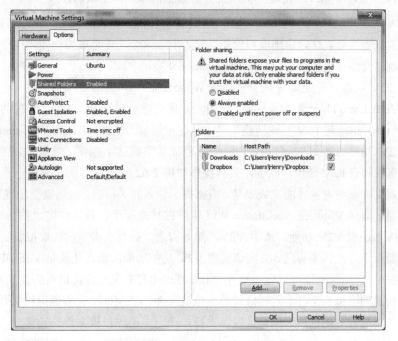

图 2-60　设置多个共享文件夹

下面介绍如何在 Ubuntu Linux 虚拟机中访问这些共享文件夹。在 Ubuntu Linux 虚拟机中，无论有多少个共享文件夹，它们都会统一挂载到/mnt/hgfs 目录下，所以只要访问这个目录即可访问共享文件夹中的文件，具体结果如图 2-61 所示。

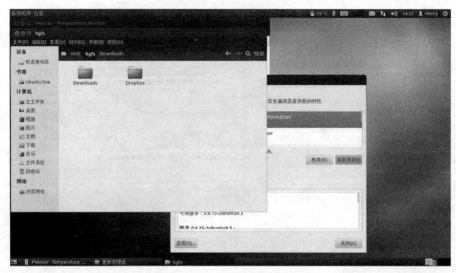

图 2-61　在 Ubuntu Linux 虚拟机中访问共享文件夹

上面介绍了如何在 Windows 环境中使用虚拟机本身的功能共享数据，其他平台的数据共享方法会在相关章节介绍。此外，需要注意的是，能否实现数据共享还与虚拟机所安装的操作系统有关，并不是所有系统都能实现数据共享。

8. 神奇的 P2V 和 V2V：物理主机系统变虚拟主机和虚拟主机的转换

所谓 P2V 就是 Physical to Virtual 的缩写，就是将当前物理主机的系统和状态转换成虚拟机，并可以在虚拟机中运行。这是实施虚拟化的基础，所以这个功能是虚拟化技术中十分基础和重要的。下面就来介绍如何使用 VMware Workstation 9 实现 P2V。

要实现 P2V 功能，首先要安装 VMware Workstation 9，然后启动它并在其主菜单中选择"File"→"Virtualize a Physical Machine"选项，如果是第一次使用该功能，这时将会提示安装名为 vCenter Converter 的 P2V 专业转换工具。从这里可以看出，VMware Workstation 9 本身并不能实现 P2V 功能，不过它可以找个专业助手帮其完成这个操作，安装完成后，VMware Workstation 9 就具有 P2V 转换功能了，具体操作如图 2-62 所示。

接着还需要一系列设置才能完成安装，根据提示输入相关信息，最后就会出现 P2V 专业转换工具的界面，这样 VMware Workstation 9 就具有 P2V 功能了，具体结果如图 2-63 所示。

除了 P2V，还有 V2V 功能，所谓 V2V，简而言之，就是从虚拟机到虚拟机的转换，这个转换通常需要第三方工具来实现。桌面端实现 V2V 功能的最简单方法就是 VirtualBox，由于其支持多种虚拟硬盘格式，所以可以轻松地在 VirtualBox 中打开其他虚拟机所创建的虚拟机文件，如 VMware 格式的虚拟机文件、微软格式的虚拟机文件、QEMU 格式的虚拟机文件等。这不得不说开源软件真是有海纳百川的胸怀，可以支持如此之多的虚拟机文件。具体方法是，只需在创建虚拟硬盘时选择"Use an existing virtual hard drive file"选项，并选择其他虚拟机的虚拟硬盘文件，即可轻松体验 V2V 的便捷，具体操作如图 2-64 所示。

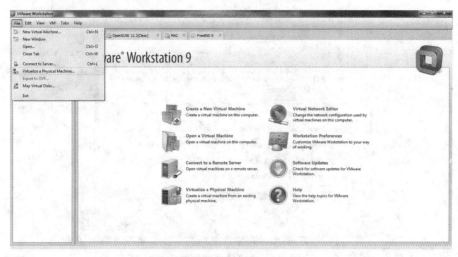

图 2-62　实现 P2V 功能

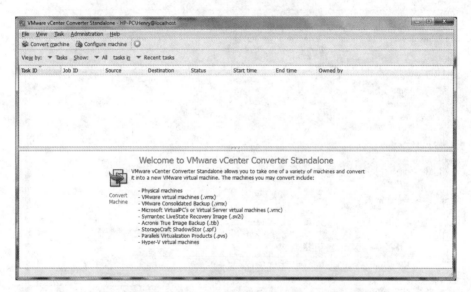

图 2-63　安装好的 VMware vCenter Converter 界面

9. VMware 虚拟机的迁移

VMware 虚拟机的迁移，可以使用 VMware Workstation 9 的导出功能来实现，可以导出为 OVF 格式的虚拟机文件（所谓 OVF，就是 Open Virtualization Format 的简称，直译为"开放虚拟化格式"）。VMware Workstation 9 可以将当前虚拟机全部导出为 OVF、VMDK 等文件，通过复制这些导出文件，即可实现虚拟机系统的迁移，十分方便。

首先关闭要导出的虚拟机，然后选择 VMware Workstation 9 主菜单"File"→"Export to OVF"选项，即可出现保存 OVF 文件对话框。为了便于管理，可以新创建一个文件夹来保存这些文件，可以将导出文件保存到本地硬盘或移动硬盘上，具体操作如图 2-65 所示。

图 2-64　选择其他虚拟机文件

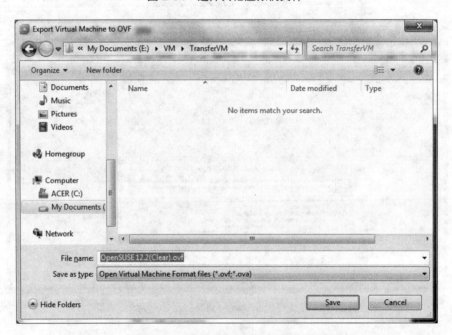

图 2-65　选择导出文件的保存位置

单击"Save"按钮开始导出操作,这时会出现进度条窗口,成功导出后文件夹中就会出现 OVF、VMDK 等 4 个文件,具体结果如图 2-66 所示。如果要导成一个文件,只需将导出文件的扩展名改为 OVA 即可。

要导入 OVF 格式的虚拟机,需要在 VMware Player 或 VMware Workstation 的 Home 页面中选择打开一个已经存在的虚拟机,找到刚导出的 OVF 文件,这时会弹出如图 2-67 所示的导入虚拟机界面。

导入操作结束后,就可以使用导入的虚拟机了,和原来的虚拟机一模一样。

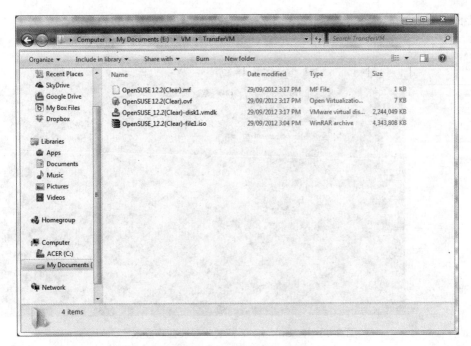

图 2-66　虚拟机导出完毕

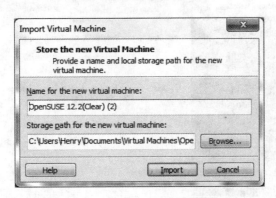

图 2-67　导入虚拟机界面

　　其实，迁移 VMware 虚拟机还有一个更加简单的方法，即复制整个虚拟机文件，只不过复制的文件比较多、比较大罢了。

10. 设置共享虚拟机，以及使用 Chrome 浏览器管理共享虚拟机

　　Shared VMs 是 VMware Workstation 9 的一个很实用的功能，为了配合该功能的使用，VMware 还推出了配套的 VMware WSX 服务，在 VMware WSX 的协助下，可以使用 Chrome 浏览器方便地管理共享虚拟机，具体效果如图 2-68 所示。

　　要想在浏览器中管理共享虚拟机，需要借助 VMware WSX 服务来实现，所以首先需要下载和 VMware Workstation 对应的 WSX 程序，这里以 VMware Workstation 9 的 WSX 程序为例来介绍配置过程。

　　下载 WSX 安装程序，名称为 VMware-WSX-Server-1.0.2-928297.msi，双击即可开始安装，

安装界面如图 2-69 所示。

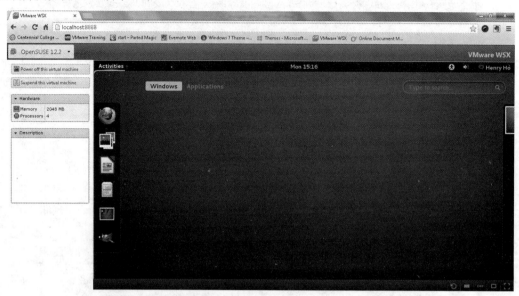

图 2-68　在 Chrome 浏览器中管理共享虚拟机

图 2-69　VMware WSX 安装界面

直接单击"Next"按钮，进入接受许可协议界面，选择接受后单击"Next"按钮继续安装，具体操作如图 2-70 所示。

下面一步比较关键，设置 WSX 访问端口，可以根据自己的需要设置访问端口，也可以采用默认的 8888 端口，这里采用默认设置，直接单击"Next"按钮继续安装，具体操作如图 2-71 所示。

接下来就出现正式安装界面了，直接单击"Install"按钮开始安装 WSX 服务，具体操作如图 2-72 所示。

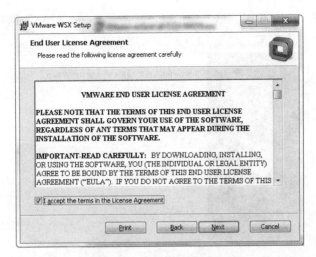

图 2-70 接受许可协议

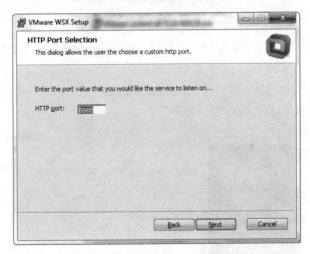

图 2-71 设置 WSX 访问端口

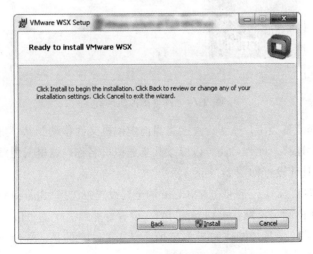

图 2-72 开始安装 WSX 服务

成功安装后，即可看到如图 2-73 所示的窗口，表示成功安装 WSX 服务。

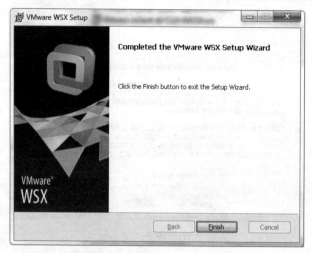

图 2-73　成功安装 WSX 服务

成功安装了 WSX 服务后，还需要在 VMware Workstation 9 中共享虚拟机，以及开启虚拟机共享的设置，具体操作如下。

右键单击要共享的虚拟机，然后选择 "Manage-share" 选项，这时会出现如图 2-74 所示的共享虚拟机向导，直接单击 "Next" 按钮即可。

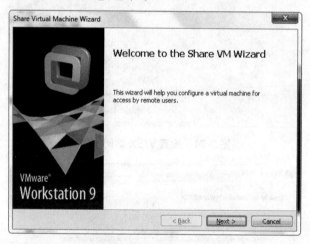

图 2-74　共享虚拟机向导

接下来需要选择迁移类型，默认为直接将当前虚拟机文件移动到共享虚拟机目录，另外一个选项表示先克隆后迁移。此外，还可以修改共享虚拟机名称，这里采用默认设置，直接单击 "Next" 按钮继续。具体设置如图 2-75 所示。

迁移完共享虚拟机之后，还需要在 VMware 的全局设置中选择 "Shared VMs"，设置 VMware Workstation Server 访问端口，默认端口号为 443，设置好端口后单击 "Enable Sharing" 按钮开启 Shared VMs 端口即可，具体操作如图 2-76 所示。需要注意的是，端口一旦启用后就无法更改了，除非关闭共享。

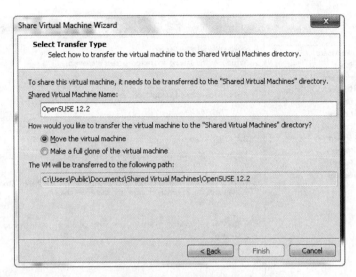

图 2-75　设置迁移类型

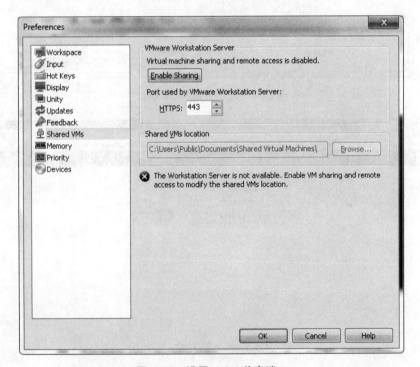

图 2-76　设置 WSX 共享端口

成功开启 WSX 端口后效果如图 2-77 所示。

这样运行最新的 Chrome 浏览器或其他支持 HTML 5 的浏览器访问本机的 8888 端口（localhost:8888），即可登录 WSX 服务器，具体操作如图 2-78 所示。

需要注意的是，一定要用系统账号登录 WSX 服务器，登录成功后即可看到如图 2-79 所示的 Web 管理界面。

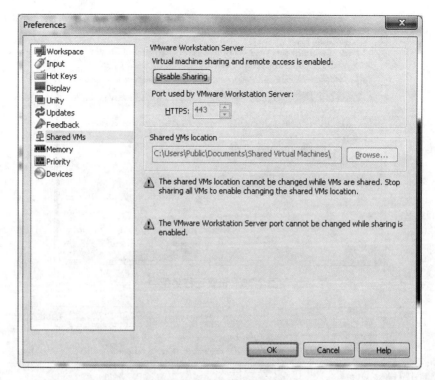

图 2-77　成功开启 WSX 端口

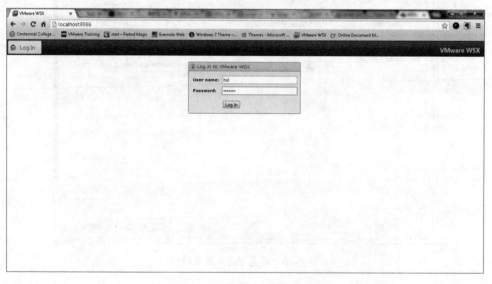

图 2-78　登录 WSX 服务器

单击"Shared VMs"按钮，会再次提示输入用户名和密码，重新输入刚才的用户名和密码，即可打开 Shared VMs 界面，具体结果如图 2-80 所示。

成功登录到 Shared VMs 后，就可以看到刚才共享的两个虚拟机，如图 2-81 所示。

直接单击要管理的虚拟机，即可开始使用和管理该虚拟机，具体操作如图 2-82 所示。

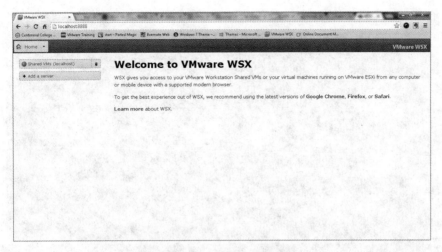

图 2-79　成功登录 WSX 服务器

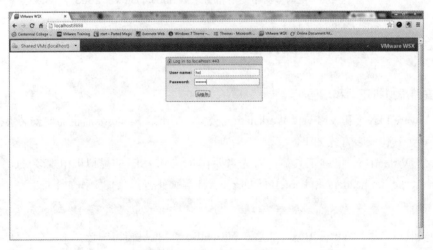

图 2-80　登录到共享虚拟机

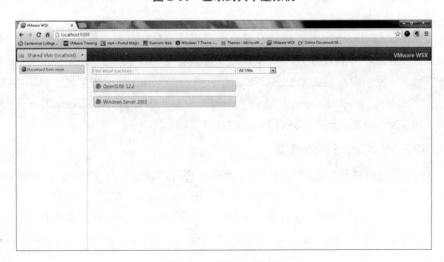

图 2-81　共享的虚拟机

图 2-82　在浏览器中使用和管理 Windows Server 2003

2.2 ●VirtualBox 使用技巧

1. 安装虚拟机驱动和增强工具

与 VMware Player 和 VMware Workstation 类似，VirtualBox 安装后也需要安装虚拟机驱动和增强工具，具体安装方式如下。

在安装 VirtualBox 增强工具前，首先需要在 OpenSUSE 的虚拟机中安装 gcc、make、kernel-devel、kernel-headers 和 kernel-desktop-devel 等软件包，具体操作如下：

```
>sudo zypper in gcc make kernel-devel kernel-headers kernel-desktop-devel
```

成功安装后，运行 VirtualBox，然后在 VirtualBox 虚拟机窗口中选择主菜单"Devices"→"Install Guest Additions…"选项，重启虚拟机后就会出现安装 VirtualBox 附加工具对话框，具体操作如图 2-83 所示。

这时虚拟机中的 OpenSUSE 系统就会弹出一个确认安装对话框，具体结果如图 2-84 所示。

这时会弹出终端，并自动安装，具体效果如图 2-85 所示。

成功安装后，重启虚拟机的 OpenSUSE 系统，然后在 VirtualBox 虚拟机窗口中选择主菜单"View"→"Switch to seamless mode"选项，即可出现如图 2-86 所示的 VirtualBox 无缝模式的惊人效果，和 VMware 的 Unity（联合）模式类似。

2. 虚拟硬件的添加、删除和设置

VirtualBox 也可以进行虚拟硬件的添加、删除和设置，这一点和 VMware Player 5/VMware Workstation 9 是基本一样的，下面就来介绍如何管理 VirtualBox 的虚拟硬件。

关掉欲管理其虚拟硬件的 VirtualBox 虚拟机，然后在 VirtualBox 主界面中选中该虚拟机，再选择 VirtualBox 主菜单"Machine"→"Settings"选项，这时会弹出如图 2-87 所示的 VirtualBox 虚拟硬件设置界面。

图 2-83 安装虚拟机驱动和增强工具

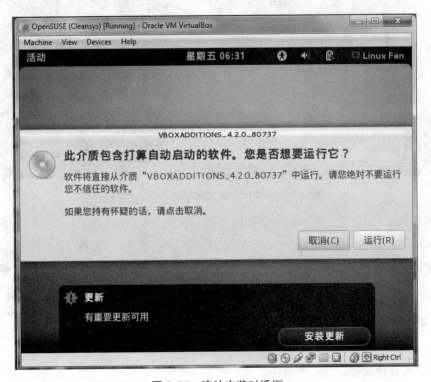

图 2-84 确认安装对话框

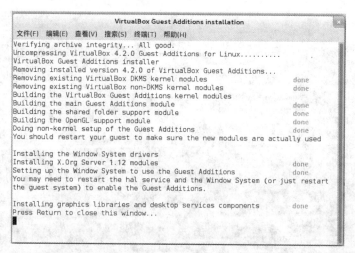

图 2-85　安装虚拟机驱动和扩展

图 2-86　VirtualBox 无缝模式的惊人效果

这样就可以开始设置或添加/删除虚拟硬件了。

（1）General 设置

General 设置由三个标签页组成，第一个为 Basic（基础）标签页，第二个为 Advanced（高级）标签页，第三个为 Description 标签页。基础标签页可以设置虚拟机的类型，是 Windows 虚拟机还是 Linux 虚拟机，这个通常在创建虚拟机时就要设置好；高级标签页可以设置快照的路径、虚拟主机和物理主机共享剪贴板，以及虚拟主机和物理主机之间的文件拖拽等，具体情况如图 2-88 所示。

（2）System 设置

System 设置由 Motherboard（母版）标签页、Processor（处理器）标签页和 Acceleration（加

速）标签页构成，其中母版标签页可以设置虚拟机的内存大小，可以根据需求定义虚拟机内存的大小。除了内存容量可以自行定义外，还可以设置芯片组以及扩展功能，如 ACPI 是否开启、是否支持 EFI 等。具体设置如图 2-89 所示。

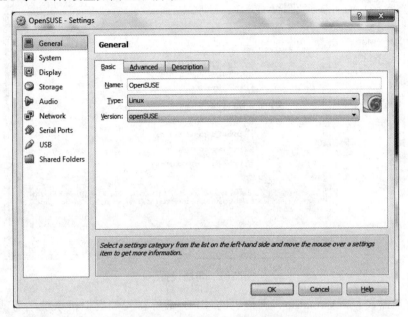

图 2-87 VirtualBox 虚拟硬件设置界面

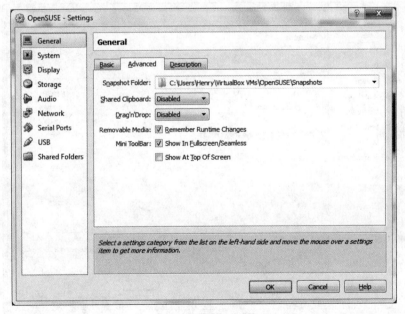

图 2-88 高级设置

从图 2-89 中可以看到，除了可以设置内存容量之外，也可以设置启动方式，虚拟机可以从软盘、硬盘、光盘以及网络启动，大家可以根据需要进行设置。此外，还可以设置主板的芯片和扩展功能，大家可以根据需要进行灵活设置。

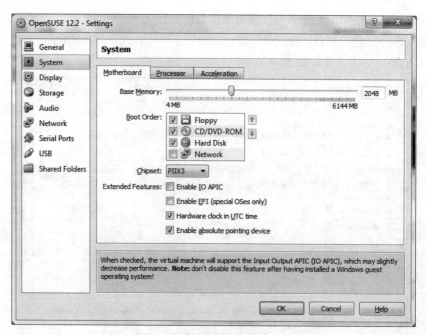

图 2-89　母版设置

至于处理器设置，VirtualBox 虚拟机的 CPU 最好在安装虚拟机系统之前就设置好，VirtualBox 支持 1～8 个 CPU，具体情况如图 2-90 所示。

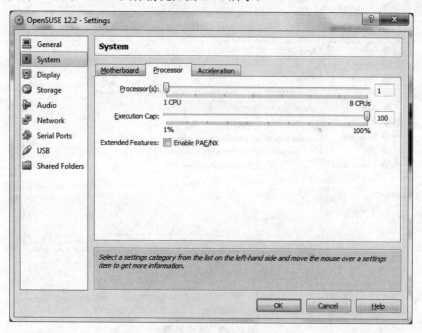

图 2-90　处理器设置

最后是加速设置，加速标签页主要用于设置硬件的虚拟化加速，如启用中央处理器的虚拟化指令集以及嵌套分页等，建议采用默认设置，具体操作如图 2-91 所示。

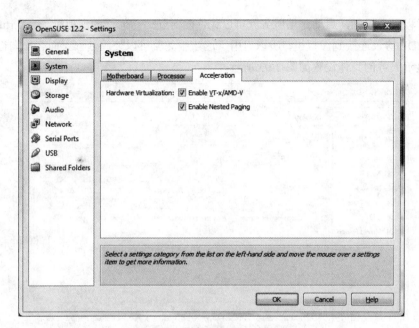

图 2-91　虚拟化硬件加速设置

（3）Display 设置

Display 可以设置虚拟显卡显示器以及远程控制，显卡显示器设置最为常用，这里可以设置显卡显存的容量，默认为 12MB，可以根据需要设置。此外，还可以设置针对 2D 或 3D 的加速，需要的话将附加特性中的"Enable 2D Video Acceleration"或"Enable 3D Acceleration"选项选中即可。VirtualBox 对显示器的支持也很到位，VirtualBox 支持最多 8 个显示器，具体情况如图 2-92 所示。

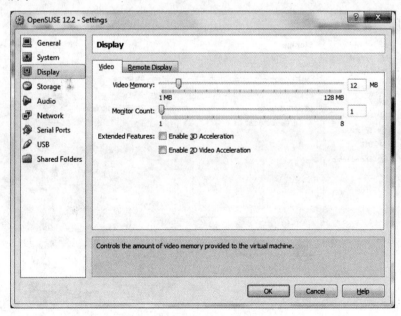

图 2-92　显示设置

至于远程显示服务，启动这项服务就可以让你随时随地访问你的虚拟机了。VirtualBox 借助微软的 RDP 协议连接到虚拟机，所以启用了这项服务就可以使用远程桌面客户端进行访问。关于远程显示服务的具体设置如图 2-93 所示。

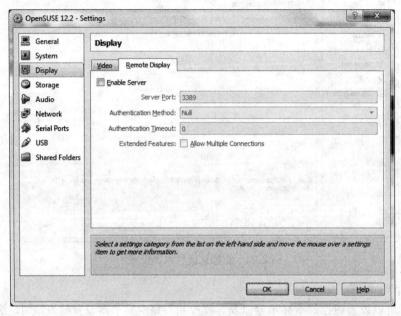

图 2-93　远程显示服务设置

（4）Storage 设置

顾名思义，Storage 设置与虚拟机的存储有关，在这里可以管理虚拟硬盘和虚拟光驱，具体操作如图 2-94 所示。

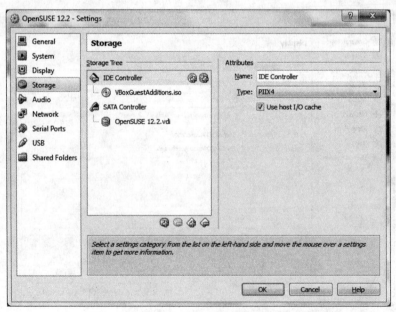

图 2-94　存储管理设置

也可以像 VMware 一样添加和删除虚拟硬盘，添加虚拟硬盘的操作是，首先选中"SATA Controller"选项，然后单击带有加号的硬盘图标就可以添加一块虚拟硬盘。接下来选择添加一块全新的虚拟硬盘还是选择一块已经存在的虚拟硬盘，这里单击"Create new disk"按钮，具体操作如图 2-95 所示。

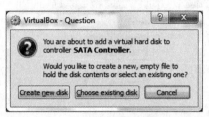

图 2-95 选择创建全新的虚拟硬盘

随后就会出现和创建虚拟机类似的选择虚拟磁盘格式对话框，根据需要选择即可。接下来的操作和创建虚拟机时几乎完全一样，成功添加后就会出现所添加的虚拟硬盘了，具体结果如图 2-96 所示。

图 2-96 成功添加虚拟硬盘

至于删除虚拟硬盘，只需选中欲删除的虚拟硬盘，然后单击带有减号的硬盘图标即可轻松删除。

（5）Network 设置

VirtualBox 的网络设置和 VMware Player 5/VMware Workstation 9 基本类似，根据需要选择即可，这里就不赘述了。设置界面如图 2-97 所示。

（6）Serial Ports 设置

VirtualBox 的串口设置提供了两个虚拟串口，可以启用串口并设置 IRQ 和地址，十分方便，具体操作如图 2-98 所示。

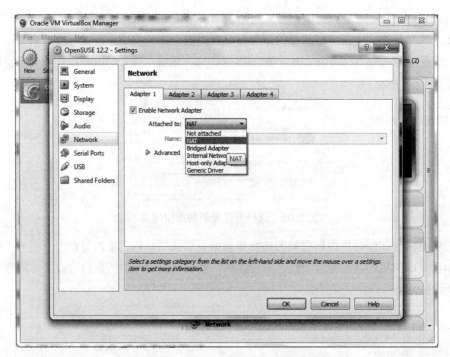

图 2-97　VirtualBox 的网络设置界面

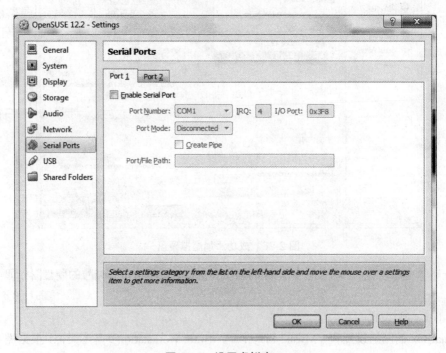

图 2-98　设置虚拟串口

（7）USB 设置

可以设置 VirtualBox 的虚拟 USB 接口，虽然和 VMware 相比略微逊色，不过也足够用了。设置界面如图 2-99 所示。

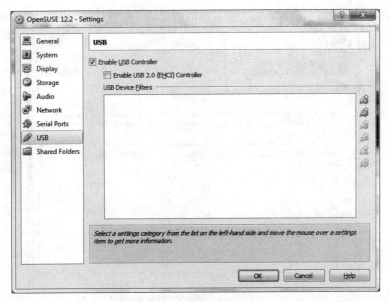

图 2-99 USB 设置界面

3. VirtualBox 虚拟机的迁移

VirtualBox 不仅和 VMware Workstation 9 一样具有快照和克隆功能，而且提供了虚拟机的迁移功能——导入和导出，通过导出功能将虚拟机导出，然后将导出文件复制到目标计算机，再用 VirtualBox 导入，这样在目标计算机中也可以使用这个虚拟机，从而实现了虚拟机的迁移。

VirtualBox 虚拟机的迁移比较简单，具体操作步骤如下。

首先关闭虚拟机，然后选择 VirtualBox 的主菜单"File"→"Export"选项，开始导出虚拟机，具体操作如图 2-100 所示。

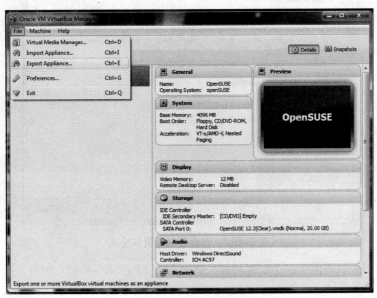

图 2-100 选择导出功能

这时会出现虚拟机导出向导，选择要导出的虚拟机，具体操作如图 2-101 所示。

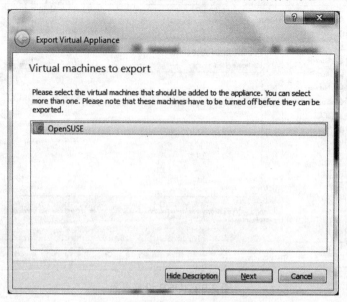

图 2-101　选择要导出的虚拟机

随后需要设置导出文件的格式和位置，VirtualBox 的导出格式为 OVA，该格式默认包括虚拟机的所有文件。至于保存位置，可以自行定义，这里采用默认位置，具体操作如图 2-102 所示。

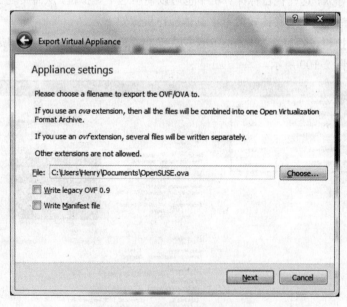

图 2-102　设置导出位置和格式

完成上述设置后会出现一个配置摘要，这时单击"Export"按钮，即可开始导出操作，如图 2-103 所示。

顺利完成导出操作后，虚拟机就变成了一个 OVA 格式的文件，可以将该文件复制或刻录到 CD/DVD，迁移到目标计算机。

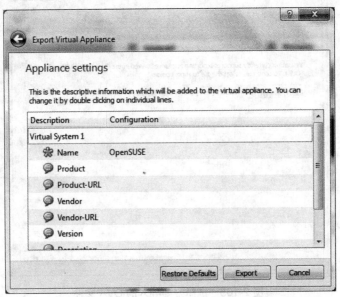

图 2-103　导出虚拟机操作

　　下面介绍导入虚拟机的操作步骤。

　　有了虚拟机的 OVA 文件，导入就十分简单了，选择 VirtualBox 的主菜单"File"→"Import"选项开始导入虚拟机，这时会出现虚拟机导入向导，单击"Open appliance"按钮，选择 OVA 文件，具体操作如图 2-104 所示。

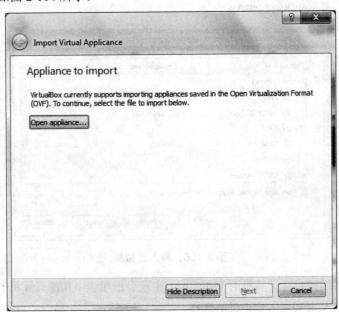

图 2-104　选择导入的虚拟机文件

　　选择好文件后，即可在该窗口中看到所选的文件，如图 2-105 所示。

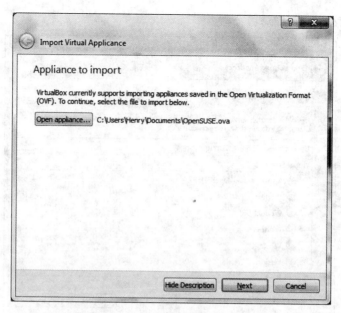

图 2-105　选择好要导入的 OVA 文件

单击 "Next" 按钮后会出现一个导入虚拟机配置摘要，单击 "Import" 按钮即可开始导入，具体操作如图 2-106 所示。

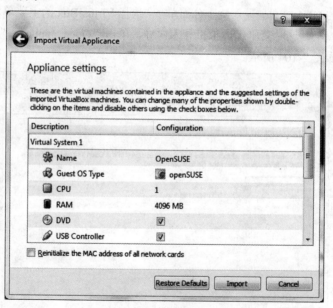

图 2-106　导入虚拟机

导入成功后，这时目标计算机的 VirtualBox 中就会出现一个和源计算机的 VirtualBox 中一模一样的虚拟机，从而实现了虚拟机的迁移。

4．虚拟机和物理主机数据共享

前面介绍了 VMware Player 和 VMware Workstation 下虚拟机和物理主机数据共享的方法，

下面介绍 VirtualBox 下共享数据的方法。

安装好 VirtualBox 虚拟机驱动和扩展工具后开启虚拟机，然后在虚拟机窗口中选择"Device"→"Shared Folders"选项，即可打开 Shared Folders 设置界面，具体操作如图 2-107 所示。

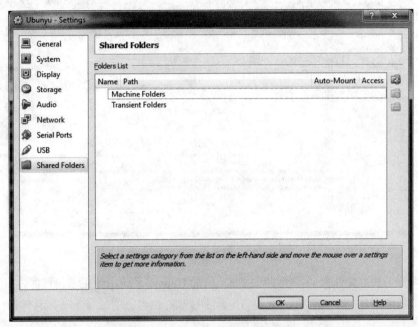

图 2-107　设置 VirtualBox 共享文件夹

选择"Folders List"中的"Machine Folders"选项，单击带加号的文件夹图标即可开始添加共享文件夹，具体结果如图 2-108 所示。

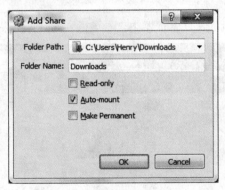

图 2-108　添加共享文件夹

选择好共享文件夹后，"Folder Path"后就有了共享文件夹路径。需要注意的是"Folder Name"，一定要记住这个名称，Linux 中需要用这个名称来挂载共享文件夹。此外，还可以将 Auto-mount（自动挂载）属性选上，只读属性可以根据需要设置，VirtualBox 默认为读写模式。最后，单击"OK"按钮完成设置共享文件夹，具体操作如图 2-109 所示。

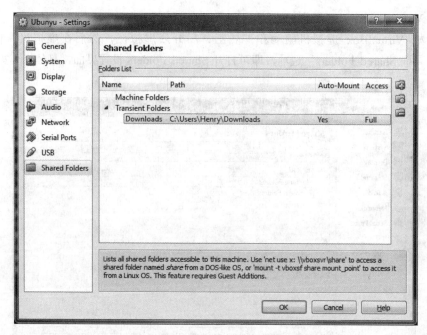

图 2-109　成功设置共享文件夹

成功设置了共享文件夹后，便可以在虚拟机的 Ubuntu 系统中使用了，具体使用方法如下。在虚拟机中创建一个文件夹，位置随便，不过最好在自己的家目录下，具体操作为：

```
$ cd
$mkdir vbox
```

有了挂载点，就可以使用如下命令挂载：

```
$sudo mount -t vboxsf Downloads /home/hxl/vbox
```

挂载完成后，在虚拟机的文件管理器中查看该目录，具体结果如图 2-110 所示。

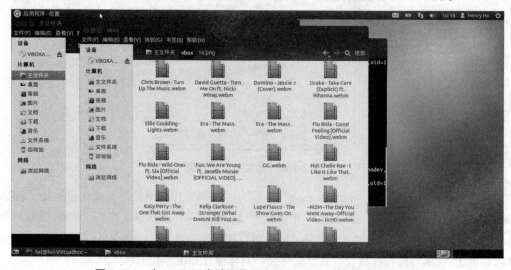

图 2-110　在 Ubuntu 中读取物理主机 Winodws 系统共享文件夹

最后提醒大家的是，并非所有的虚拟机系统都被 VirtualBox 支持。

5．VirtualBox 的快照功能和克隆功能

虽然 VirtualBox 是一个免费和开源的虚拟机，但功能专业，如快照和克隆功能一个都没有少，可以在 VirtualBox 中轻易地进行快照和克隆操作，具体方法如下。

启动要做快照的虚拟机，然后单击 VirtualBox 主界面右侧的"Snapshots"按钮，在 VirtualBox 主界面切换到快照模式，具体效果如图 2-111 所示。

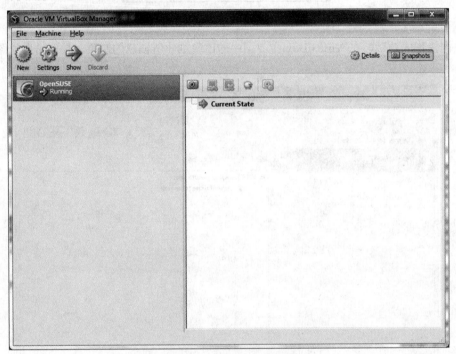

图 2-111　切换到快照界面

单击照相机按钮，进行快照，这时会弹出如图 2-112 所示的快照设置界面。

图 2-112　设置快照信息

这里将快照名称设置为 Cleansys，快照的描述则注明为干净的 OpenSUSE 系统，设置好快照信息后，单击"OK"按钮开始生成快照，这时会出现如图 2-113 所示的快照操作进度条。

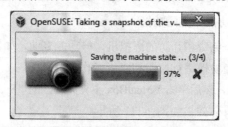

图 2-113　快照操作进度条

　　快照操作成功后，在 VirtualBox 主界面中即出现刚才所创建的快照，具体结果如图 2-114 所示。

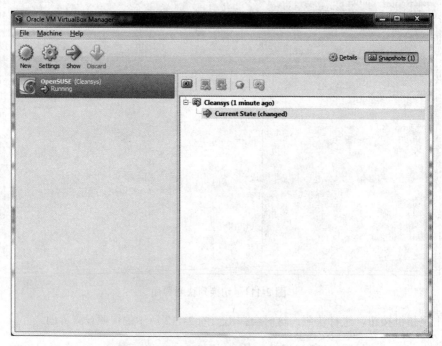

图 2-114　成功创建快照

　　这样一个快照就创建成功了，以后只要想将自己的虚拟机变回刚安装好的清洁状态，直接恢复快照即可。具体操作方法是，关闭虚拟机，然后在快照区域选择要恢复到的快照状态，这时恢复键变为可用状态，直接单击恢复键即可开始恢复，具体操作如图 2-115 所示。

　　这时会弹出恢复确认对话框，单击"Restore"按钮即可开始恢复过程，默认要为当前状态创建快照，根据需要进行设置，不需要直接取消选中下方的"Create a snapshot of the current machine state"复选框即可，具体操作如图 2-116 所示。

　　下面介绍克隆操作。

　　要克隆当前系统也很简单，操作和快照比较类似，关闭虚拟主机后，在 VirtualBox 主界面切换到快照模式，选择要克隆的虚拟主机和状态，单击"克隆"按钮即可开始克隆操作，具体操作如图 2-117 所示。

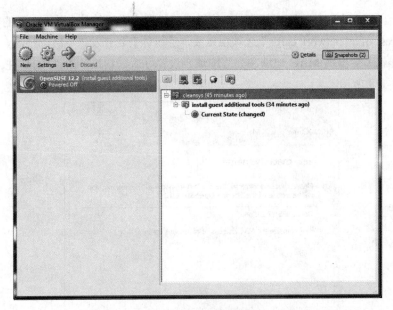

图 2-115 恢复快照

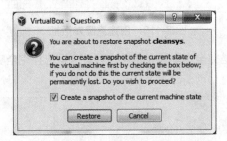

图 2-116 确认恢复快照对话框

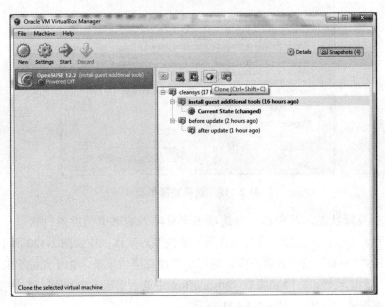

图 2-117 选择克隆系统和状态

随后便会出现一个创建克隆对话框，在这里可以设置克隆系统的名称。下面的"Reinitalize the MAC address of all network cards"选项很重要，尤其对于要分发该克隆的情况，一定要选中该选项，这样就不会出现 MAC 地址冲突等麻烦。设置好后，直接单击"Next"按钮继续，具体操作如图 2-118 所示。

图 2-118　创建克隆对话框

接下来选择克隆类型，是完全克隆还是链接克隆，这里选择完全克隆，设置好后单击"Next"按钮继续，具体操作如图 2-119 所示。

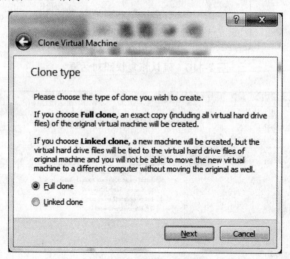

图 2-119　选择克隆类型

还需要选择克隆状态，其中第一个选项表示克隆当前选中的虚拟机状态，第二个选项"Everything"则表示创建的克隆文件将包含所有的快照，具体操作如图 2-120 所示。

最后，单击"Clone"按钮开始克隆，这时会出现克隆进度条，由于是完全克隆操作，所以整个操作过程会比较慢。克隆完成后，VirtualBox 中就会出现一个和刚才选中的虚拟机一模一样的克隆虚拟机了，具体结果如图 2-121 所示。

图 2-120 选择克隆所包含的快照

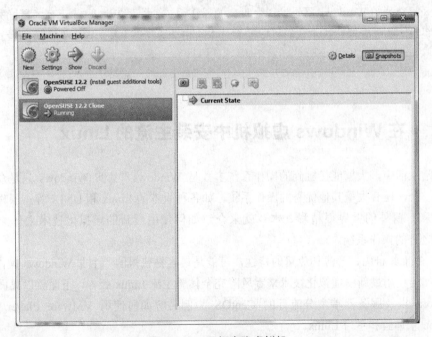

图 2-121 运行克隆虚拟机

善用 VirtualBox 的快照和克隆功能，可以大量节省重装系统的时间。

小结

本章详细介绍了 VMware Player 5、VMware Workstation 9 以及 VirtualBox 虚拟机的进阶技巧，提供了大量实用的虚拟机配置和使用技巧，如快照、克隆、迁移、虚拟硬件管理等，从而进一步提升虚拟机的使用水准，让虚拟化技术更加高效和实用。

03

从虚拟化 到云计算

微软之外的世界：零风险体验和学习

> 大家熟悉的 Windows 不是世界上唯一的操作系统，除了 Windows 还有大量优秀的操作系统，通过虚拟化技术我们可以安装、体验和学习这些系统。总之，窗外的世界很精彩！

3.1 — 在 Windows 虚拟机中安装主流的 Linux

在日常生活中，大家能接触到的操作系统多数是 Windows，其实 Windows 只是众多操作系统中的一个，还有大量其他优秀的操作系统，如各种版本的 Linux 和 UNIX 等，操作系统的世界很精彩，窗外的世界很精彩。本章就来介绍如何使用最新的虚拟化技术来体验和学习 Windows 之外的操作系统。

Linux 由于其自由、开源和免费的特性，可能是最容易获得的一个非 Windows 操作系统，这里介绍如何使用最新的虚拟化技术来零风险完全体验主流 Linux 版本，下面就以桌面比较流行的 Fedora 以及服务器端十分流行的 CentOS 为例讲解如何使用 VMware Player/VMware Workstation 来体验和学习 Linux。

3.1.1 零风险安装 Fedora Linux

Fedora 是一个十分流行的 Linux 操作系统，也是一个很好的 Linux 入门级版本，十分适合 Linux 初学者使用。

要在 VMware Player/VMware Workstation 中体验和学习 Fedora，首先要到 http://fedoraproject.org/ 站点下载一个 Fedora 版本，最新版本为 Fedora 17，可以下载 Fedora 17 的一个 LiveCD 版本来体验和学习。所谓 LiveCD 就是一种不用安装也可以体验和安装 Linux 的光盘，成功下载后，就可以创建一个名为 Fedora 17 的虚拟机，并将下载好的镜像挂载到这个虚拟机上，然后启动虚拟机，即可看到如图 3-1 所示的界面。

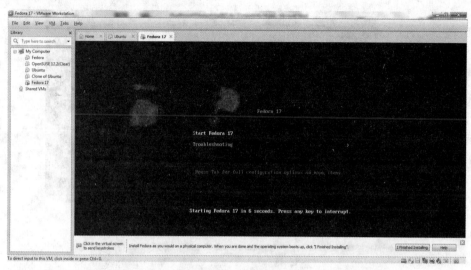

图 3-1　Fedora 17 的启动界面

单击虚拟机界面获得虚拟机的控制权，然后按下回车键即可开始体验 Fedora 17，具体结果如图 3-2 所示。

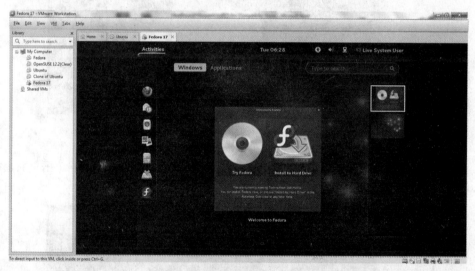

图 3-2　体验 Fedora 17

这时就可以看到 Fedora 17 默认的 GNOME 3 桌面环境，这个界面和安装后的结果一模一样，可以尽情体验 Fedora 17 的桌面环境以及各种应用程序，与真实安装的操作、体验和感觉几乎完全一样，这就是 LiveCD 技术带给大家的好处。有点像先尝后买的感觉，利用虚拟化技术体验要比真实环境，即将所下载的镜像刻录成光盘，然后加载到光驱并从光驱启动系统的感觉要好，这是由于真实的 CD-ROM 读盘速度远没有虚拟机从光盘镜像读盘速度快，读盘速度跟上了，感觉自然流畅和迅捷了很多。如图 3-3 和图 3-4 所示即是在虚拟机 LiveCD 环境下体验 Fedora 应用程序的效果。

图 3-3　在虚拟机中使用 Firefox

图 3-4　在虚拟机中体验 Transmission BT 下载程序

如果感觉很不错，就可以安装到虚拟硬盘进行深度体验了。具体方法是，单击桌面快捷启动栏中的"Install to Hard Drive"图标，具体操作如图 3-5 所示。

图 3-5　准备将 Fedora 安装到硬盘

双击安装图标后，即会弹出 Fedora 安装程序，首先选择键盘布局，默认为 U.S.English，除非有特殊需求，否则保持默认键盘布局即可。单击"Next"按钮继续安装，具体操作如图 3-6 所示。

图 3-6　选择键盘布局

接下来选择存储设备，也就是要将 Fedora 安装到哪种存储介质上，该界面有两个选项，其中一个是基本存储，另一个是特殊存储。基本存储就是指硬盘或磁盘阵列，而特殊存储则是指一些专业存储设备，如基于光纤和 iSCSI 的 SAN 等专业存储设备。由于这是虚拟机，所以保持默认的基础存储即可，具体操作如图 3-7 所示。

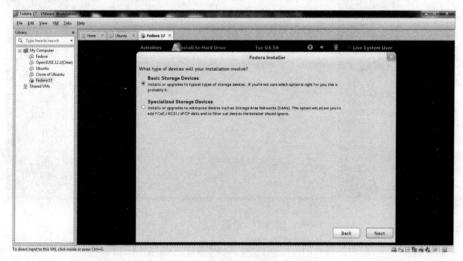

图 3-7　选择存储安装到的设备

随后会弹出初始化硬盘警告，即安装程序下面的操作将是清空虚拟硬盘上的所有数据。由于这是虚拟机，不用担心会损毁数据，所以单击"Yes，discard any data"按钮继续，具体操作如图 3-8 所示。

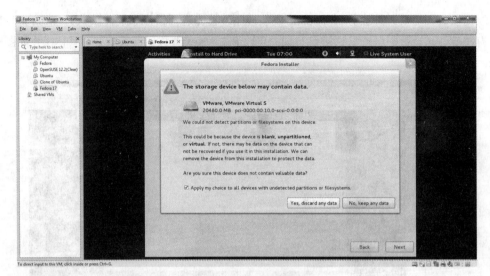

图 3-8　初始化虚拟硬盘

初始化硬盘后，就需要设置主机名了，默认主机名为 localhost.localdomain。由于只是学习和体验，所以保持默认的名称即可，如果是真实安装就要注意了，由于 Linux 的主机名要比 Windows 重要得多，所以要事先规划名称空间。直接单击"Next"按钮继续安装，具体操作如图 3-9 所示。

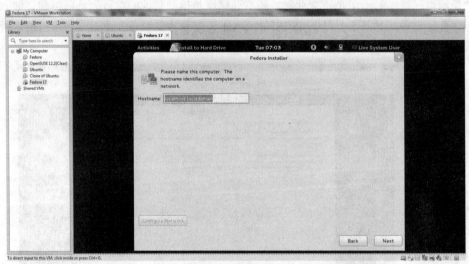

图 3-9　设置主机名

接下来选择时区，直接从地图上选择上海，然后单击"Next"按钮继续，具体操作如图 3-10 所示。

接着设置系统管理员密码，由于只是体验和学习之用，输入一个好记的密码即可，不过如果是真实环境，这个密码就非常重要了，掌握这个密码的人可以拥有计算机的全部权限，所以一定要足够复杂才能保证不被黑客攻破。具体界面如图 3-11 所示。

下面选择安装类型。由于是虚拟机，所以这就简单了许多，选择"Use All Space"选项，然后单击"Next"按钮即可开始自动分区并安装系统，具体操作如图 3-12 所示。

图 3-10　选择时区

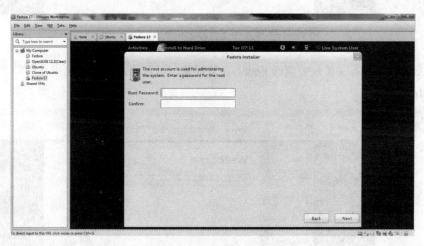

图 3-11　设置管理员密码

图 3-12　选择安装类型

安装完成后，即可看到成功安装的提示，直接单击"Reboot"按钮重启虚拟机，具体操作如图 3-13 所示。

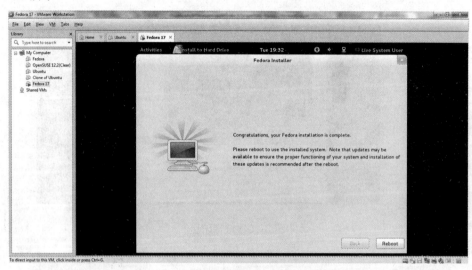

图 3-13　成功安装 Fedora

重启后，即可进入安装到硬盘的 Fedora，这样就可以获得几乎真实的用户体验了，具体效果如图 3-14 所示。

图 3-14　第一次启动 Fedora

第一次进入 Fedora 还需要进行简单的配置才能使用，看到欢迎画面，直接单击"Forward"按钮开始设置。首先是接受协议，直接单击"Forward"按钮继续，具体操作如图 3-15 所示。

接下来需要为 Fedora 创建一个普通用户，具体操作如图 3-16 所示。

创建完一个用于登录的普通用户后，还要设置日期和时间，如果没有问题，直接单击"Forward"按钮继续，具体操作如图 3-17 所示。

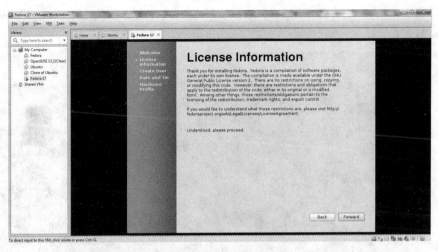

图 3-15　接受协议

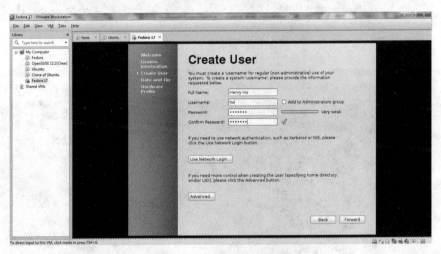

图 3-16　创建一个普通用户

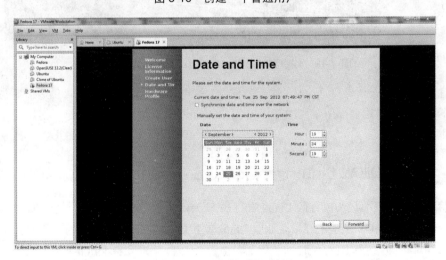

图 3-17　设置日期和时间

进入 Fedora 的登录界面，用刚才创建的用户名和口令登录即可进入系统，具体效果如图 3-18 和图 3-19 所示。

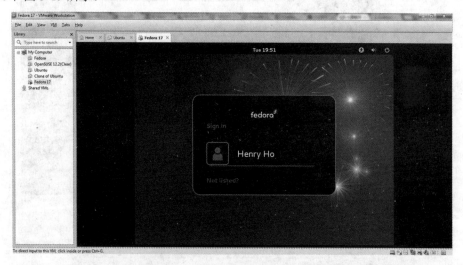

图 3-18　登录 Fedora 系统

图 3-19　体验和学习 Fedora GNOME 3 桌面环境

这样 Fedora 就安装成功了，为了操作方便，大家可以下载简体中文语言包，让界面变成简体中文的。大家可以用前面所学到的知识安装 VMware Tools，配置数据共享，创建快照和克隆等，这里就不赘述了。

3.1.2　安装企业级 Linux——CentOS 6

体验和安装了桌面最为流行的 Linux 发行版 Fedora 后，下面来安装一个企业级的 Linux 版本——CentOS。CentOS 是基于红帽企业版 Linux（下文简称 RHEL）开放的源代码并由社区来编译发布和维护的，是 RHEL 绝佳的替代品。由于 RHEL 是基于 Fedora 的，所以 CentOS 看起来很像 Fedora。

　　由于日常生活中很难接触到企业级操作系统，好在有了虚拟化技术，大家可以通过虚拟机来体验和学习企业级操作系统，下面就介绍如何使用 VMware Workstation 来体验和学习 CentOS。

　　和 Fedora 一样，CentOS 也是一个十分流行的企业级 Linux 操作系统，要体验和学习该系统，首先需要访问 https://www.centos.org/ 下载 CentOS 6.2 DVD 版本，全部安装镜像为 2 张 DVD，成功下载后，就可以创建一个名为 CentOS 6.2 的虚拟机，并将虚拟机类型设定为 RHEL 6。接着将下载好的镜像挂载到这个虚拟机上，启动虚拟机即可看到如图 3-20 所示的界面。

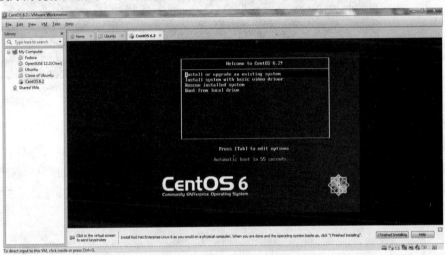

图 3-20　CentOS 的启动界面

　　单击虚拟机界面获得虚拟机的控制权，选择"Install or upgrade an existing system"后按回车键即可开始安装 CentOS 6.2，安装程序运行后会提示校验所下载的镜像，由于所下载的安装镜像比较大，所以建议大家选择 OK 校验光盘镜像，具体操作如图 3-21 所示。

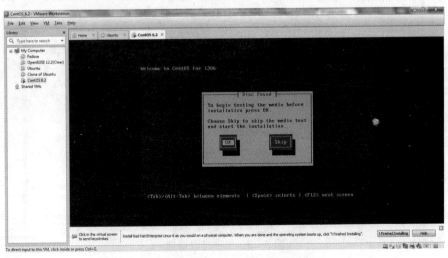

图 3-21　校验 CentOS 安装镜像

具体校验过程如图 3-22 所示。

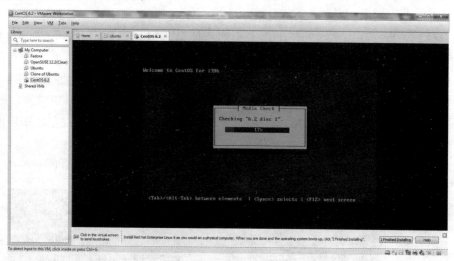

图 3-22 校验过程

校验完第一张光盘镜像，根据提示会弹出光盘，接着还需要校验第二张光盘镜像，这时就要执行虚拟机的更换光盘操作了，具体方法是，右键单击虚拟机下部的光盘图标，这时由于光盘已经弹出，所以呈灰色，在弹出的快捷菜单中选择"Settings"选项，会打开如图 3-23 所示的界面。

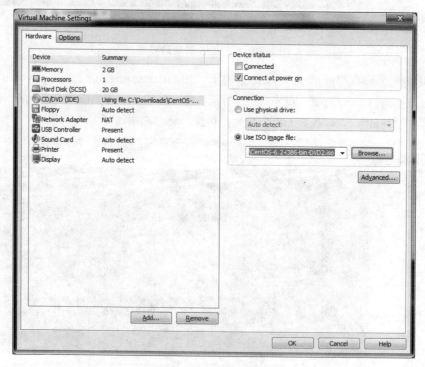

图 3-23 更换光盘镜像

单击"Browse"按钮，选择第二张光盘的文件，然后单击"OK"按钮，这样就更换了光盘，相当于物理机打开光驱更换光盘。再次右键单击光盘图标，选择"Connect"选项加载光盘。单击"OK"按钮即可开始校验第二张光盘镜像，具体过程如图 3-24 所示。

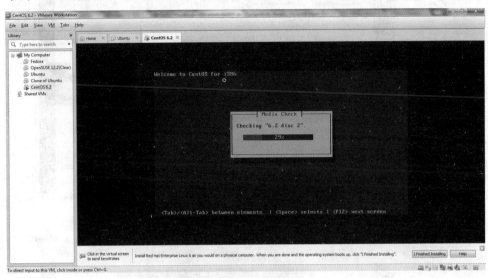

图 3-24　校验第二张光盘镜像

成功校验第二张光盘镜像后，还需重复上述操作更换为第一张安装光盘，这样就可以开始安装了，安装界面如图 3-25 所示。

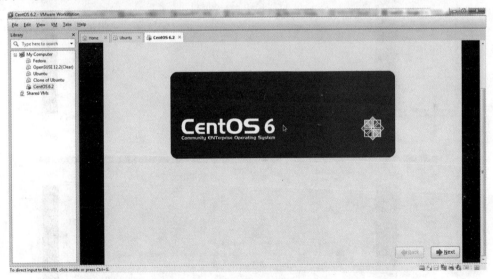

图 3-25　CentOS 6 的安装界面

这个界面和 Fedora 很类似，而且安装过程也比较类似，所以可以参照 Fedora 的安装过程。这里只介绍和 Fedora 不同的步骤——选择安装类型，这里选择"Basic Server"选项，具体操作如图 3-26 所示。

选择好安装类型后，即可开始安装，具体效果如图 3-27 所示。

安装完成后，即可看到成功安装提示界面，具体结果如图 3-28 所示。

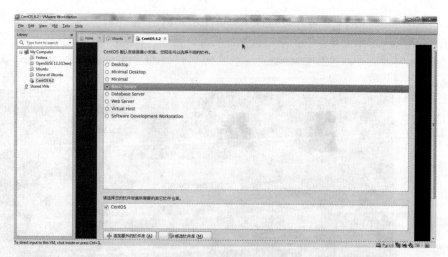

图 3-26　选择安装类型

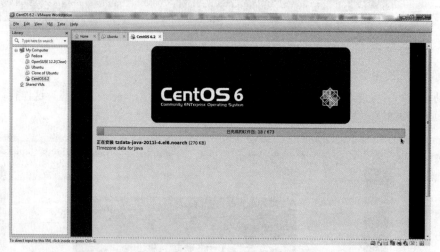

图 3-27　安装系统

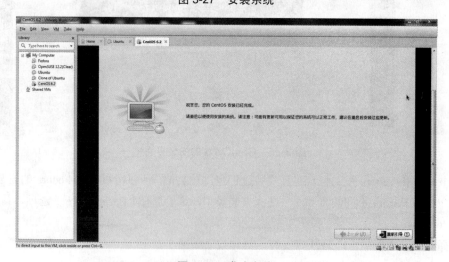

图 3-28　成功安装

重新启动后即可进入 CentOS 的终端界面，具体操作如图 3-29 所示。

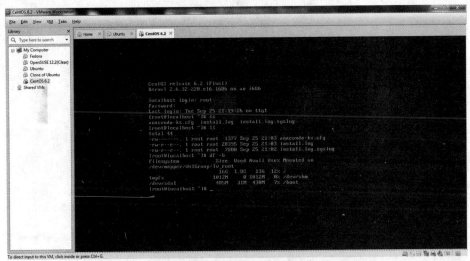

图 3-29 使用 CentOS 服务器

和 Fedora 一样，安装成功后，大家就可以开始学习 CentOS 这个企业级 Linux 系统了。

3.2 在 Windows 虚拟机中安装流行的 UNIX

在 Windows 诞生之前，其实已经有一个著名的操作系统了，它就是 UNIX，只不过由于 Linux 的流行，使人们淡忘了它的存在，其实 UNIX 凭借其高稳定性和高成熟度，还是有其顽强的生命力的，例如 FressBSD、Solaris 等，都是活跃在互联网上的幕后英雄。下面就来介绍如何使用 VMware Player/Workstation 以及 VirtualBox 来安装、体验和使用它们。

3.2.1 部署 FreeBSD UNIX 系统

首先下载 FreeBSD。需要注意的是，FreeBSD 的最新版本为 9.0，并且其有两个版本：一个是 32 位的，另一个是 64 位的，无论哪个版本 VMware Player/Workstation 都提供了良好的支持，关键是要记住所下载的是哪个版本。

然后就可以创建虚拟机了，可以选择 "Other" → "FreeBSD" 或 "Other" → "FreeBSD 64bit" 来创建虚拟机，具体操作如图 3-30 所示。

创建好了虚拟机，将安装镜像放入虚拟光驱，设置好后就可以开始安装了，这时会出现如图 3-31 所示的安装界面。从图中可以看出，FreeBSD 还是相当简洁的，和流行的 Linux 比起来，甚至感觉有点简陋，不过用操作系统可不能只看界面而不看性能，要知道互联网上有大量的网站是由 FreeBSD 驱动的。

安装程序提供了一个菜单，由于这里只是安装，所以直接选择 "Boot" 选项，按下回车键即可开始安装。接着就会出现 FreeBSD 的欢迎界面，如图 3-32 所示。

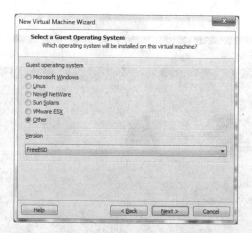

图 3-30　创建 FreeBSD 虚拟机

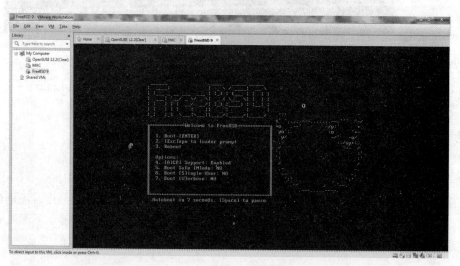

图 3-31　FreeBSD 的安装界面

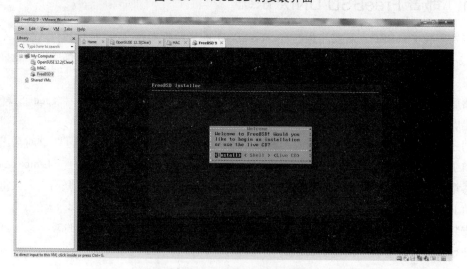

图 3-32　FreeBSD 的欢迎界面

设置系统键盘布局，一般选择"No"继续安装，具体操作如图 3-33 所示。

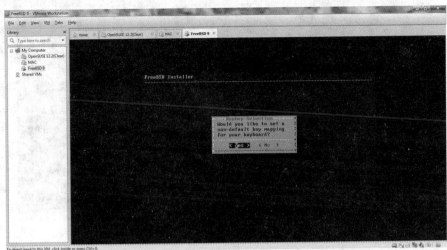

图 3-33 设置系统键盘布局

设置主机名，这个步骤一定要慎重，这里将主机命名为 hxl，选择"OK"继续，具体操作如图 3-34 所示。

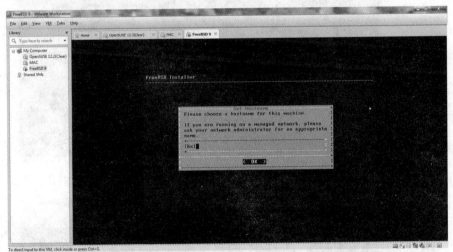

图 3-34 设置主机名

设置所安装的模块，一般无须选择"doc"和"src"，然后选择"OK"继续，具体操作如图 3-35 所示。

开始分区操作，由于是虚拟机，所以这里选择 Guided（向导）模式进行分区，具体操作如图 3-36 所示。

选择了 Guided 模式进行分区后，分区操作就很轻松了，接下来回答几个问题即可完成分区操作。第一个问题是是否使用整个磁盘安装 FreeBSD，选择"Entire Disk"继续，具体操作如图 3-37 所示。

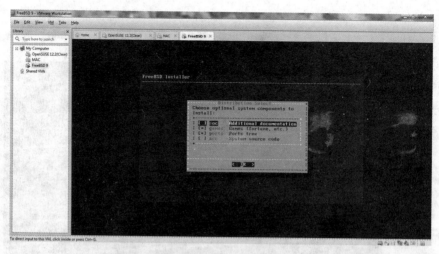

图 3-35　选择安装模块

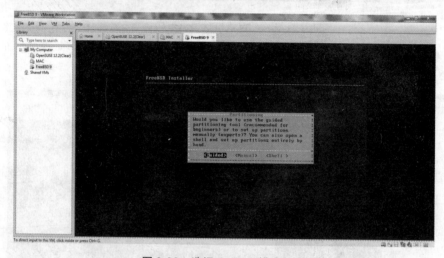

图 3-36　选择 Guided 模式分区

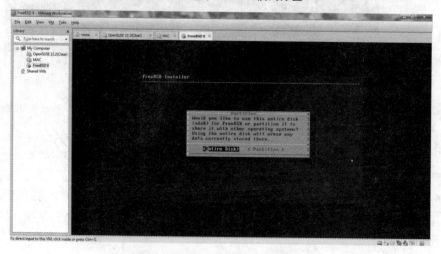

图 3-37　选择整个磁盘进行安装

还要确认安装程序给出的分区方案，如果不接受，则可以自己手动调整分区方案，确定分区方案后，选择"Finish"继续安装，具体操作如图 3-38 所示。

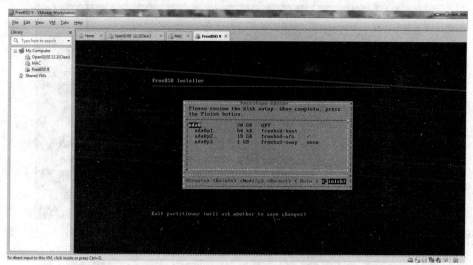

图 3-38　设置 FreeBSD 分区方案

随后会出现确认对话框，如果确认分区方案无误，则选择"Commit"提交方案，具体操作如图 3-39 所示。

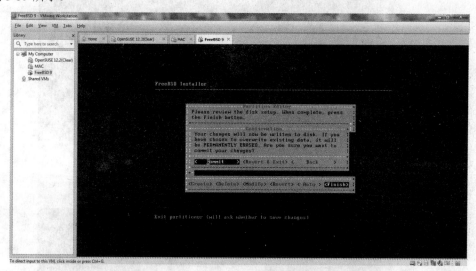

图 3-39　确认 FreeBSD 分区方案

设置好上述配置后，安装程序开始解压要安装的文件。这些操作顺利完成后，就开始配置网络参数，选择虚拟网卡，然后选择"OK"继续，具体操作如图 3-40 所示。

设置网络类型，是 IPv4 还是 IPv6；以何种方式获得 IP 地址，是静态地址还是 DHCP、DNS 地址等，完成了这些设置后，就出现了时间设置，这里不使用 UTC 时间，直接选择"No"继续，具体操作如图 3-41 所示。

选择区域，这里选择"Asia-China-shanghai"时区。最后，需要选择启动 FreeBSD 后运行的服务和添加一个用户，这里选择"sshd"远程管理服务并添加一个 hxl 用户，具体操作如图 3-42 和图 3-43 所示。

图 3-40　选择网卡

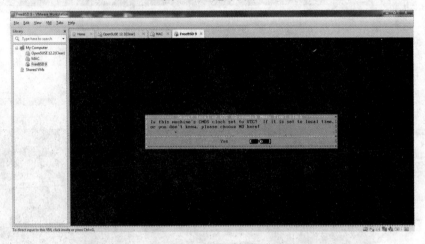

图 3-41　设置时间格式

图 3-42　选择启动 FreeBSD 后运行的服务

这些设置统统完成之后，就可以开始安装 FreeBSD 了，整个安装过程大约半小时，顺利完成后，重启虚拟机就会出现如图 3-44 所示的登录界面，这说明 FreeBSD 已经安装成功。

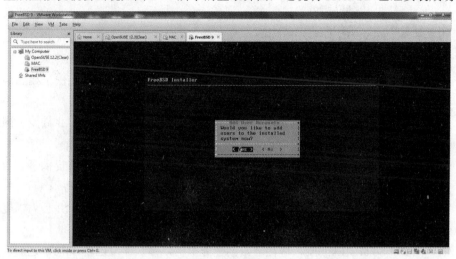

图 3-43　添加用户

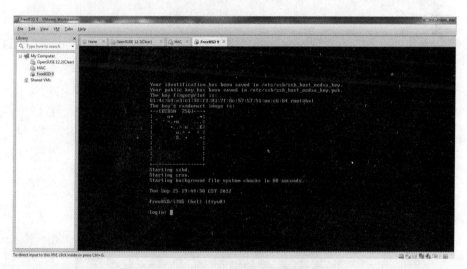

图 3-44　FreeBSD 登录界面

3.2.2　使用 VirtualBox 安装和体验企业级 Solaris 系统

使用 Oracle 的 VirtualBox 安装自家的 Solaris 11 真是再合适不过了，别看 Solaris 是数一数二的 UNIX 就被其名头吓倒，其实即使是顶级的操作系统也在不断地改进和演化，使用 VirtualBox 安装，完全没有想象中的复杂，下面就来体验和使用这个顶级的 UNIX 系统。

1．准备工作

下载安装镜像：

http://www.oracle.com/technetwork/server-storage/solaris11/downloads/index.html

下载前需要先注册一个 Oracle ID，选择 Oracle Solaris Express LiveCD 版本下载，其文件名为 sol-11-1111-live-x86.iso，大小为 820MB。

说到这里，需要先简单介绍一下 Oracle Solaris Express，和 FreeBSD 一样，Oracle Solaris Express 也是一个 UNIX，它是著名的 OpenSolaris 的后继者，同样具有 Solaris 的高贵血统，并且还融合了许多流行的开源程序。下面就是 Oracle Solaris 11 Express 的主要特点。

- 简捷高效的安装、升级和修护功能，大大简化了日常系统管理，提供了相当高的安全性，尤其是对于虚拟化和云计算环境。
- 高性能的网络虚拟化和资源管理，从而提高了性能，加快了应用，并减少了网络负载和复杂性。
- 增强 ZFS 功能，对文件和块重复数据进行删除、加密和配置，并且提供了企业级数据吞吐能力，具有数百 TB 级的系统内存和数百 GB 级的 I/O 扩展能力。
- 快速重启，使客户能在几十秒而非几十分钟内恢复系统和数据库，并且大幅度减少了需要重启动系统的维护量。

了解了 Oracle Solaris Express，现在开始创建虚拟机，键入虚拟机名 Solaris 之后，剩余内容会自动填充，除非必要，否则整个创建过程采用默认参数即可。

2. 安装过程

启动 VirtualBox，这时会看到 Solaris 的启动菜单，默认选中 "Oracle Solaris 11 11/11"，进入虚拟机，按下回车键开始安装，具体操作如图 3-45 所示。

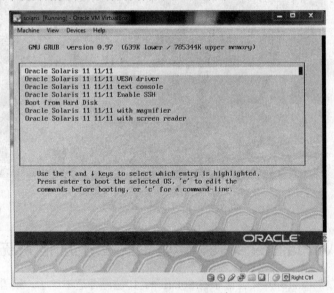

图 3-45　Solaris 的启动菜单

进入终端，先要选择键盘布局，这里选择 "UK-English"，直接输入序号即可选择，然后按下回车键继续，具体操作如图 3-46 所示。

选择默认语言，这里选择简体中文，输入序号 1 即可选择，完成后按下回车键继续，具体操作如图 3-47 所示。

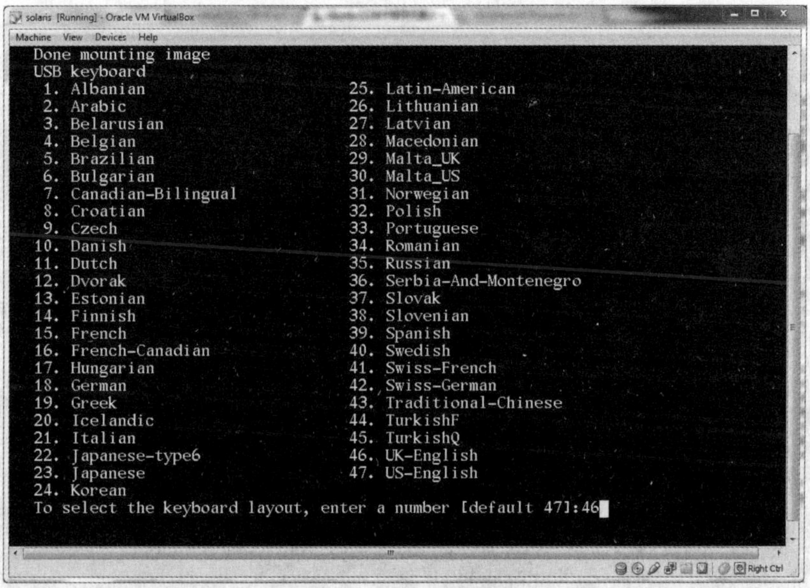

图 3-46 选择键盘布局

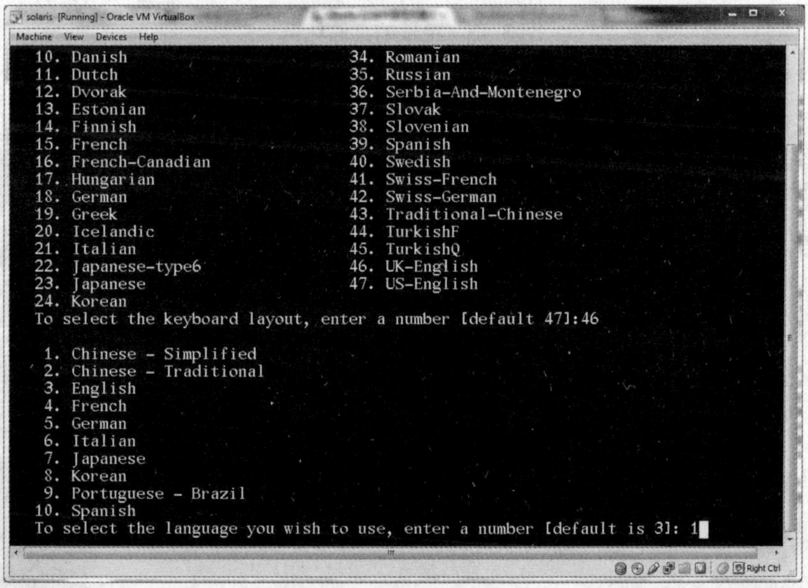

图 3-47 选择默认语言

稍等片刻，即可进入 Solaris 的简洁界面，Solaris 采用 GNOME 2.30 作为桌面环境，并且提供了大量优秀稳定的开源程序，如 Firefox、GParted 等，具体结果如图 3-48 所示。

随后出现安装程序，从该程序可以看出，整个安装过程十分简单，只需五六个步骤即可完成安装。首先是欢迎界面，在这里可以查看该版本的发行说明，单击"下一步"按钮继续安装，具体操作如图 3-49 所示。

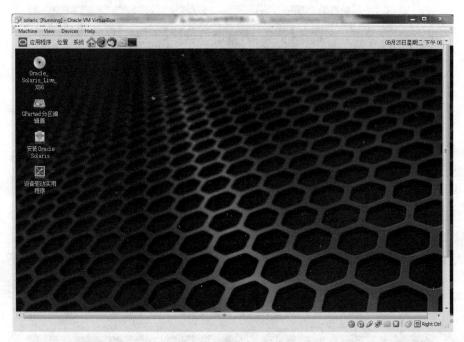

图 3-48　精致的桌面环境

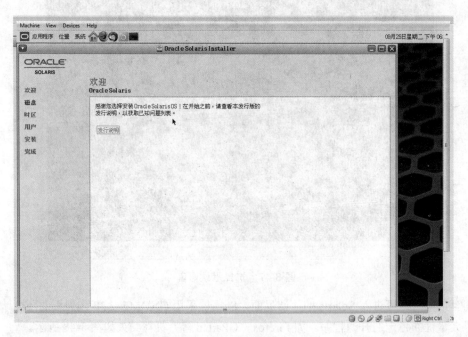

图 3-49　欢迎界面

看完发行说明后开始分区，由于是在虚拟机中安装，所以十分简单，直接选择"使用整个磁盘"选项即可绕开烦琐的分区操作，最后单击"下一步"按钮继续，具体操作如图 3-50 所示。

随后选择时区，直接选择"上海"然后单击"下一步"按钮继续，具体操作如图 3-51 所示。

图 3-50　进行磁盘分区

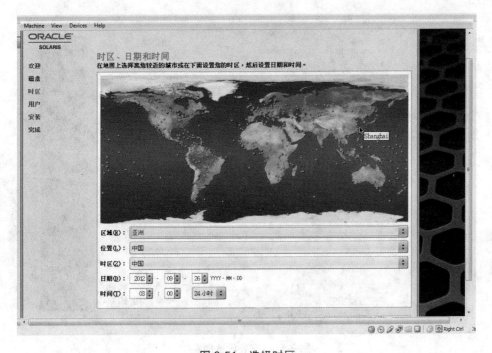

图 3-51　选择时区

创建一个用户，输入用户信息后单击"下一步"按钮继续，具体操作如图 3-52 所示。

开始安装系统，这时会出现一个安装设置摘要，如果没有问题，直接单击"安装"按钮即可开始安装，如图 3-53 所示。

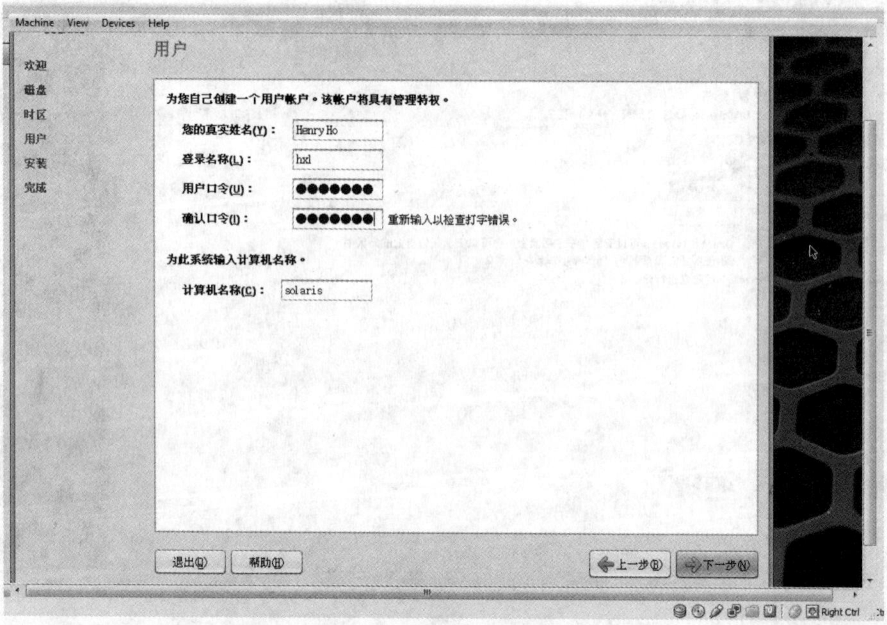

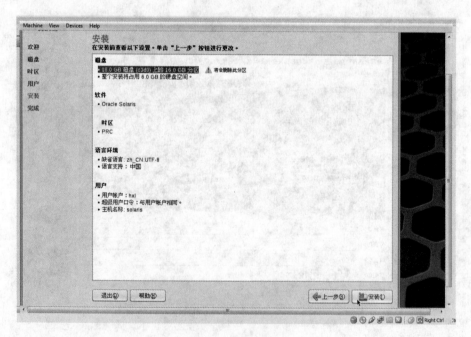

图 3-52　创建用户

图 3-53　安装设置摘要

确认安装后，就会出现类似于 Linux 安装的进度条，整个安装过程大概需要一个小时，具体效果如图 3-54 所示。

图 3-54　安装系统过程

经过漫长的等待，终于安装成功，单击"重新引导"按钮即可开始体验 Solaris Express，具体结果如图 3-55 所示。

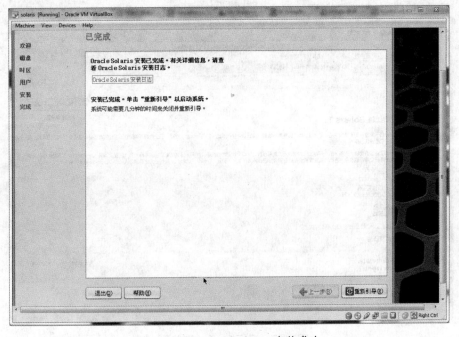

图 3-55　Solaris Express 安装成功

重启虚拟机后，就可以看到 Solaris Express 的 GRUB 启动菜单，和 Linux 很类似，系统启动后，出现 Solaris 的登录界面，输入用户名和密码即可登录，具体效果如图 3-56 所示。

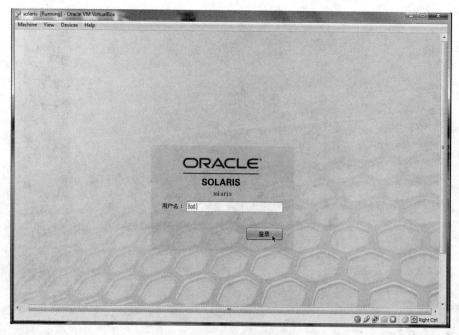

图 3-56　登录 Solaris

登录后就会看到熟悉的桌面，可以运行各种程序，如运行 Firefox 浏览器，具体效果如图 3-57 所示。

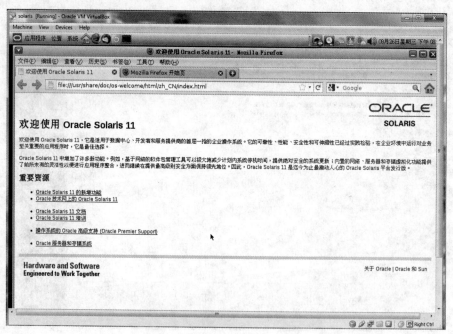

图 3-57　运行 Firefox 浏览器

接下来就可以体验和学习 Solaris 了。

3.3 ——● 在 Windows 中体验 Mac 系统的魅力

3.3.1 使用 VMware Workstation 9 安装"Mac"系统

苹果公司的 Mac 计算机，虽然近年来采用了 Intel 处理器，但它和其他采用 Intel 处理器的计算机或笔记本电脑并不相同也不兼容，这主要是因为它采用了其独家的 Mac 操作系统，其最大特点就是安全、稳定和精致美观，所以一经推出就大受欢迎。但由于苹果公司一贯采用软硬件绑定销售策略，所以让广大使用 Intel 处理器外加 Windows 系统的朋友十分艳羡，于是许多 Apple Mac 主题应运而生。市面上有很多这样的程序，无论是 Windows 还是 Linux，一旦安装，整个系统看起来就像是 Mac 系统一样，不过这毕竟是个美化程序，无法获得接近苹果系统的体验。这样，高仿 Mac 系统就诞生了，它们从安装到使用，全面克隆 Mac 系统，而且和 Mac 一样采用了 UNIX 内核，兼容 Mac 的应用，还可以使用 Apple ID 和安装运行 Mac 的应用，应该说使用这样的系统，和真实的 Mac 体验相差无几。不是 Mac 却可以拥有 Mac 的应用和体验，这也勉强算是体验 Mac 系统，值得发烧友尝试。下面就详细介绍如何使用 VMware Workstation 安装这种"Mac"系统。

1. 准备工作

下载安装镜像。这里选择比较流行的高仿 iDeneb 系统，可以到其官方网站下载该系统的安装镜像：

http://ideneb.net

这里下载的是 iDeneb_v1.6_1058_Lite_Edition，容量为 3.94GB，由于文件比较大，所以下载后最好校验一下，确认没有错误后再使用。

2. 创建虚拟机

由于在虚拟机机中无法找到这个系统，所以创建该虚拟机的方法比较奇特，大家可以根据图 3-58 来创建或配置虚拟机。

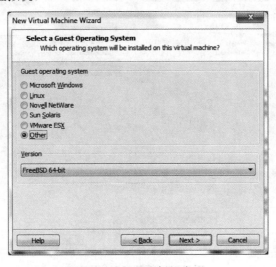

图 3-58 设置虚拟机类型

　　除了设置虚拟机类型之外，其他步骤和创建普通的虚拟机相同，只不过要把虚拟机命名为Mac。需要注意的是，在创建虚拟机之前，单击"Customize Hardware"按钮，打开虚拟机设置界面，按照图 3-59、图 3-60 和图 3-61 分别修改内存、CPU 和光驱的设置，最后单击"Finish"按钮完成创建虚拟机。

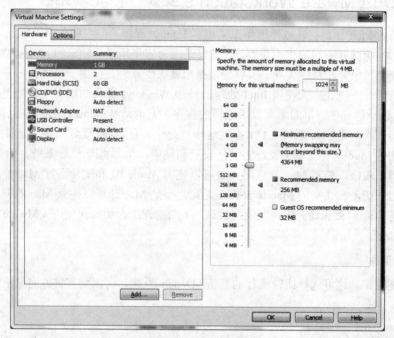

图 3-59　设置内存容量

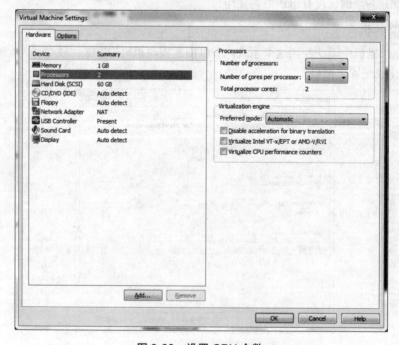

图 3-60　设置 CPU 个数

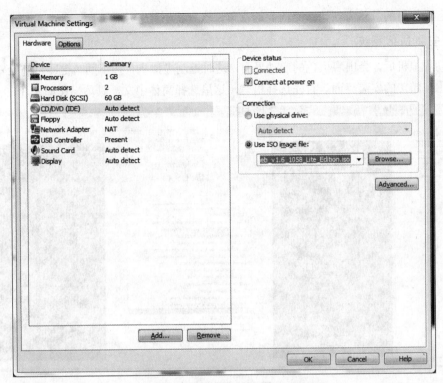

图 3-61 设置光驱引导镜像

成功创建虚拟机后，还需要编辑虚拟机的配置文件 Mac.vmx，找到关键字 guestOS，将它的值改为 darwin10，修改后保存退出，这样安装光盘才可以正常启动，具体操作如图 3-62 所示。

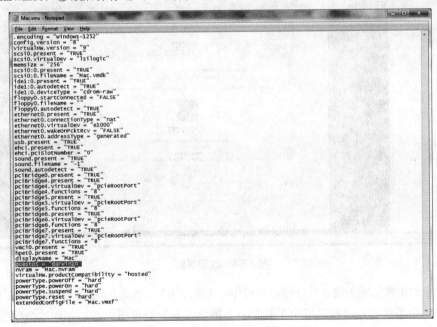

图 3-62 修改虚拟机的 vmx 配置文件

配置虚拟机的具体方法请参照前面的章节，这里就不赘述了。

3. 安装 Mac 系统

启动虚拟机后，会出现黑色的启动界面，这时控制虚拟机，按下回车键即可开始安装，然后便会出现精美的安装界面。首先选择语言，这里选择简体中文，具体操作如图 3-63 所示。

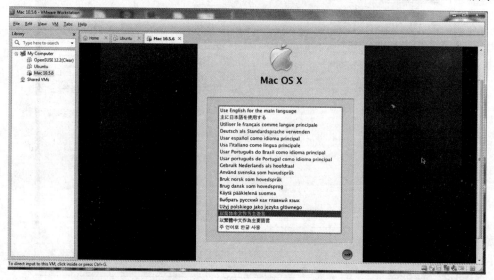

图 3-63　选择语言

单击下方的蓝色按钮继续，这时会出现欢迎界面，具体效果如图 3-64 所示。

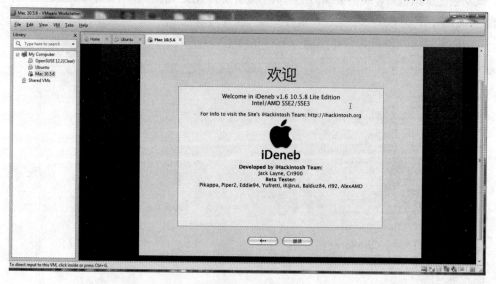

图 3-64　欢迎界面

接下来的步骤比较关键，要进行分区操作，具体方法是，首先拖动边栏，露出虚拟机上部，可以看到一个菜单栏，选择"实用工具"→"磁盘工具"选项即可开始关键的分区操作，如图 3-65 所示。

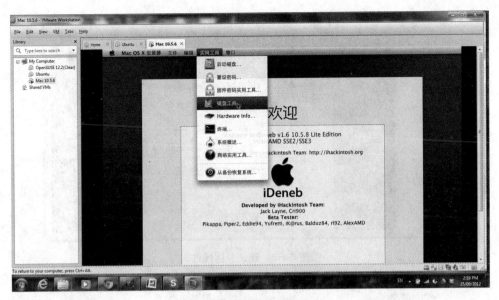

图 3-65　选择"磁盘工具"

随后会出现磁盘分区工具，首先选中左侧的虚拟磁盘，然后选择分区方案，这里选择"2 个分区"，虚拟磁盘总容量为 60GB，分 2 个区，所以每个分区为 30GB。选中第一个分区，单击加号按钮，将该分区命名为 Partition01，然后如法炮制，将另一个分区命名为 Partition02，分区设置完毕，即可单击"应用"按钮进行分区，具体操作如图 3-66 所示。

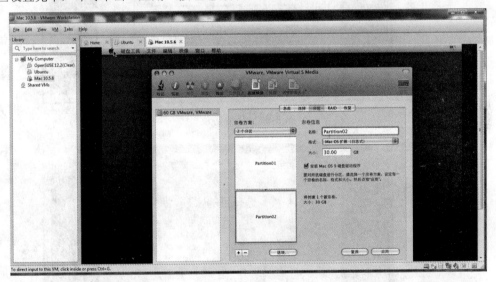

图 3-66　分区操作

这时会弹出确认对话框，直接单击"分区"按钮，具体操作如图 3-67 所示。

确认分区操作后，需要接受协议，单击"同意"按钮继续，具体操作如图 3-68 所示。

接受协议后，需要选择系统安装磁盘，这里选择第一个磁盘，也就是 Partition01，然后单击"继续"按钮，具体操作如图 3-69 所示。

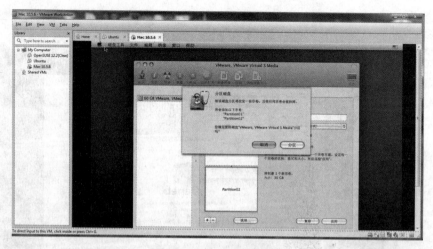

图 3-67　确认分区操作

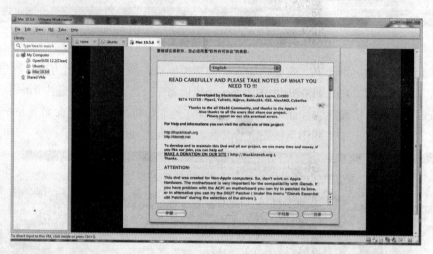

图 3-68　接受协议

图 3-69　选择安装分区

接下来出现的是安装摘要，单击"安装"按钮即可开始安装，具体操作如图 3-70 所示。

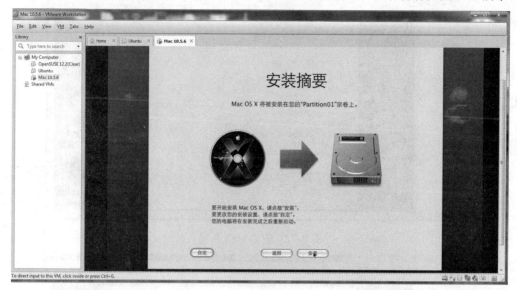

图 3-70　安装摘要

首先会检查安装 DVD 光盘，没有问题后开始安装系统，具体操作如图 3-71 所示。

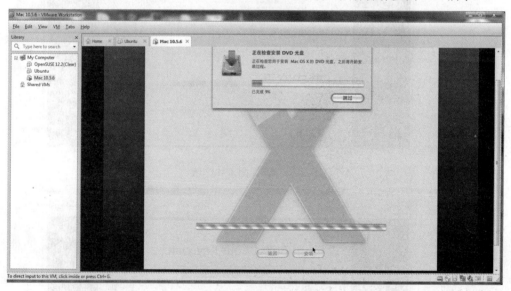

图 3-71　检查安装 DVD 光盘

由于系统比较大，所以安装时间比较长，需要耐心等待，安装过程如图 3-72 所示。

安装后还需要进行必要的设置，选择国家和区域，先选中"Show All"复选框，然后从列表中找到 China，设置后单击"Continue"按钮继续，具体操作如图 3-73 所示。

选择键盘布局，除非必要，否则使用默认的美式键盘即可，直接单击"Continue"按钮继续，具体操作如图 3-74 所示。

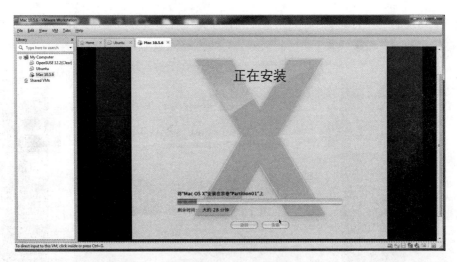

图 3-72　安装 Mac 系统

图 3-73　选择国家和区域

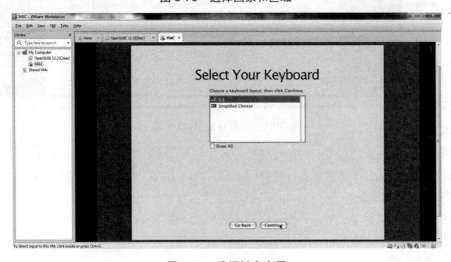

图 3-74　选择键盘布局

接下来会提示你迁移数据，可以选择从其他 Mac 迁移数据，也可以从时光机的还原点迁移，这里选择不迁移任何数据，直接单击"Continue"继续，具体操作如图 3-75 所示。

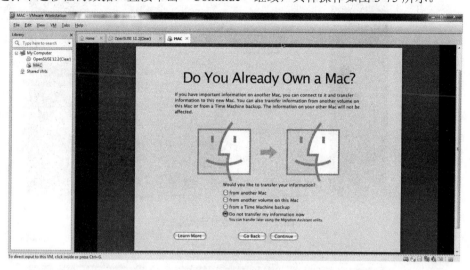

图 3-75　迁移数据

迁移数据后，需要输入你的 Apple ID，如果没有则直接单击"Continue"按钮继续，具体操作如图 3-76 所示。

图 3-76　输入 Apple ID

还需要创建一个用户账号，输入账号信息后，单击"Continue"按钮继续，具体操作如图 3-77 所示。

选择时区，这里选择"上海"，然后单击"Continue"按钮继续，具体操作如图 3-78 所示。

终于到了最后的日期和时间设置了，如果没有问题则直接单击"Continue"按钮继续，具体操作如图 3-79 所示。

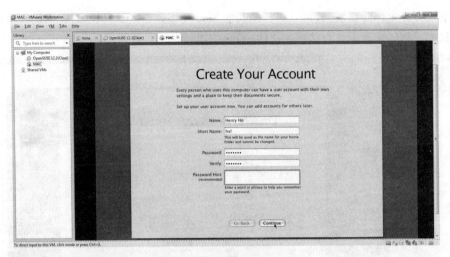

图 3-77　创建用户账号

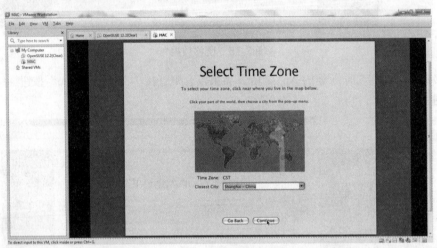

图 3-78　选择时区

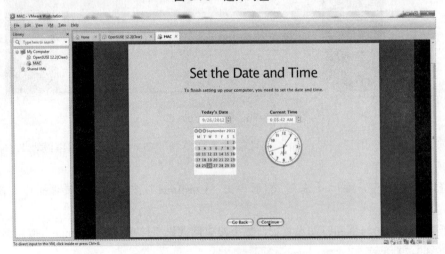

图 3-79　设置日期和时间

设置完成后即可进入"Mac"的桌面，默认会自动运行时光机程序，根据自己的需要选择是否备份，这里选择备份，具体操作如图 3-80 所示。

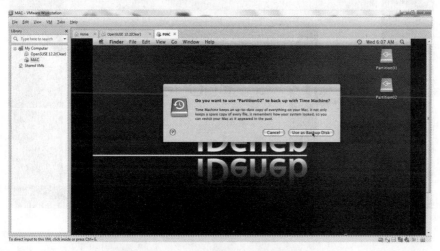

图 3-80　进入桌面，选择备份

稍加设置后，这部"Mac"就会更有苹果的味道，最终效果如图 3-81 和图 3-82 所示。

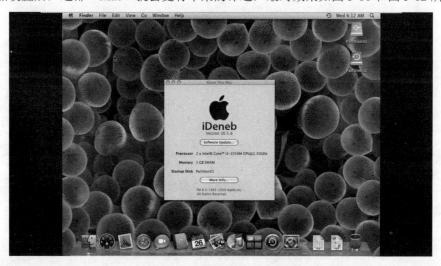

图 3-81　设置壁纸后的"Mac"

虽然这只是一个高仿系统，版本也比较老，但这样也可以体验 Mac 系统。如果将所安装的系统换为真正的 Mac 系统，该方法还是同样适用，感兴趣的朋友可以如法炮制。在 Windows 系统中安装真正的 Mac 系统，只需将 iDeneb 安装盘镜像换为 Mac 系统安装盘镜像即可。

3.3.2　使用 VirtualBox 体验 Mac 系统

如果要想获得完美的 Mac 体验，就需要使用 VirtualBox 了，VirtualBox 提供了对 Mac 系统的支持，在创建虚拟机时，只要选择 Mac 就可以创建一个 Mac 类型虚拟机，具体操作如图 3-83 所示。

图 3-82　在 "Mac" 中使用 Safari 浏览器

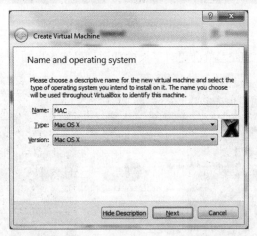

图 3-83　创建 Mac 类型虚拟机

需要注意的是，还可以选择 64 位的 Mac，具体操作如图 3-84 所示。

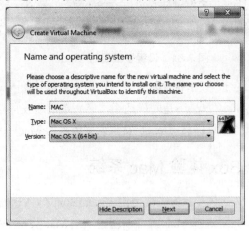

图 3-84　选择 64 位的 Mac

至于其他操作，和安装其他系统几乎完全一样，这里就不赘述了。其实 VMware 安装一个 Mac 破解补丁也可以出现类似的选项。

3.4 — 在 Windows 虚拟机中体验网络操作系统 Chrome

2009 年 Google 发布了 Chrome OS，这是一个十足的云操作系统，从而宣布了云操作系统时代的到来。随后三星推出了 Chrome book 笔记本，Google 更进一步，在美国搞起了租赁服务，每年只要支付 28 美元的年租金，就可以获得一台免费的 Chrome book 笔记本，而且每年会升级硬件。不过，对于大多数人来说，可能只是好奇而已，一是这款系统极度依赖于网络，二是多数人现在还离不开 Windows 系统。现在有了虚拟化技术，就可以既了解最新的系统，满足自己的好奇心，也不至于付出很多，具体方法如下。

首先下载 Chrome 虚拟机镜像：

http://chromeos.hexxeh.net/

该网站提供了 VirtualBox 格式的虚拟硬盘文件的下载，直接下载解压即可使用。

然后在 VirtualBox 中创建一个名为 Chrome 的虚拟机，虚拟机类型为 Linux。在创建虚拟硬盘时加载所下载的虚拟硬盘文件，即可轻松创建一个 Chrome 虚拟机，具体操作如图 3-85 所示。

图 3-85 选择所下载的虚拟硬盘文件

启动该虚拟机，这时会出现 Chrome 简单的欢迎界面和配置界面，输入自己的 Google ID 并进行简单的设置，具体操作如图 3-86 和图 3-87 所示。

最后，终于见到 Chrome 界面了，如图 3-88 所示。界面出奇的简单，整个桌面只有一个 Chrome 开源版浏览器和 Chrome 网上应用店的按钮，其实 Chrome 操作系统就是由 Linux 内核加 Chrome 浏览器，外加 Google 丰富的在线服务构成的。

图 3-86　输入自己的 Google ID

图 3-87　选择自己的头像

　　试一试操作吧，按下键盘上的 Win 键，就会出现快速搜索菜单（Google 是做搜索出身的，真是三句话不离本行呀），如图 3-89 所示。

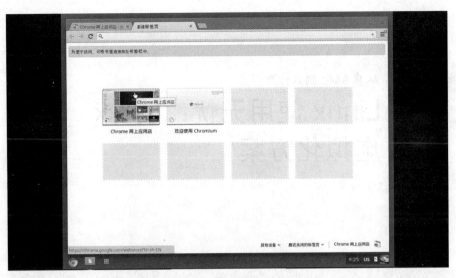

图 3-88　Chrome OS 简洁的桌面

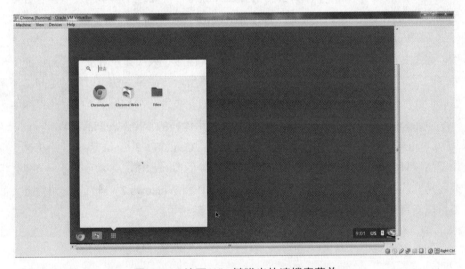

图 3-89　按下 Win 键弹出快速搜索菜单

目前虽然 Chrome 操作系统还不是很成熟，而且这里体验的也非 Google 官方给出的标准系统，但可以了解到操作系统发展的方向和未来。

小结

本章详细介绍了如何使用常用的虚拟机安装 Windows 以外的操作系统。其实除了 Windows，还有大量优秀的操作系统，有了虚拟化技术，大家就可以充分享受虚拟化带来的好处，利用虚拟化技术安装、体验和学习各种不同的操作系统，如 Linux、UNIX、Mac、Chrome 系统等。

04 Linux 使用无忧：Linux 虚拟化方案

　　Linux 从 1991 年诞生以来，凭借着开放开源特性，经过十多年的发展，已经成为一个成熟、优秀的操作系统。不过，由于 Windows 操作系统仍然占有很大的市场份额，许多优秀的应用都是以 Windows 为基础开发的，这样在 Linux 系统中就无法使用这些应用，这令 Linux 很无奈，其中又以网上银行的应用最令人头疼。由于银行网银的安全插件多数是基于 Windows 默认浏览器 IE 开发的，虽然有很多方法可以实现 Linux 使用网银，但效果最好、操作最简单的无疑是采用虚拟化技术，在 Linux 上虚拟化程序中运行一个 Windows 虚拟主机。本章详细介绍如何使用流行的 VMware Player/Workstation 9 以及 VirtualBox 来弥补这一缺憾，这里采用稳定的 CentOS 6.3 Linux 系统，并在这个系统中安装 VMware Player 5/Workstation 9 以及最新的 VirtualBox，然后部署一个拥有解决兼容问题的 Windows 虚拟机，涵盖 Windows XP 和 Windows 7。当然，如果需要，甚至还可以安装一个 Windows Server 2008 在 Linux 系统中。

4.1　CentOS 6.3 Linux 安装 Windows XP/7

　　在 CentOS 6.3 中安装小巧的 VirtualBox，从其下载可以看出，其他平台都是通过一个下载链接便可直接下载安装文件，唯独 Linux 是一个页面链接，打开该页面会发现整整一个页面全是各种 Linux 版本的安装文件，Linux 版本众多给了我们更大的选择空间，但也会带来一些麻烦，所以一定要选择正确的安装包。这里选择 Oracle Linux 6 ("OL6") / Red Hat Enterprise Linux 6 ("RHEL6") / CentOS 6 相应平台的安装文件，下载到主目录后打开终端，运行如下命令进行安装：

```
$sudo yum install gcc make kernel-headers
$sudo rpm -ivh VirtualBox-4.2-4.2.0_80737_el6-1.i686.rpm
```

　　顺利完成后，在 CentOS 6.3 应用程序→系统工具菜单中就可以找到 Oracle VirtualBox 选项，直接启动即可见到熟悉的界面。至于如何创建 Windows 虚拟主机，可以参阅前面的章节，这里主要介绍如何安装 Windows XP。

1．VirtualBox 安装 Windows XP

安装之前，需要设置好刚刚创建的虚拟机，比如设置内存容量，加载 Windows XP 的光盘镜像等。

单击"Run"按钮启动虚拟机，启动所创建的 Windows XP 虚拟机，加载完第三方驱动后，即可按回车键开始正式的安装，具体操作如图 4-1 所示。

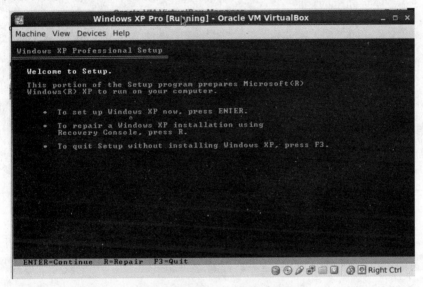

图 4-1　开始安装 Windows XP

首先是接受许可证协议，按 F8 键接受即可，具体操作如图 4-2 所示。

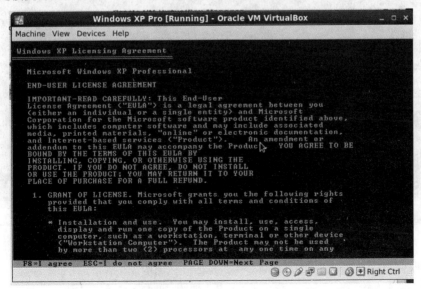

图 4-2　接受许可证协议

接下来选择 Windows XP 安装分区，由于是虚拟机，所以直接选择即可，具体操作如图 4-3 所示。

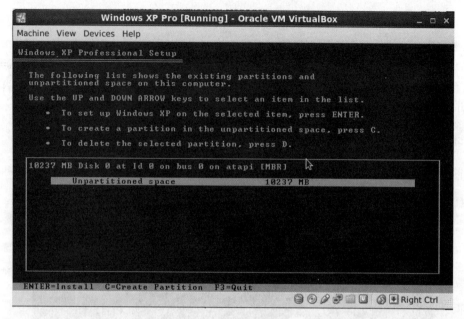

图 4-3　选择安装分区

还需要格式化分区，采用默认的 NTFS 文件系统格式化，具体操作如图 4-4 所示。

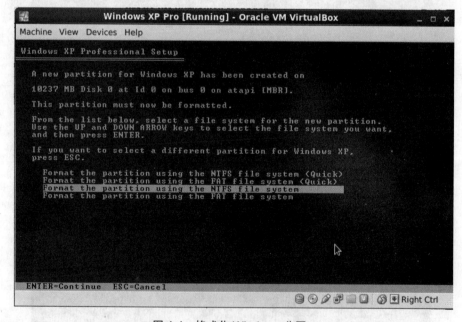

图 4-4　格式化 Windows 分区

格式化分区后，安装程序开始复制文件，具体操作如图 4-5 所示。

复制完文件，Windows XP 将重启 Windows 并进入图形安装界面，如图 4-6 所示。

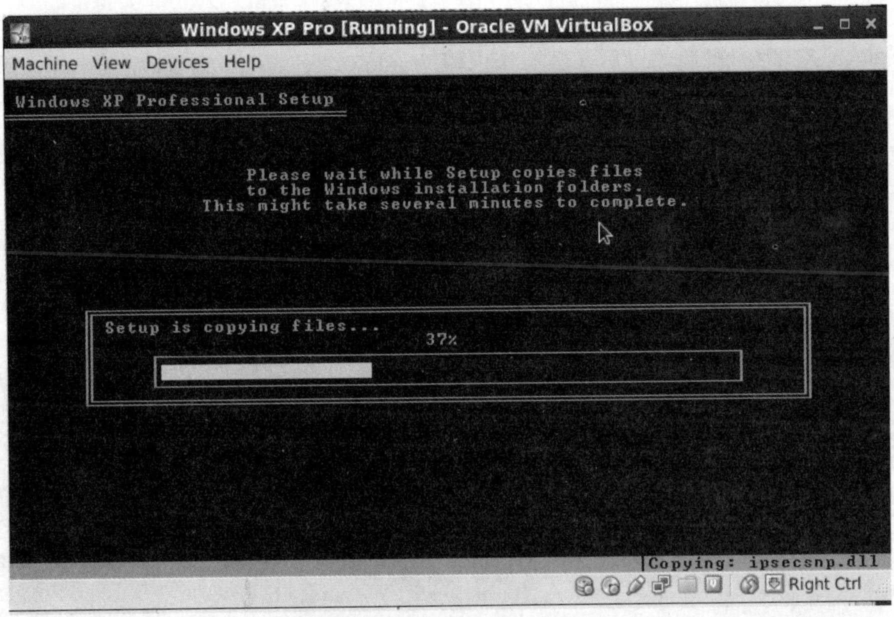

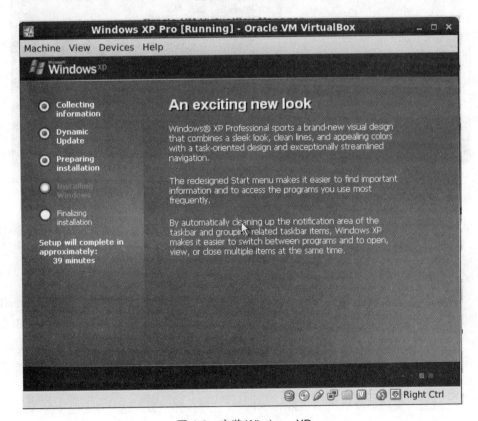

图 4-5　复制文件

图 4-6　安装 Windows XP

然后设置时区、用户名称、密码，以及进行网络设置和输入序列号等操作，最后重启后即可进入熟悉的 Windows XP 模式，如图 4-7 所示。

Windows XP 虚拟机启动以后，其操作也和 Windows 版的 VirtualBox 完全一样，单击虚拟机窗口会俘获所有的键盘及鼠标事件。可以通过热键脱离这种模式，具体的热键显示在窗口的右下方。默认的设置是右 Ctrl 键，右"Ctrl+F"组合键用来在全屏和窗口模式间进行切换。在全屏模式下可以用"Ctrl+Home"组合键来访问虚拟机窗口中的菜单。

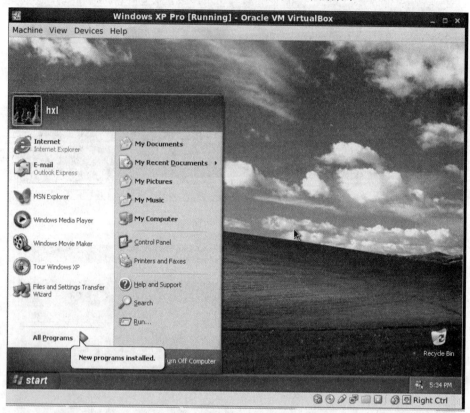

图 4-7 进入虚拟机中的 Windows XP

有了这个虚拟 Windows，网银、软件、游戏等问题就迎刃而解了，可以充分利用虚拟化技术来完善 Linux 的应用。

2．安装虚拟机驱动和增强工具

为了进一步方便 Linux 上 Windows 虚拟机的使用，可以在 Windows XP 中安装 VirtualBox 虚拟专用的虚拟机驱动和增强工具。安装方法是，在虚拟机窗口中单击"Device"→"Install Guest Additions"选项，增强工具便会自动运行，根据提示即可完成安装。需要注意的是，安装过程中会出现如图 4-8 所示的接受未认证的驱动提示，一定要选择"Continue Anyway"（仍然继续）按钮继续。

安装完成后，重启虚拟机和 Windows XP，打开设备管理器，这时显卡已经为 VirtualBox 显卡。

重启后的 VirtualBox 就可以使用增强功能了，具体使用请参阅前面的章节，这里就不赘述了。需要注意的是，虚拟机中的 Windows 也需要防止病毒和黑客软件，最好先安装杀毒软件。

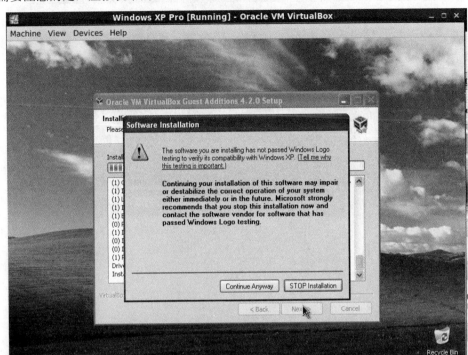

图 4-8　接受未经微软认证的硬件驱动

4.2 ── VMware Player 5 安装 Windows 7

目前普遍应用的 Windows 7，无论从安全性还是稳定性上都比 Windows XP 好很多，所以如果条件允许，还是在 Linux 上安装 Windows 7 更为稳妥。下面介绍在 CentOS 中安装 VMware Player 5/Workstation 9，具体方法如下。

创建一个 Windows 7 虚拟主机，设置好光盘镜像，关键是磁盘空间要足够，最少也要 30GB 的空间，以免安装时报错。由于 Linux 版的 VMware Player/Workstation 和 Windows 版的基本一致，所以创建过程请参阅前面的章节，这里就不赘述了。全部设置好后，即可启动虚拟机，这时会看到如图 4-9 所示的界面。

选择语言、时间和区域，然后单击"Next"按钮继续。在随后出现的安装界面中，直接单击"Install now"按钮即可开始安装 Windows 7，具体操作如图 4-10 所示。

随后出现接受协议界面，选中接受协议，然后单击"Next"按钮继续，具体操作如图 4-11 所示。

选择安装类型，这里选择"Custom"，即全新安装 Windows 7，具体操作如图 4-12 所示。

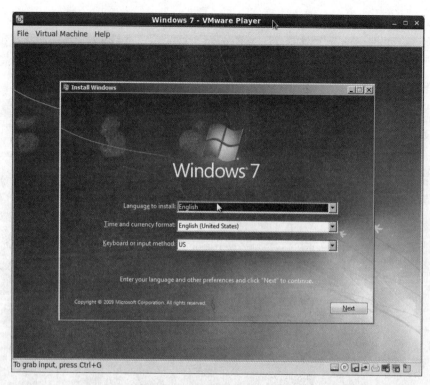

图 4-9 准备安装 Windows 7

图 4-10 开始安装 Windows 7

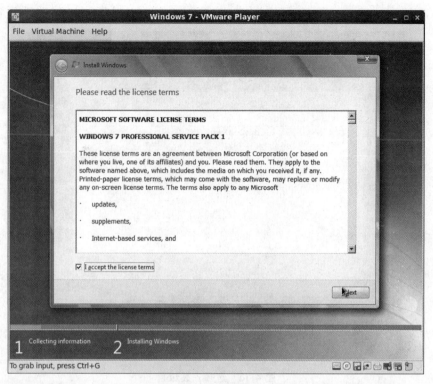

图 4-11 接受协议

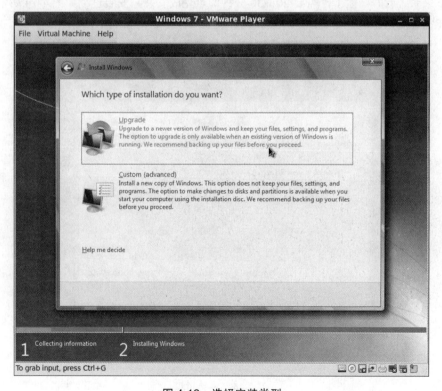

图 4-12 选择安装类型

选择所安装的磁盘，由于是虚拟机，所以采用默认设置即可，具体操作如图 4-13 所示。

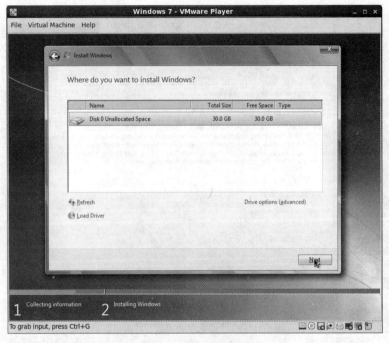

图 4-13　选择安装位置

接下来系统就开始忙了，需要 20～30 分钟即可完成安装，安装过程如图 4-14 所示。完成安装后还需要对系统进行设置，首先设置计算机名和用户名，如图 4-15 所示。

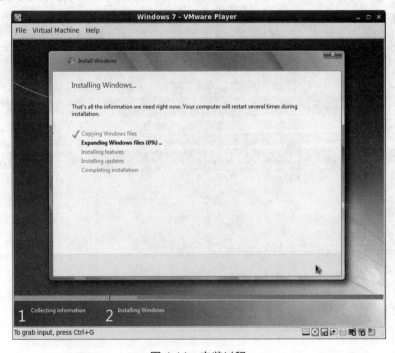

图 4-14　安装过程

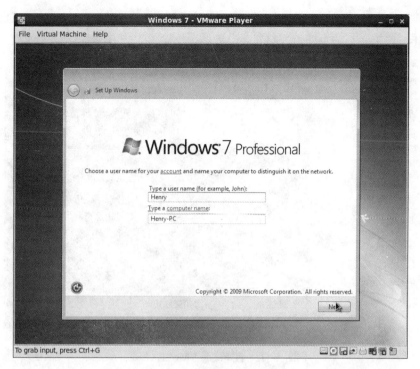

图 4-15 设置计算机名和用户名

然后设置用户密码、系统更新，以及时区、日期时间和网络类型，设置完成后重启进入系统，具体结果如图 4-16 所示。

图 4-16 进入 Windows 7 系统

153

接下来介绍如何安装 VMware Tools，选择 VMware Player 主菜单"Virtual Machine"→"Install VMware Tools"选项即可开始安装，具体操作如图 4-17 所示。

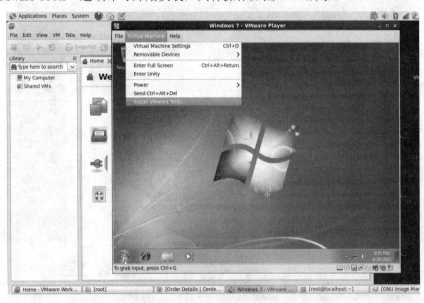

图 4-17 选择安装 VMware Tools

随后虚拟机中便会出现自动运行的安装程序，选择"Run Setup.exe"（运行安装文件）即可，具体操作如图 4-18 所示。

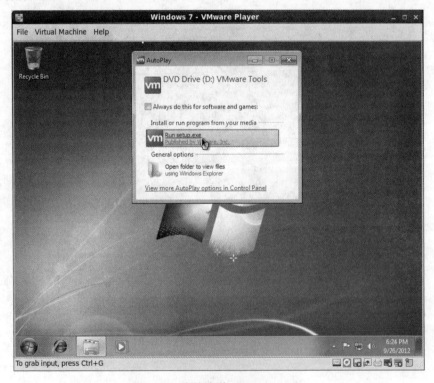

图 4-18 允许安装 VMware Tools

接着 UAC 会询问是否运行此程序，选择是后就可以开始安装了，具体过程如图 4-19 所示。

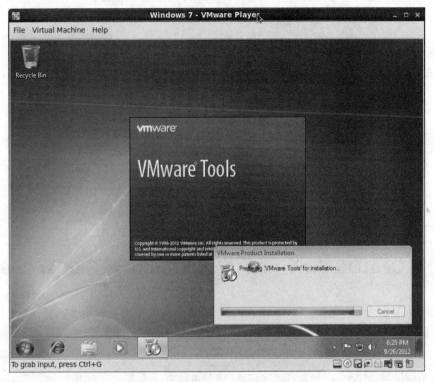

图 4-19　安装 VMware Tools 过程

安装完成后，可以选择 Unity 模式测试是否安装成功，如果出现如图 4-20 和图 4-21 所示的界面，则说明安装成功。

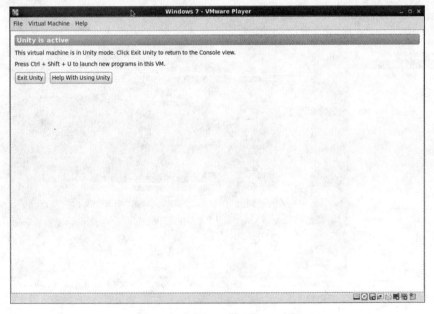

图 4-20　虚拟机切换到 Unity 模式

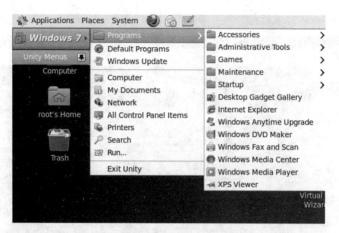

图 4-21 Linux 桌面出现 Windows 7 的开始菜单

4.3 — CentOS 6.3 Linux 安装 Windows Server 2008

既然可以在 Linux 环境中安装 Windows XP、Windows 7 来解决应用的问题，那为什么不可以安装 Windows Server 呢？下面就使用 VMware Workstation 9 Linux 版来安装 Windows Server 2008。

创建 Windows Server 2008 虚拟机的过程和 Windows 7 类似，关键是要分配更大的内存和磁盘空间，设置好后即可启动虚拟机，随后便会出现选择语言、时间和货币格式以及键盘布局的界面，进行相应的设置后单击"Next"按钮继续，具体操作如图 4-22 所示。

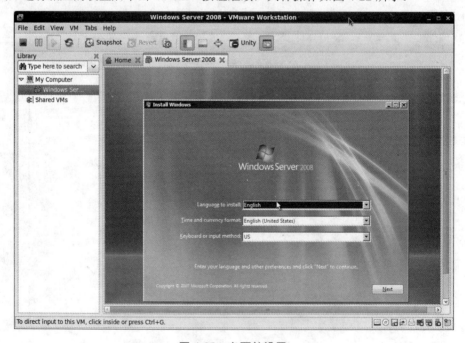

图 4-22 必要的设置

单击"Install now"按钮开始安装系统，具体操作如图 4-23 所示。

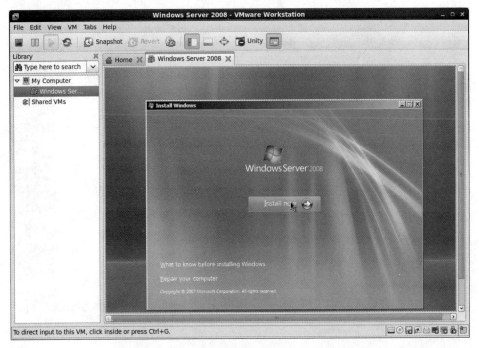

图 4-23　开始安装 Windows Server 2008

　　选择安装版本，由于安装镜像含有 Windows Server 2008 的三个版本，所以这里需要选择，选择企业版后单击"Next"按钮继续安装，具体操作如图 4-24 所示。

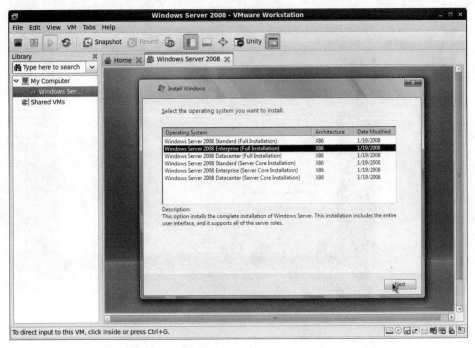

图 4-24　选择安装版本

随后是接受许可证协议和选择安装类型，具体操作如图 4-25 和图 4-26 所示。

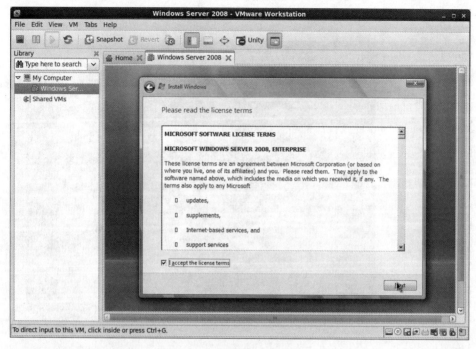

图 4-25　接受许可证协议

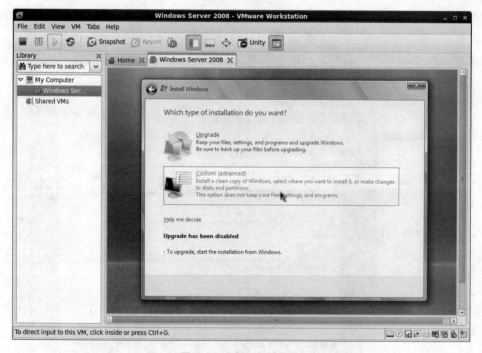

图 4-26　选择全新安装

接下来需要选择安装位置，选择后即可开始安装，具体过程如图 4-27 所示。

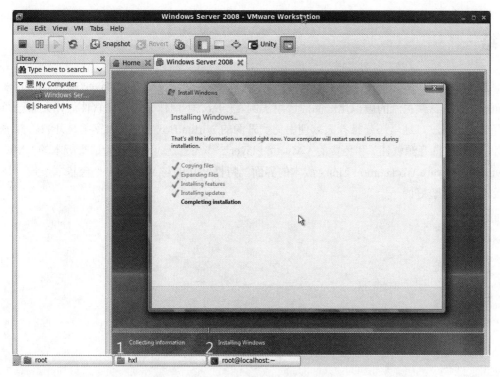

图 4-27　安装 Windows Server 2008

安装完成后第一次进入系统，需要设置密码，设置成功后即可进入系统，具体操作如图 4-28 所示。

图 4-28　登录 Windows Server 2008

Windows Server 2008 安装完成后安装 VMware Tools，这样有了这台 Windows Server 服务器在你的 Linux 系统中，就成功地搭建了 Linux 学习环境，可以做许多和 Samba 相关的实验。

小结

通过虚拟化技术，使用 Linux 系统的烦恼迎刃而解，通过 VMware Player/Workstation 以及 VirtualBox 这三款主流的虚拟化产品的应用实例，Linux 下用什么虚拟化软件估计大家已经心中有数了。不过，这里还是推荐大家使用免费开源的 VirtualBox（毕竟大家都是开源软件的受益者，应该支持开源软件）和免费的 VMware Player 5 作为首选，笔者认为这个版本的 VMware Player 和 VMware Workstation Linux 版本的界面、特性、功能与 Windows 平台基本一致，是所有版本中做得最好的一个。

05 Apple Mac 得心应手：苹果 Mac 系统虚拟化解决方案

随着苹果产品在全球的持续升温，以前只有专业人士才可以接触到的苹果 Mac 电脑也逐渐进入公众的视野，越来越多的朋友选择了苹果 Mac 的台式机或笔记本产品，尤其是超轻薄的 Mac Air 更是受到公众的追捧。拥有了苹果 Mac 就意味着可以和其他苹果产品如 iPhone、iPod 以及 iPad 无缝集成，毕竟都是基于 Mac 系统的苹果产品。

但有利就有弊，使用 Mac 系统就意味着原先 Windows 下的大量应有无法使用，虽然不少著名软件都有 Mac 版本，但也并不是所有的程序都有，所以能在 Mac 系统中运行 Windows 程序就是一个很迫切的需求。而且某些服务，如网银，很多时候只能使用 Windows 下的 IE 浏览器，本章就详细介绍如何使用虚拟化技术来解决这些使用 Mac 系统的烦恼。

苹果的 Mac 平台有三大著名的虚拟化平台，商业软件有 VMware Fusion、Parallels Desktop/Server，免费产品有开源的 VirtualBox，这三款虚拟机都有自己的特点，用户体验也不尽相同。下面就在 Mac OS X 10.7 Lion 系统环境下，通过实际应用来比较这三款虚拟机，从而定制出最适合自己的虚拟化方案。

5.1 VMware 产品——VMware Fusion 5

Fusion 是著名虚拟化公司 VMware 在苹果 Mac 平台的产品，本章使用 VMware Fusion 5 版本。总体来说，VMware Fusion 5 既有 VMware Player 5 的简洁界面，又有 VMware Workstation 9 的一些增强功能，如快照功能。下面以安装和创建 Windows 8 虚拟机为例来详细介绍 VMware Fusion 5 的具体使用。

从 VMware 官方网站下载 VMware Fusion 5，会得到一个苹果 DMG 格式的安装文件，双击该文件就会出现安装程序，具体操作如图 5-1 所示。

图 5-1　VMware Fusion 5 的安装界面

　　双击安装界面中央的 VMware Fusion 图标，随后会出现一个警告对话框，大意为确认安装从互联网上下载的程序，单击"Open"按钮即可开始安装，具体操作如图 5-2 所示。

图 5-2　安装 VMware Fusion 5

　　接下来开始安装，会出现一个显示进度条的对话框，安装完成后，即可运行 VMware Fusion 5，这时会弹出一个接受许可证协议对话框，单击"Agree"按钮接受，具体操作如图 5-3 所示。

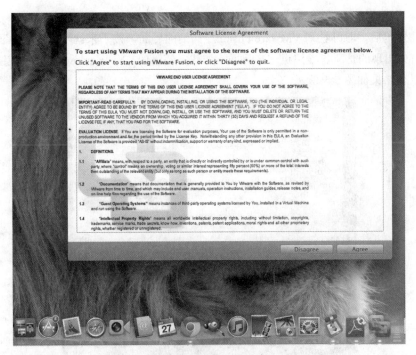

图 5-3　接受许可证协议

随后会弹出授权窗口，需要输入 VMware Fusion 的注册码，如果只是试用，可以到 VMware 的官方网站申请一个试用码即可通过此步骤，具体操作如图 5-4 所示。

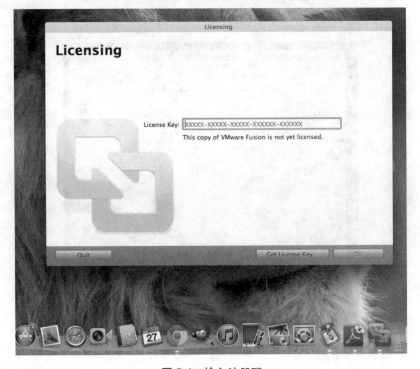

图 5-4　输入注册码

试用版下载地址为：http://www.vmware.com/go/try-fusion-cn。

输入注册码后，即可看到 VMware Fusion 5 简洁的界面，接下来就可以创建 Windows 8 虚拟机了。首先出现的是新建虚拟机向导界面，加载安装镜像，将 Windows 8 的安装镜像文件加载即可，具体结果如图 5-5 所示。

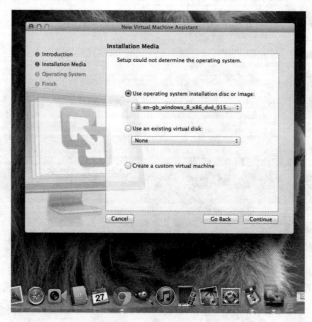

图 5-5　加载 Windows 8 安装镜像文件

然后选择操作系统类型，直接选择 Windows 8 即可，具体操作如图 5-6 所示。

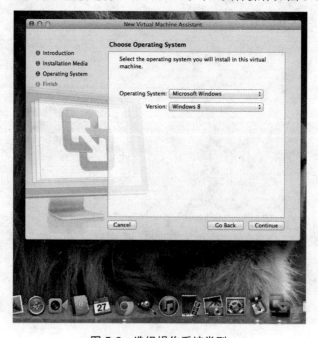

图 5-6　选择操作系统类型

接下来便是确认创建虚拟机，该界面会有所创建虚拟机的设置，如果某些设置有问题，则可以单击"Customize Settings"按钮进行重新设置；如果没有问题，单击"Finish"按钮即可开始安装 Windows 8，具体操作如图 5-7 所示。

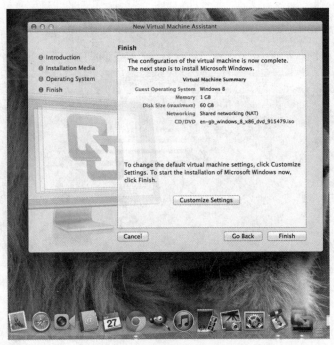

图 5-7　完成虚拟机创建

随后弹出虚拟机窗口，在里面可以看到 Windows 8 所特有的 Metro 风格的安装界面，具体结果如图 5-8 所示。

图 5-8　Windows 8 的安装界面

Windows 8 的安装界面出现后，首先要选择语言、时间和货币格式以及键盘布局，根据自己的实际情况设置即可，具体操作如图 5-9 所示。

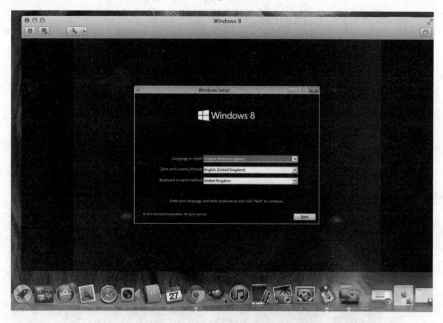

图 5-9　设置语言、时间和货币格式以及键盘布局

紧接着出现的是开始安装界面，单击"Install now"按钮开始 Windows 8 的安装，具体操作如图 5-10 所示。

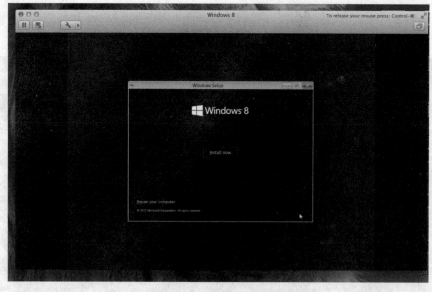

图 5-10　安装 Windows 8

安装 Windows 8 的第一件事是输入产品密钥，否则无法安装。输入正确的密钥后出现接受许可证协议界面，接受后单击"Next"按钮继续，具体操作如图 5-11 所示。

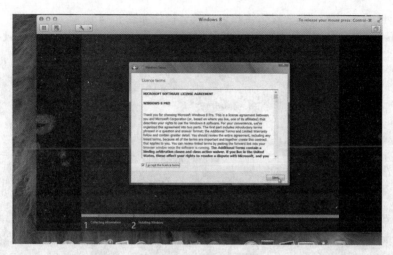

图 5-11　接受许可证协议

选择安装类型，这里选择全新安装，然后选择安装位置，具体操作如图 5-12 和图 5-13 所示。

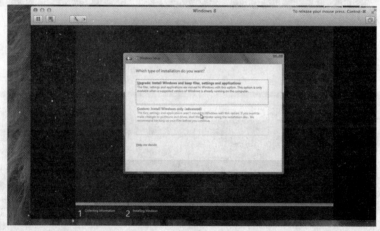

图 5-12　选择安装类型

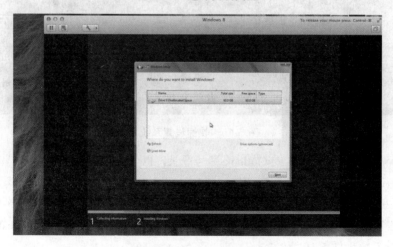

图 5-13　选择安装位置

出现个性化设置界面,需要设置主机名,具体操作如图 5-14 所示。

图 5-14　设置主机名

随后还有大量烦琐的设置,这里选择快速设置,单击"Use express settings"按钮,具体操作如图 5-15 所示。

图 5-15　快速设置系统

登录设置,可以使用 MSN 或 Outlook 账号登录,也可以创建一个本地账号登录,使用前者的好处就是可以将网络上的所有资源统一到 Windows 8,如 MSN、SkyDrive 以及 Xbox 等,这样使用起来更加方便。这里选择创建一个本地账号,具体操作如图 5-16 和图 5-17 所示。

设置完账号后开始安装,安装完成后即可进入微软打造的具有 Metro 界面的 Windows 8,具体效果如图 5-18 和图 5-19 所示。

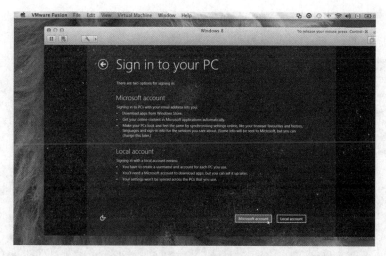

图 5-16　选择创建一个本地账号

图 5-17　设置本地账号登录

图 5-18　Windows 8 奇特的瓷砖界面

图 5-19　全屏模式效果

在全屏模式下，只看系统，很难分辨这是一台 Mac Air 还是超级本。再尝试一下 Xbox 吧，单击 Xbox 瓷砖便可打开 Xbox 相关资源，看看 Xbox music，热门歌手都有，具体结果如图 5-20 所示。

图 5-20　热门音乐 Good Time

再看看热门游戏有什么，麻将游戏还是比较火，具体结果如图 5-21 所示。

在系统设置界面还可以设置锁屏画面、启动画面和账号图片，具体操作如图 5-22 所示。

图 5-21　热门游戏

图 5-22　个性化设置

此外，虚拟机不用时可以将其挂起，以免浪费系统资源，这点 VMware Fusion 5 要比 VMware Player/Workstation 漂亮不少，犹如暂停视频一样，具体效果如图 5-23 所示。

体验完了 Metro 风格，让我们来看看 Windows 8 的新桌面吧。单击桌面瓷砖即可进入 Windows 8 桌面，和 Windows 7 桌面有很大区别，最明显的就是经典的开始菜单没有了，感觉空荡荡的，具体效果如图 5-24 所示。

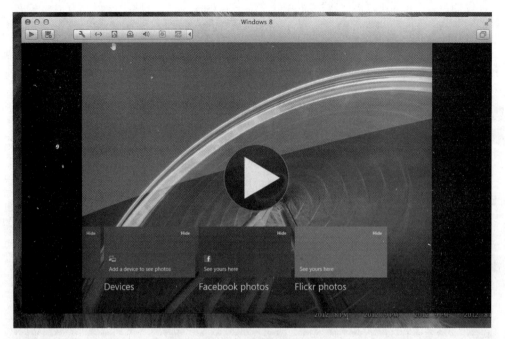

图 5-23　挂起虚拟机效果

图 5-24　Windows 8 的新桌面

　　再来瞧瞧最新的 Windows 资源管理器，全部换成了微软 Office 的 Ribbon 风格，只不过默认是最小化的 Ribbon，还原后就可以看到其全貌了，具体效果如图 5-25 所示。

　　再来看看虚拟主机的详细信息窗口和最新的 Windows Store 及 IE 10，整体风格都是 Metro 风格，具体结果如图 5-26 所示、图 5-27 和图 5-28 所示。

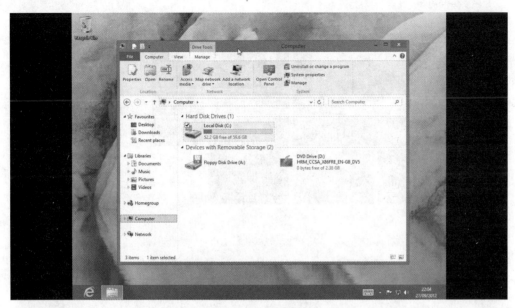

图 5-25　Ribbon 风格

图 5-26　Windows 8 虚拟机的详细信息

这样，就有一个常驻 Mac 系统的 Windows 8 系统了，应用 Mac 就无障碍了，可以随时在两个系统之间自由切换。当然，如果要安装 Windows 7 或 Windows Server 2012 也是没有问题的，这取决于大家的需求。

图 5-27　Metro 风格的 Windows Store 应用商店

图 5-28　IE 10 闪亮登场 Windows 8

5.2 ●Mac 系统老牌虚拟机——Parallels Desktop 8

下面介绍 Mac 下另一款著名的虚拟机软件——Parallels Desktop，最新版本是 8，这是一款专注于 Mac 平台的老牌虚拟机软件，最新版本针对 Windows 8 以及 Mac 系统做了优化，完美支持 2012 年发布的新 Mac 的 Retina（视网膜）屏幕，支持蓝牙、USB 3.0，增强了 3D 游戏及图形性能，其在用户体验和性能上都比 VMware Fusion 5 略胜一筹。

可以从其官网下载，网址为 http://www.parallels.com，这里以英文版为例来介绍其安装。下载 DMG 安装文件后，双击即可运行该程序，运行安装程序后，单击中央的图标开始安装，具体操作如图 5-29 所示。

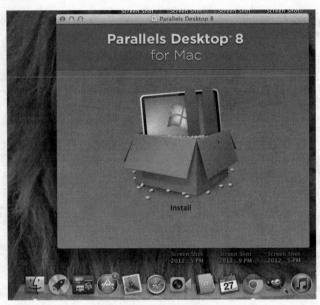

图 5-29　安装 Parallels Desktop 8

随后确认是否要运行从网上下载的程序，单击"Open"按钮继续，接受许可证协议和输入产品密钥后，即可开始安装，安装后运行，Parallels Desktop 8 运行后会首先扫描系统有没有已经安装好的虚拟机文件，如果有其会自动转换成 Parallels 虚拟机格式，然后自动安装驱动和增强工具，具体操作如图 5-30 所示。

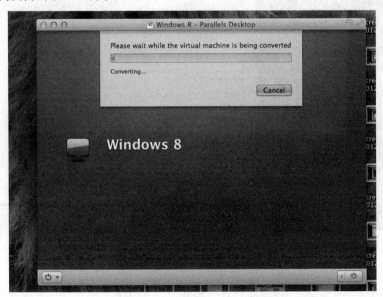

图 5-30　自动扫描和转换已经存在的虚拟机文件

175

　　成功转换以及成功安装驱动和增强工具后，刚才在 VMware Fusion 5 中制作的虚拟机就直接运行了，这其实就是前面介绍的 V2V 实例，即从虚拟机到虚拟机的迁移，具体效果如图 5-31 所示。

图 5-31　登录 Windows 8

　　登录系统后会发现，Windows 8 的窗口已经无缝地和 Mac 系统集成，就像运行 Mac 程序一样，具体效果如图 5-32 所示。

图 5-32　Windows 程序和 Mac 桌面无缝集成

　　还有更加方便的操作，在 Mac 底部有一个 Windows 文件夹，单击这个文件夹就可以运行 Windows 程序，打开 Windows 的文件和文件夹，这比在 Windows 8 下操作 Windows 都方便。

如果 Parallels 虚拟机没有启动，还会自动启动虚拟机，然后再运行相应程序，具体操作如图 5-33 所示。

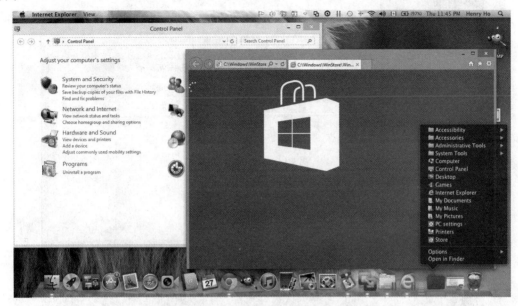

图 5-33　Mac 中的 Windows 8 开始菜单

限于篇幅，这里只介绍了 Parallels Desktop 部分体贴的功能，还有大量的特性没有机会介绍，这些贴心的功能无疑大幅度提升了用户体验。

5.3 ── Mac 下免费的虚拟机——VirtualBox

前面介绍的两款商业产品，一款比一款好，可是一款比一款贵，这里有一个很好的选择，即选择免费开源的 VirtualBox。之所以说这是一个好的选择，不仅仅是因为免费，还有 VirtualBox 性能和功能都不会比前面两款产品差太多，而且 VirtualBox 全面支持上述两款虚拟机的虚拟文件，在 VirtualBox 中也可以运行已有的虚拟机文件，虽然不如 Parallels 那么自动，但也不复杂。下面就来介绍 VirtualBox 的安装和使用。

从 https://www.virtualbox.org/wiki/Downloads 站点下载 Mac 版的 VirtualBox，双击 DMG 文件进行安装，安装过程和前面两款虚拟机类似，这里就不赘述了。安装好后即可运行，这里还是采用 VMware Fusion 5 创建虚拟机来做演示，新建一个虚拟机，如图 5-34 所示。

单击"Continue"按钮跳过欢迎界面，输入新建虚拟机的名称和类型，其实只要输入 Windows 8 之后，其他设置 VirtualBox 均可自动完成，具体操作如图 5-35 所示。

接下来设置内存，这里设置为 1GB，单击"Continue"按钮继续，具体操作如图 5-36 所示。

随后的设置比较关键，设置虚拟硬盘，这里选择"Use existing hard disk"选项，并且选择刚刚创建的 VMDK 文件，具体操作如图 5-37 所示。

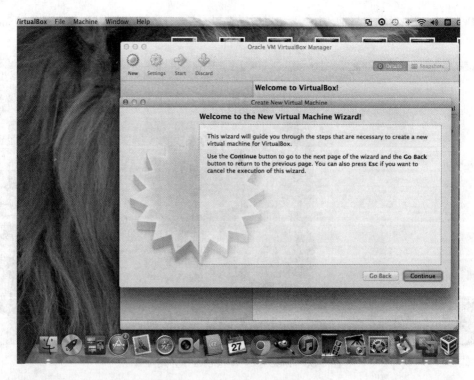

图 5-34　创建 VirtualBox 虚拟机

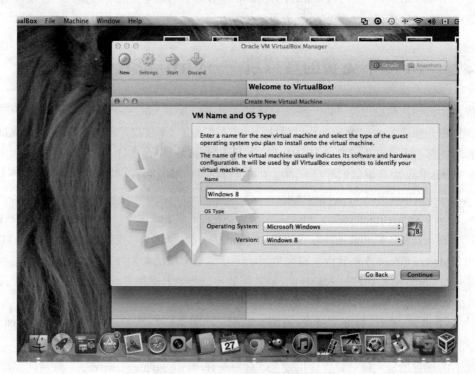

图 5-35　命名虚拟机并选择类型

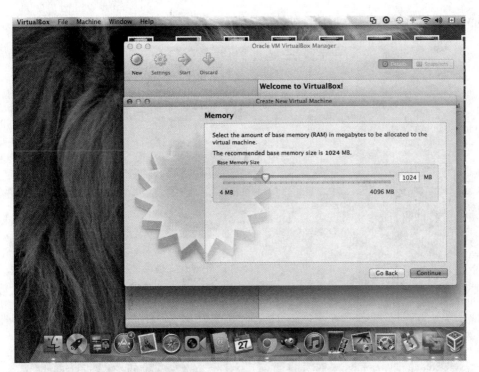

图 5-36　设置虚拟机内存

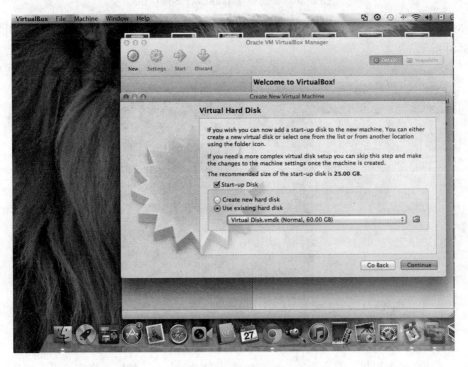

图 5-37　设置虚拟硬盘

最后检查虚拟机配置摘要信息，直接单击"Create"按钮创建虚拟机，这样一个能用的

Windows 8 虚拟机就创建好了，快速便捷，具体效果如图 5-38 所示。

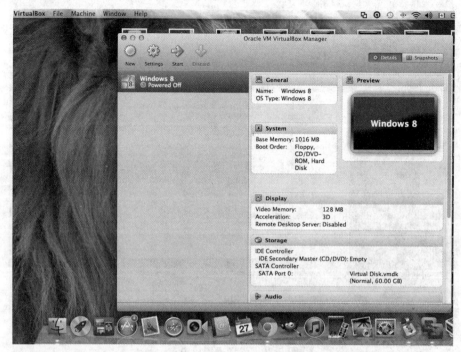

图 5-38　快速创建 Windows 8 虚拟机

VMware Fusion 虚拟机运行后，与在 VirtualBox 中使用没有任何区别，具体效果如图 5-39 和图 5-40 所示。

图 5-39　登录 Windows 8 虚拟机

介绍了这么多虚拟机，有商业的，也有免费开源的，大家该如何选择呢？根据国外的测试网站 http://www.macobserver.com/tmo/article/benchmarking-parallels-fusion-and-virtualbox-against-boot-camp，根据性能和用户体验对虚拟机做一个简单排列：Parallels　Desktop>VMware

Fusion>VirtualBox。

图 5-40　在 VirtualBox 中运行 Windows 8 虚拟机

小结

随着苹果 Mac 电脑的流行，越来越多的朋友选择使用苹果的 Mac 系统，使用 Mac 系统最大的烦恼莫过于在 Windows 下许多熟悉的应用无法使用，本章通过虚拟化产品 VMware Fusion、Parallels Desktop 以及 VirtualBox 等彻底地解决了这一烦恼。

06 虚拟化理论——虚拟机的当前技术及未来发展趋势

本章从虚拟化技术的历史开始，介绍虚拟化技术的来龙去脉和核心概念。结合虚拟化试图解决的核心问题，对未来的发展趋势做出了展望。读者将从本章了解到 CPU 虚拟化、内存虚拟化和 I/O 虚拟化等重要概念。

20 世纪 60 年代末，虚拟机管理器（VMM）开始作为将硬件平台分区成多个虚拟机的软件抽象层，其中的每个虚拟机和真正的物理机器十分相似，基本运行未经修改的软件。当时，通用计算领域中基本上是大型、昂贵的大型机硬件，用户发现，虚拟机管理器提供了一种引人注目的复用稀缺资源的方式。因此，在一个短暂的时期内，这项技术无论是在产业界还是在学术界都得到了蓬勃发展。

20 世纪 80 年代和 90 年代，出现了现代多任务操作系统，同时，由于硬件成本的不断下降，虚拟机管理器的价值被削弱了。由于大型机让位给小型机，然后是 PC，虚拟机管理器在很大范围内消失了，以至于很多计算机体系结构不再提供实现虚拟机管理器所必需的硬件支持。到 80 年代后期，无论是学术界还是产业界都将虚拟机管理器作为历史来研究对待。

快进到 2005 年，虚拟机管理器再次成为学术界和产业界的热门主题：创业资本基金公司竞相投资那些开发虚拟机技术的创业公司。Intel、AMD、Sun 和 IBM 公司为数十亿美元并且不断增长的虚拟化技术市场开发虚拟化战略。在大学和研究所，研究人员开发基于虚拟化的技术，用来解决移动、安全性和可管理性的问题。

读者可能会问，在这期间发生了什么事情，导致虚拟机复苏？在 20 世纪 90 年代，斯坦福大学的研究人员开始研究虚拟机在克服硬件和操作系统限制方面的潜力。这次的问题源于大规模并行处理（MPP）的机器难以编程，不能运行现有的操作系统。有了虚拟机，研究人员发现，他们可以使这些笨重的外观十分相似的架构运行现有的平台，充分利用当前的操作系统。从这个项目出来的人和想法，支撑了 VMware 公司（www.vmware.com），即提供商业虚拟化软件的第一家公司。为商业化平台提供虚拟机管理软件，研究人员和企业都非常感兴趣。

具有讽刺意味的是，现代操作系统能力的提升和硬件成本的下降，从 20 世纪 80 年代开始淘汰了虚拟机管理器的应用，却慢慢导致了 VMM 试图解决的问题——价格低廉的硬件，导致了机器数目的增多，但是这些机器往往未被充分利用并产生显著的空间和管理开销。而且，操作系统不断增加新的功能，也使得系统不如以往那么稳定。

为了减少系统崩溃的影响，系统管理员再次使用每一台机器运行一种应用程序的计算模式来管理机器。这反过来又增加了硬件要求，加大了成本和管理开销。所以，人们将应用程序系统移动到虚拟机中，并且将多个虚拟机整合到数目较少的硬件平台上。这样就增加了硬件的利用率，降低了空间需求和管理开销。因此，在这次名为服务器整合和公用计算（Utility Computing）的浪潮中，VMM 又变得十分突出了。

展望未来，VMM 技术将逐渐淡化最初应用的多任务能力，更多地提供面向安全性和可靠性的解决方案。另外，虚拟机监视器给系统开发者提供了机遇，开发那些在复杂和僵化的操作系统中无法实现的功能，比如系统迁移和安全性似乎更适合在 VMM 的层面实现。在这种情况下，虚拟机监视器提供了一种向后兼容的方法，可以在保持现有软件结构稳定的情况下，部署先进的操作系统解决方案。

6.1 硬件和软件的解耦合

如图 6-1 所示，VMM 通过在虚拟机（VMM 层以上）上运行的软件和硬件之间建立一个中间层，对软件进行硬件解耦合。这个中间层让 VMM 可以控制用户操作系统（GuestOS），即运行在虚拟机上的操作系统，如何使用硬件资源。

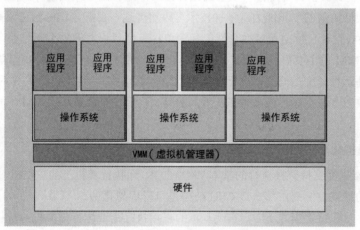

图 6-1 VMM 在系统架构中的位置

VMM 向上层提供对底层硬件的统一视图，可以让来自不同厂商具有不同 I/O 子系统的机器看起来是一样的，也就是说，虚拟机可以在任何计算机上运行。因此，不用担心单台机器的硬件与相关软件是否紧密结合，管理员只要将硬件看做一种能够按需运行任意服务的资源池即可。

由于 VMM 还提供了完整的虚拟机软件状态封装，VMM 层可以将虚拟机随意映射和重映射到现有的硬件资源上，甚至能跨机迁移虚拟机。因此，在众多机器之间保持负载平衡变得很容易，并且有强大的模型对硬件故障或系统扩展进行处理。当一台计算机出现故障必须下线，或一台新机器上线时，VMM 层可以简单地重映射相应的虚拟机。虚拟机也很容易复制，这样管理员就可以根据需要引入新的在线服务。

封装还意味着管理员可以在任意时间暂停或恢复虚拟机，也可以在检验点返回到以前的执行状态。有了这个通用的撤销功能，系统可以轻松地恢复崩溃状态或对错误进行配置。封装还支持通用的移动模型，用户可以通过网络或存储复制一个挂起的虚拟机并将其传输到可移动媒介上。

VMM 系统还可以提供虚拟机和硬件之间交互活动的仲裁，从而既支持虚拟机之间的强大隔离功能，又可以协调单个硬件平台上多个虚拟机的资源分配。VMM 能够将消耗较低资源的虚拟机整合到一台物理计算机上，从而降低硬件成本和空间要求。

强大的隔离对于可靠性和安全性来说非常有价值，以前在一台机器上运行的应用程序现在可以分配到不同的虚拟机上。如果某个应用程序因为错误导致系统崩溃，但由于其他应用程序与这个故障是隔离的，所以就可以不受干扰继续运行。此外，如果只存在针对一个应用程序的攻击，攻击也就只会影响相关的虚拟机。

因此，VMM 在重组系统方面是一个提高稳定性和安全性的重要工具，并且无须额外空间，也用不着那些在不同物理机器上执行应用程序时所需要的管理开销。

6.2 VMM 实现问题

VMM 必须能够提供针对虚拟机软件的硬件接口，这相当于原始硬件，同时还要保持对机器的控制和对硬件访问的干预能力。多种技术可以实现这一目标，能够给出不同的权衡设计。

VMM 的核心设计目标是兼容性、性能和简单这三个目标之间的平衡。兼容性目标，毫无疑问很重要，VMM 的主要好处就是它能够运行旧版软件，性能目标，即衡量虚拟化开销，是在与真机上软件运行速度相同的情况下虚拟机的运行成本；简单这个目标尤其重要，因为 VMM 失败可能会导致所有正在运行的虚拟机失败。另外，提供安全隔离要求 VMM 能免于黑客攻击导致颠覆系统。

1. CPU 虚拟化

如果 CPU 架构能支持直接执行的基本 VMM 技术，即执行真机上的虚拟机，同时保留 VMM 对中央处理器的最终控制权，那么该 CPU 架构是可以虚拟化的。

当 VMM 运行在特权模式下时，实现基本的直接执行需要运行虚拟机的特权（操作系统内核）和 CPU 特权模式下的非特权代码。因此，当虚拟机尝试执行特权操作时，CPU 就可以让 VMM 在 VMM 管理的虚拟机状态下模拟特权运行。

VMM 处理禁用中断指令是一个很好的例子。如果 VMM 没有对 CPU 的控制权，让用户操作系统禁止中断就是不安全的。相反，VMM 捕捉到禁止中断操作，记录下该虚拟机的中断禁用，然后 VMM 会等到虚拟机重新启用中断再传递给虚拟机。

因此，提供虚拟化架构的关键是提供一个所谓的陷阱，可以让 VMM 安全、透明、直接地使用 CPU 执行虚拟机。这样 VMM 就可以通过直接执行，为虚拟机里的软件创建出一个虚拟的普通物理机器。

（1）挑战

历史上大多数 CPU 架构设计并不完全支持虚拟化，例如流行的 x86 架构，x86 操作系统使用 x86 POPF 指令（从堆栈弹出 CPU 标志）来设置和清除中断禁止标志，当其运行在特权模式下时 POPF 没有陷阱；相反，它只是简单地忽略了中断标志的变化，所以对于使用这个指令的特权模式代码，直接执行技术不起作用。

另一个例子是非特权指令让 CPU 访问特权状态。虚拟机上运行的软件可以读取代码段寄存器，以确定处理器当前的权限级别。可是虚拟化处理器将捕捉此命令，VMM 便可以修补虚拟机上运行的软件所看到的内容，从而反馈虚拟机的权限级别。但是 x86 不捕捉这个指令就直接执行，这样，软件看到的是代码段寄存器里错误的权限级别。

如今，主流的 CPU 中已经加入了虚拟化指令的支持，例如 Intel 的 VT 技术。

（2）技术

针对如何在不能虚拟化的 CPU 上落实 VMM，有几种技术处理这个问题，最常见的是半虚拟化（paravirtualization）联合快速二进制翻译的直接执行。采用半虚拟化，VMM 制造商通过更换原来指令中的非虚拟化部分来定义虚拟机接口，可以轻松实现虚拟化，并且效率更高。虽然操作系统必须移植到虚拟机运行，但大部分一般应用程序的运行都不变。

例如，Disco 是针对非虚拟化 MIPS 架构的 VMM，采用半虚拟化。Disco 设计师将 MIPS 的中断标志改为虚拟机中一个简单的特定内存位置，而不是处理器上的特权寄存器。设计师替换了 MIPS 中相当于 x86 的 POPF 那些指令，将读取访问替换成到这个特定内存位置的代码段登记访问。这些替换能够消除一些虚拟化开销，如特权指令陷阱，从而有更高的性能。然后设计师修改了一个 Irix 操作系统版本，这样就可以利用这个 MIPS 架构的半虚拟化版本。

半虚拟化的最大缺点是不兼容，任何一个运行在半虚拟化 VMM 上的操作系统都必须移植到该体系结构上。操作系统厂商与之必须合作，传统操作系统不能运行，现有的计算机不能轻松迁移到虚拟机上。伴随着发展多年的反向兼容 x86 硬件，有大量遗留的软件仍在使用，这意味着放弃反向兼容并非易事。

尽管有这些缺点，但由于建设一个具备全面兼容性和高性能的 VMM 是巨大的工程挑战，因此学术研究项目依然青睐半虚拟化。

为了提供快捷、兼容的虚拟化 x86 架构，VMware 公司开发了一种新的虚拟化技术，该技术结合了传统的快速代码生成二进制转换直接执行。大多数现代操作系统，运行正常的应用程序的处理器模式都是可虚拟化的，因此可以通过直接执行的方式运行。二进制转换可以运行非虚拟化的特权模式，修补非虚拟化 x86 指令，从而得到一种与硬件相匹配的高性能虚拟机，保证了整个软件的兼容性。

还有人开发了一种二进制转换器，是在不同指令的 CPU 之间进行代码转换。相对来说，VMware 的二进制转换更为简单，其源指令集和目标指令集几乎是一样的。VMM 系统的基本技术是在二进制转换器控制下运行特权模式代码（即内核代码）。转换器将特权代码转换成一个类似的块，更换有问题的指令，让转换后的块直接在 CPU 上运行。该二进制转换系统将转换后的块缓存起来，这样转换就不会在后续执行的过程中发生了。

转换后的代码看起来很像半虚拟化后的结果：一般指令执行不变，而转换器代替了需要特别处理的指令，如 POPF 指令。但是，二者之间有一个重要区别：二进制转换器不是更改操作系统或应用程序的源代码，而是在执行二进制代码的时候更改。

二进制转换会产生一些开销，但在大多数工作负载情况下可以忽略。转换器只运行代码的一小部分，一旦缓存大部分生效后，其执行速度与直接执行几乎是没有区别的。

二进制转换也是一种优化直接执行的方式。例如，由于每次捕捉（trap）都要从虚拟机将控制传输到后台，这样直接执行时，频繁捕捉的特权代码会导致明显的额外开销。二进制转换可以消除许多这种捕捉，从而降低整体虚拟化开销。对于深指令管线的 CPU 尤其如此，如现代的 x86 处理器，捕捉过程会发生高额开销。

（3）未来的支持

现在 Intel 的 VT 技术和 AMD 的 Pacifica 技术都已发布适用于 x86 处理器 VMM 的硬件支持。无论是 Intel 还是 AMD 都没有对现行执行模式虚拟化，而是在处理器上添加了一个新的执行模式，让 VMM 安全透明地对运行的虚拟机直接执行。为了提高性能，该模式尝试了同时减少实施虚拟机所需的 trap，以及执行 trap 所花费的时间。

有了这些技术以后，只支持直接执行的 VMM 就可能直接应用于 x86 处理器上，或者至少操作系统环境下不需要使用新的执行模式。

如果硬件能够支持，并且 IBM 大型机虚拟化也能支持，则应该能进一步降低性能经费，也能简化虚拟化技术的实施。

根据以往的经验，充足的硬件支持可以减少开销，甚至不用准虚拟化。完全兼容的虚拟机，其核心价值在于推翻性能优势，打破兼容性。

2．内存虚拟化

传统的虚拟内存实现技术是 VMM 对虚拟机的内存管理数据结构创建一个镜像。这个数据结构一般叫做影子页表，可以让 VMM 精确控制该机器的哪些内存页对虚拟机可用。

虚拟机上运行的操作系统在页表中建立一个映射，VMM 会检测有何变化，并建立一个对应在相应影子页表上的条目，该条目可以指向硬件内存上的实际页面位置。当虚拟机执行时，硬件使用影子页表对内存进行翻译，这样 VMM 就可以对每个虚拟机的内存使用进行控制。

就像传统操作系统的虚拟内存子系统，VMM 可以将虚拟机交换到磁盘上，这样分配给虚拟机的内存可以超出硬件的物理内存大小。因为这样能有效地让 VMM 过量使用计算机内存，虚拟机的工作负载只需要较少的硬件即可。该 VMM 可以根据需求动态控制每个虚拟机得到多少内存。

（1）挑战

VMM 中的虚拟内存子系统要不断地控制一个虚拟机有多少内存，因此它必定定期通过虚拟机交换到磁盘回收一部分内存。但是，对于哪些页面是较适合交换出去的，虚拟机上运行的操作系统（GuestOS）很可能比 VMM 的虚拟内存系统有更全面的判断。例如，GuestOS 可能会注意到某个创建页面的进程已经退出，这意味着不需要再次访问该页面了。但是在硬件层面操作的 VMM 并没有看到这一点，就有可能交换该页面，从而造成浪费。

为了解决这个问题，VMware 公司的 ESX Server 采取了半虚拟化方法，在其中运行一个 balloon 进程，从而 GuestOS 可以与 VMM 进行沟通。当 VMM 要从虚拟机拿走内存时，它可以要求 balloon 进程分配更多的内存，也就是"放大"进程。然后 GuestOS 根据其对页面替换方面的知识选择页面给 baloon 进程，该进程再传递给 VMM 重新分配。由于不断"放大"的 baloon 进程导致内存压力增加，所以就可以借助 GuestOS 智能地将页面存入虚拟磁盘。

内存虚拟化的第二个挑战是现代操作系统和应用程序的大小。由于要存储同一个虚拟机的冗余副本代码和数据，运行多个虚拟机会浪费相当大的内存。

为了应对这一挑战，VMware 的设计师为其服务器产品开发了基于内容的页面共享。在这个方案中，VMM 会跟踪物理页的内容，注意页面是否相同。如果相同，VMM 会修改虚拟机的影子页表，使其只保留一个副本。这样 VMM 就可以释放多余的副本，从而腾出内存以作他用。

在正常的拷贝写入（copy-on-write）共享页方案中，若以后页面内容有分歧，VMM 会给每个虚拟机进行页面复制。例如，x86 计算机可能有 30 个运行微软 Windows 2000 的虚拟机，但计算机内存中只有一个 Windows 内核副本，从而显著减少物理内存的使用。

（2）未来的支持

操作系统经常对页表做一些改变，因此对软件进行即时影子拷贝可能会导致无谓的开销。硬件管理的影子页表一直处于目前的虚拟化主机架构下，将会是加快 x86 处理器虚拟化的一个富有成效的方向。

资源管理作为一个拥有巨大潜力的未来研究领域，对 VMM 和用户操作系统之间如何进行合作资源管理的决定，还有许多工作要做。此外，研究必须着眼于整个数据中心层面的资源管理。未来 10 年，我们希望在该领域能取得重大进展。

3. I/O 虚拟化

30 年前，IBM 主机的 I/O 子系统使用的是基于通道的架构，在这种架构下访问 I/O 设备是通过与一个单独的通道处理器进行沟通实现的。使用通道处理器，VMM 可以安全地用输出 I/O 设备去直接访问虚拟机，这样 I/O 的虚拟化开销非常低。与 VMM 上有使用限制的设备进行沟通相比，虚拟机上的软件可以直接读取和写入该设备。这种做法对当时的 I/O 设备非常好用，如文本终端、磁盘、读卡器和打卡机等。

（1）挑战

在当前的计算环境下，因为 I/O 装置更丰富多样化，使得虚拟化 I/O 要困难得多。基于 x86 的计算环境支持收集大量来自不同厂商用不同编程接口的 I/O 设备，因此，编写面向这些不同设备的 VMM 层是一件费力的事情。此外，现在的 PC 图形子系统或服务器网络接口之类的设备又有极高的性能要求，这就使得低开销的虚拟化更为必要。

导出标准设备接口是指虚拟化层必须能够与计算机的 I/O 设备沟通。VMware 工作站这种面向桌上型电脑的产品，为了提供这种能力开发了如图 6-2 所示的托管架构。在此架构下，虚拟化层使用主机操作系统（HostOS）作为设备驱动程序，如 Windows 或 Linux，对设备进行访问。由于大多数 I/O 设备具备这些操作系统的驱动程序，所以虚拟层可以支持任何 I/O 设备。

当 GuestOS 从虚拟磁盘给出一个读取或写入块的命令时，虚拟层就将该命令转换成一个系统调用指令，在 HostOS 文件系统的文件上进行读取或写入。同样，I/O 的 VMM 在 HostOS 的一个窗口上显示虚拟机的虚拟显卡，无论 GuestOS 认为存在何种设备，都可以让 HostOS 控制、驱动并管理虚拟机的 I/O 显示设备。

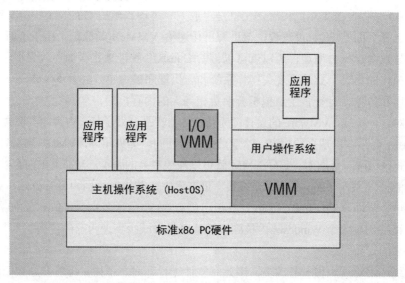

图 6-2　I/O VMM 在系统中的地位

托管架构有三个重要优势。首先，VMM 安装简单，用户可以在 HostOS 上像安装应用程序那样进行安装，而不是像传统的 VMM 那样在原始硬件上安装；其次，托管架构可以充分容纳目前 x86 PC 市场上 I/O 设备的丰富多样性；第三，VMM 可以使用调度、资源管理以及其他 HostOS 环境所提供的服务。

当 VMware 开始为 x86 服务器市场发展产品的时候，托管架构的缺点就凸现出来了，托管架构会大大增加 I/O 设备虚拟化的性能开销。每个 I/O 请求都必须将控制转移到 HostOS 环境下，然后通过 HostOS 软件层的过渡与 I/O 设备对话。这样一来，对于高性能网络和磁盘子系统的服务器环境，由此产生的开销是令人无法接受的。

另一个问题是，许多服务器环境要求给虚拟机提供性能隔离和服务保证，但 Windows 和 Linux 这种现代的操作系统不具备对这类功能的资源管理支持。

ESX 服务器采用了一种更加传统的 VMM 方法，可以在没有主机操作系统的硬件上直接运行。除了先进的调度和资源管理，ESX 服务器的网络和存储设备还有一个高度优化的 I/O 子系统。

ESX 服务器内核可以使用 Linux 内核的设备驱动程序直接与设备对话，从而大大降低了 I/O 设备的虚拟化开销。VMware 之所以可以使用此方法，是因为 x86 供应商服务器上运行的已通过认证的机器，其网络和存储 I/O 设备相对较少。限制对 I/O 设备的支持，使得直接管理服务器上的这些 I/O 设备具有可行性。

VMware 产品还有一种性能优化是能够提供特殊的高度优化的虚拟 I/O 设备，并不对应任何现有的 I/O 设备。像 CPU 的半虚拟化方法，这种半虚拟化要求 GuestOS 的环境要用特殊的设备驱动程序访问 I/O 设备，从而得到一个更易虚拟化的 I/O 设备接口，并且与 GuestOS 的 I/O 命令交互开销低，也因此有更高的性能。

（2）未来的支持

如 CPU 的趋势，面向硬件的 I/O 子系统的行业也趋向于支持高性能的 I/O 设备虚拟化。最初 IBM 个人计算机使用的是标准的 x86 PC 键盘控制器和 IDE 磁盘控制器，这种离散 I/O 设备正让位于 USB 和 SCSI 之类的类通道 I/O 设备。比如 IBM 大型主机的 I/O 通道，这些 I/O 接口的复杂性能大大简化，还能减少虚拟化开销。

只要有足够的硬件支持，直接向虚拟机上的软件安全传递这些通道 I/O 设备应该是可行的，能够有效削减所有的 I/O 虚拟化开销。要想如此实施，I/O 设备需要了解虚拟机并能支持多个虚拟接口，从而 VMM 可以安全地将接口映射到虚拟机。采用这种方式，无须 VMM，虚拟机的设备驱动程序能够直接与 I/O 设备沟通。

执行直接访问内存的 I/O 设备需要地址重映射。重映射是确保虚拟机上运行的设备指定的内存地址会映射到影子页表上所说明的计算机内存位置上。无论虚拟机如何驱动设备，该设备只能访问属于虚拟机的内存。

在多个虚拟机使用相同 I/O 设备的系统里，VMM 需要一个有效的机制，来保证路由设备到正确虚拟机的中断。最后，虚拟化 I/O 设备需要有到 VMM 之间的接口来保持硬件和软件之间的隔离，确保 VMM 迁移不受影响，并能设置一个虚拟机检验点。提供此种支持的 I/O 设备可以缩减虚拟化技术开销，即使是 I/O 密集型工作负载也可以使用虚拟机。除了性能得到优化外，还有一个明显的好处就是消除了复杂的 VMM 设备驱动程序代码，从而提高了安全性和可靠性。

6.3 ── 未来的趋势

考察当前的产品和近期的一些研究，会发现未来的 VMM 有一些有趣的东西，也能够预测虚拟化技术将会如何发展。

1. 服务器端

在数据中心，系统管理员能够快速配置、监控和管理数百台物理机器上运行的上千个虚拟机，所有这些操作都是在一个控制台上进行的。系统管理员并不是配置个人计算机，而是从现有模板实例化一个新的虚拟机来创建新的服务器，再根据资源的具体管理政策将虚拟机映射到物理资源上。系统管理员不会仅仅让某台计算机提供某个固定的服务，而是将其看做通用的硬件资源池的一部分。这项技术最好的例子是 VMware 的虚拟中心。

这种将虚拟机映射到硬件资源的过程是高度动态的。热迁移能力，比如 VMware 的 VMotion 技术，可以根据数据中心的需求将虚拟机在物理机器之间进行快速移动。VMM 可以处理传统的硬件管理问题，如硬件故障，只需将运行失败的计算机上的虚拟机放置到其他正常运作的硬件上就行。迁移正在运行的虚拟机还简化了一些硬件挑战，如调度预防性维护，以及处理设备租赁结束后，硬件的升级和部署等。管理员可以使用热迁移无须中断服务来执行这些任务。

现在大多是手动迁移，但未来应该会有虚拟机基础设施自动执行负载均衡，检测即将发生的硬件故障，然后据此迁移虚拟机，以及根据特定需求创建或删除虚拟机等。

2．不只是机房

从服务器机房到桌面，虚拟机也得到越来越多的应用，这对计算机的影响将变得更加深远。虚拟机为重组桌面管理提供了强大的统一模式。虚拟机监视器给机房带来的好处同样适用于台式机，并帮助解决大型台式机和笔记本电脑之间互相影响所带来的管理挑战。

在 VMM 层面解决问题对虚拟机上的软件运行很有帮助，软件的运行与软件版本（正式版本或最新版本）及供应商都没有关系。操作系统的独立性也减少了购买和维护冗余基础设施的成本。例如，不需要 n 个版本的帮助界面或软件备份，只要运行一个 VMM 级别的版本，即可满足需要。

虚拟机对于用户对计算机的看法可能会有显著影响。如果普通用户能够轻松创建、复制和共享虚拟机，其使用模式与那些硬件可用性有限制的计算环境将大大不同。例如，软件开发人员可以使用类似 VMware Workstation 之类的产品轻松建立一个用于测试的机器网络，或者为每一个目标平台保留一套独立的测试机器。

虚拟机的流动性也将会大大改变计算机的使用环境。Collective 和 Internet Suspend/Resume 等项目已经证明了在局域网和广域网上迁移整个计算环境的可行性，大容量的可用性和 USB 硬盘驱动器形式的廉价可移动媒介意味着用户无论身在何处，都可以随身携带他们的计算环境。

越来越多的基于虚拟机动态特性的环境也将需要更多的动态网络拓扑。虚拟交换机、虚拟防火墙、以及覆盖网络将成为未来物理解耦逻辑运算环境不可分割的一部分。

3．安全性改进

虚拟机监视器具备重组现有软件系统用以提供更高安全性的潜力，同时也对建立新的安全系统有帮助。当前的操作系统隔离性很差，基于主机的安全机制容易受到攻击。将这些功能迁移到一个外部虚拟机上——虚拟机上运行的操作系统与其完全隔离——同时还能提供一样的参数性能，但防攻击能力要强得多。类似的系统有两个：一个是 Livewire，该系统用 VMM 为虚拟机上的软件安装了高级入侵检测；另一个是 ReVirt，它使用 VMM 系统层来分析入侵过程中黑客可能造成的损害。这样的系统不仅防御来自虚拟机外部攻击的能力更强，在硬件级别上干预和监视虚拟机内部系统也更方便。

将安全措施部署在虚拟机外部提供了一个很有吸引力的方式来隔离网络——限制虚拟机的网络访问，以确保不会有恶意攻击，也不容易受到攻击。通过在虚拟层上控制网络访问，以及在允许（或限制）访问之前检查虚拟机，虚拟机在限制网络恶意代码传播方面可以成为一个强大的工具。

虚拟机也特别适合作为构建高安保系统的模块。例如，美国国家安全局的 NetTop 体系结构就使用 VMware 的 VMM 来隔离多个环境，每个环境都可以按照不同的安全分类独立访问网络。这样的应用说明需要继续研究和开发支持建设更高级别安保的小型 VMM。

VMM 特别有趣的一点是，它能够支持运行多个不同安全级别的软件栈。因为可以从硬件堆栈指定软件栈，虚拟机能够在性能、后台兼容性、安全等方面提供最大的灵活性。此外，指定应用程序的完整软件堆栈也简化了它的安全性推理。与此相反，现今的操作系统对某个应用进行安全性推理几乎是不可能的，其原因在于此过程彼此之间的隔离性很差。因此，应用程序的安全取决于机器上的其他应用。

这些功能使 VMM 特别适合于进行类似 Terra 系统之类的可信赖计算。在 Terra 系统里，VMM 可以远程验证虚拟机上运行的软件，此过程就是所谓的认证。

例如，假设用户的桌面机器同时在运行多个虚拟机，那么用户可能用一个安全性相对较低的 Windows 虚拟机进行 Web 浏览，用安全性高一点的 Linux 虚拟机进行日常工作，用更高安全级别的虚拟机，包括特殊用途的高安全性操作系统以及专用的邮件客户端进行敏感内部邮件传递。

远程服务器可以要求每个虚拟机进行认证以确认其内容。例如，公司文件服务器可以只允许 Linux 虚拟机与其进行交互，而安全邮件虚拟机可以只连接到一个专用的邮件服务器上。这两个方案中的服务器也可以以虚拟机的形式运行，运行时允许交互认证。

最后，虚拟机监视器具备灵活的资源管理能力，可以使系统更耐攻击。同时，能够快速复制虚拟机并动态适应大工作量，在处理大流量访问和分布式防御攻击服务方面是一个强大的工具。

4．软件分发和部署

对于软件行业，虚拟机监视器无处不在的部署对其有重大影响。VMM 层给软件公司提供令人兴奋的可能性，可为其分配包含复杂软件环境的虚拟机。例如，甲骨文公司已派发超过 10 000 份虚拟机的最新数据库环境拷贝。用户测试软件时不需要安装整个复杂的环境，只需简单地启动虚拟机即可。

除了在软件开发领域虚拟机分发机制的使用非常广泛外，它还可以很好地用于工作生产环境，创造一种从根本上不同的分发软件方式。系统管理员使用 VMware 的 ACE 可以发布虚拟机，并能够控制这些虚拟机如何使用。Collective 项目深入探讨了虚拟设备上捆绑应用程序的创意，该创意可提供文件服务器、桌面应用程序，能够让用户在某种形式下将虚拟机当作一个独立的应用。设备维护者能够像管理补丁一样处理问题，从而缓解普通用户的维护负担。

以虚拟机为基础的分发模式需要软件供应商更新他们的软件许可协议。与基于使用的许可或整个网站的许可不同，在特定的 CPU 或物理机器上运行的许可软件不会转换成新的环境。用户和系统管理员会倾向于操作系统环境，在这种环境下他们可以轻松、廉价地在虚拟机上进行分配，不会有过多的限制和昂贵的选项。

小结

VMM 的复苏从根本上改变了软硬件设计人员查看、管理和架构复杂软件环境的方式。虚拟机监视器还为新开发的操作系统提供了反向路径部署解决方案，既能满足当前需求，又能安全地继续沿用现有的软件基础。虚拟机的这种技术将是满足未来计算挑战的关键。

越来越多的公司正逐步放弃采购个人计算机以及计算机上捆绑的复杂软件环境。对这些脆弱而难以管理的系统，VMM 给予了崭新的自由。在未来几年中，虚拟机将超越现有的简单配置能力，为桌面应用提供一个流动、安全、易用的基本构建模块。事实上，在计算领域的巨大转折中，VMM 将继续扮演一个重要的角色。

07 企业虚拟化技术简介

本章以向导的方式向读者介绍虚拟化技术的入门知识，包括 VMware 软件的入门操作、VirtualCenter 转换器和 ESX 的基本知识。通过跟随本章动手练习，读者可以对虚拟化技术如何在企业中应用有一个切身的体会。

虚拟化技术是在给定的硬件平台上，通过虚拟化软件为用户操作系统创建一个模拟的计算机环境，也就是虚拟机。用户可以运行的软件并不仅限于普通的应用程序，许多虚拟化软件还允许执行整个操作系统。用户执行虚拟机中的软件时，与直接在物理硬件上运行没有什么不同，只不过访问物理系统资源（如网络、显示、键盘和磁盘存储）时一般会比处理器和系统内存使用的管理更加严格。

虚拟化技术的一项重要应用是服务器整合，用一台较大的物理服务器替换许多小的物理服务器，从而提高 CPU 这样昂贵的硬件资源的利用率。虽然硬件进行了整合，但操作系统并不会整合。相反，物理服务器上运行的每个操作系统都转换成虚拟机内一个个独立运行的操作系统。大型服务器上可以运行许多这样的虚拟机，这就是所谓的物理机到虚拟机（P2V）的转换。

与物理主机相比，虚拟机更容易从外部控制和监视，其配置也更灵活，在内核开发和操作系统课程教学中非常有用。

新的虚拟机只要需要就可以开通，而无须预先购买所需要的硬件。而且，如果有需要，虚拟机还可以很容易地从一台物理机器迁移到另一台上。例如，一个销售人员去见客户，不需要携带物理计算机，只需要复制一个带有演示软件的虚拟机到他的笔记本电脑上就可以了。而且，虚拟机里的错误也不会损害主机系统，所以不会有破坏笔记本电脑操作系统的风险。

由于迁移容易，虚拟机也可以在灾难恢复情况中使用。

本章以 VMware ESX 虚拟化平台为例，介绍虚拟化技术的基本概念、操作和各种应用场景。

7.1 ——● 与虚拟化技术的第一次亲密接触

VMware 转换器提供了一种易用的途径，可以将用户的物理服务器简便地迁移到 VMware ESX 环境下。这个产品以其独创性著称，VMware P2V（Physical to Virtual migrations）的意思就是物理机到虚拟机的转换。这样 VMware 对用户的物理服务器进行映像复制就可以把它转换成一个虚拟机，并且转换后的虚拟机不需要重装系统和应用程序，就能将用户的应用移植到 VMware ESX 环境下。移植后的虚拟机仍保留原来的服务器名称和配置，本质上和原来的系统完全一样，除了虚拟机的硬件不再是原来的物理硬件外。

VMware 转换器可支持的操作系统如表 7-1 所示，VMware 转换器版本和功能如表 7-2 所示。

表 7-1　VMware 转换器可支持的操作系统

操作系统	克隆功能	配置功能
Windows NT 4.0	✓	✓
Windows 2000	✓	✓
Windows XP 32bit 和 64bit	✓	✓
Windows 2003 32bit 和 64bit	✓	✓
MS-DOS	✓	manual
Windows 9x	✓	manual
Novell	✓	manual
Linux	✓	manual

表 7-2　VMware 转换器版本和功能

功　能	初级模式	企 业 版
虚拟机迁移	✓	✓
转换 Windows 系统	✓	✓
在线本地拷贝	✓	✓
在线拷贝远程目录到虚拟机	✓	✓
在线拷贝远程目录到 ESX 服务器		✓
离线拷贝		✓
并发任务		✓
定价和发行	免费下载	和 VirtualCenter 服务器捆绑发行

7.1.1　安装 VMware 转换器

VMware 转换器安装程序包含在 VMware Infrastrusture Management（VIM）安装程序中。启动 VIM 安装程序，只选择安装 VMware 转换器，如图 7-1 所示。单击"Next"按钮继续。

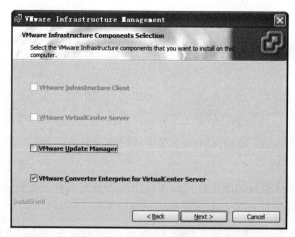

图 7-1　选择安装 VMware 转换器

　　输入 VirtualCenter 服务器信息，如图 7-2 和图 7-3 所示，VMware 转换器将被安装到 VirtualCenter 中。

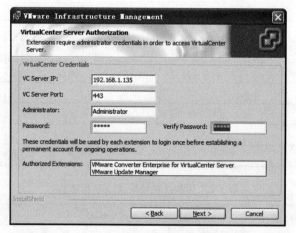

图 7-2　VirtualCenter 服务器信息（1）

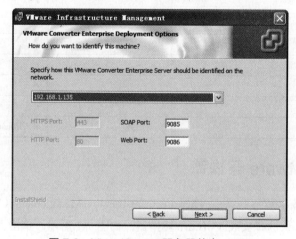

图 7-3　VirtualCenter 服务器信息（2）

在"Destination Folder selection"界面选择安装路径后单击"Next"按钮继续，如图 7-4 所示。

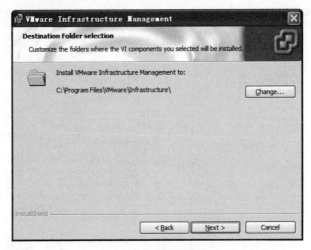

图 7-4　选择安装路径

安装过程完成以后，就可以在 VirtualCenter 中使用 VMware 转换器了。

7.1.2　使用 VMware 转换器

新版本的 VMware 转换器被集成到了 VirtualCenter 中，要想启动 VMware 转换器，首先应启动 VirtualCenter 客户端，进入 VirtualCenter 界面。在要导入转换后的虚拟机所在的主机上，单击右键，在弹出的快捷菜单中，选择"Improt Machine"选项，如图 7-5 所示。

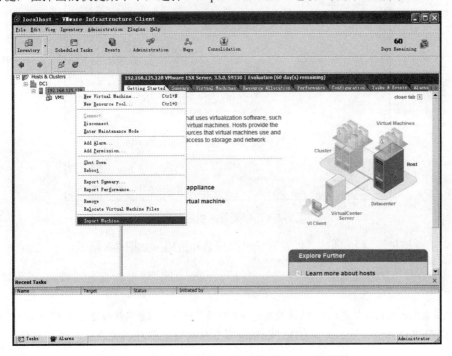

图 7-5　在 VirtualCenter 中启动 VMware 转换器

打开导入向导，选择要转换的物理主机，然后单击"下一步"按钮继续，如图 7-6 所示。

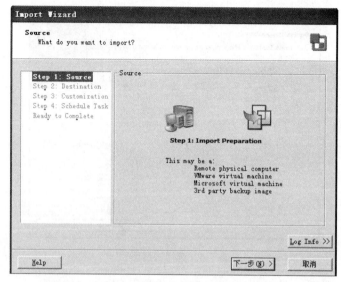

图 7-6　选择要转换的物理主机

接着选择导入机器的类型，这里选择物理机器，如图 7-7 所示。

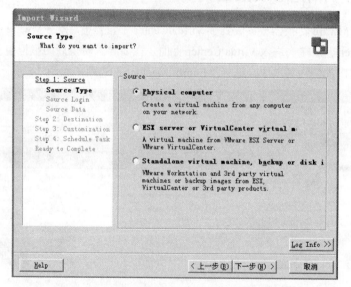

图 7-7　选择要导入机器的类型

输入待转换机器的 IP 地址，以及管理员账户名和密码，如图 7-8 所示。

 注意：

一旦服务器已经进行了虚拟化，就要禁用或者卸载某些服务器的专用硬件管理程序，例如 HP Insight Manager、Dell OpenManage 或者 IBM Director 等，从而避免程序因为找不到专用硬件而引起一些问题。

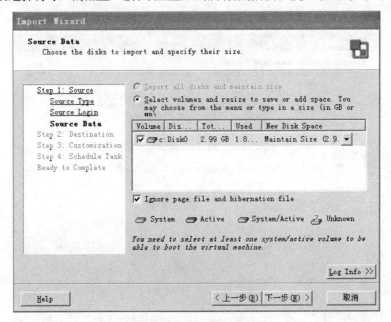

图 7-8　输入待转换机器的连接信息

随后需要选择待导入的磁盘，这样该磁盘上的所有数据都会迁移到虚拟机中，如图 7-9 所示。

图 7-9　选择待导入的磁盘

 注意：

这里也可以重置新分区的最终容量，这对于减少最终分区的无用空间，将空闲空间释放出来非常方便。

用户需要对迁移的目的主机进行确认，如图 7-10 所示。

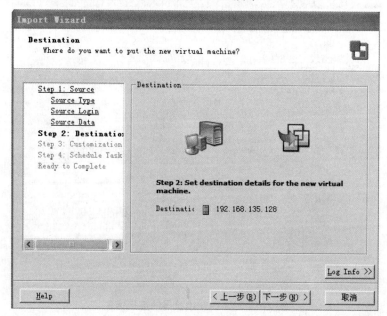

图 7-10　确认目的主机

接下来对转换后的虚拟机进行配置。首先给该虚拟机命名，如图 7-11 所示。

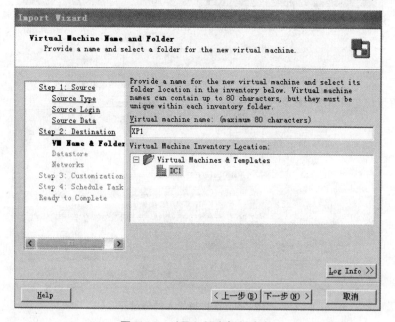

图 7-11　对导入的虚拟机命名

选择虚拟机所在的 ESX 数据仓库，如图 7-12 所示。

为了实现物理机到虚拟机的转换，VMware 转换器需要在物理机上安装辅助转换程序。当 VMware 转换器发现待转换的物理机上没有安装该软件时，就会提示进行安装，并询问用户在转换完成后是否将该辅助软件删除,如图 7-13 所示。

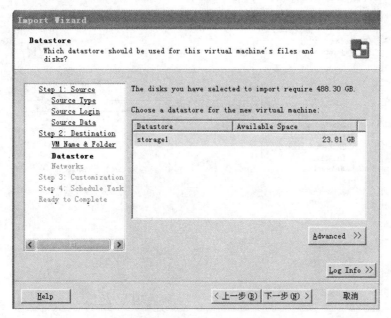

图 7-12 选择虚拟机所在的 ESX 数据仓库

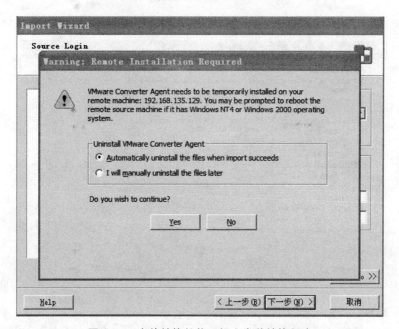

图 7-13 在待转换的物理机上安装转换程序

注意:

在使用热克隆选项时请注意,克隆操作开始以后,对源服务器上数据所做的任何改动都不会被复制到目的地。因此,建议在迁移过程中使用此选项时先确认用户不再对数据进行改动。

为虚拟机选择要连接的网络，如图 7-14 所示。

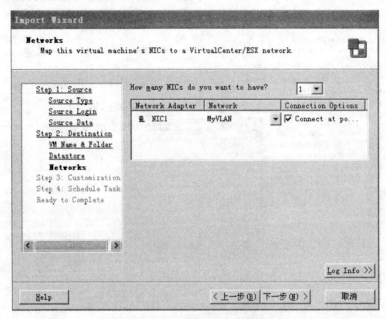

图 7-14　选择虚拟机连接的网络

对虚拟机进行的进一步配置，如图 7-15 所示，可以选择是否在虚拟机中安装 VMware Tools。

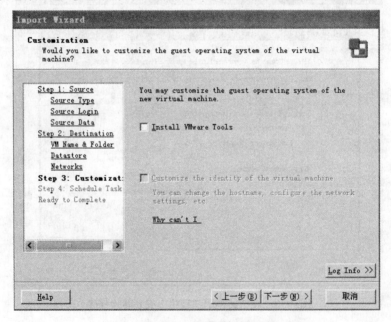

图 7-15　配置虚拟机

选择开始转换的时间，可以立即进行转换，也可以预定在某个空闲的时间进行转换，如图 7-16 所示。

最后出现总结界面，对前面各步操作进行回顾，确认后单击"完成"按钮，如图 7-17 所示。

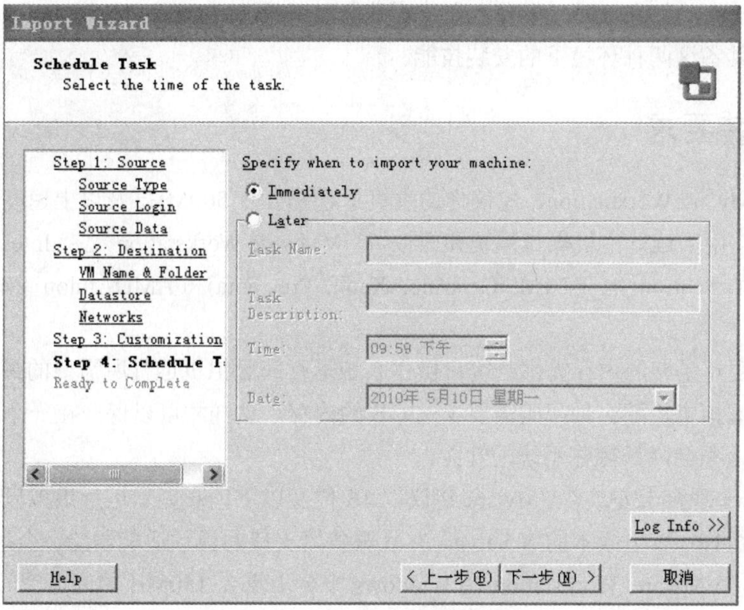

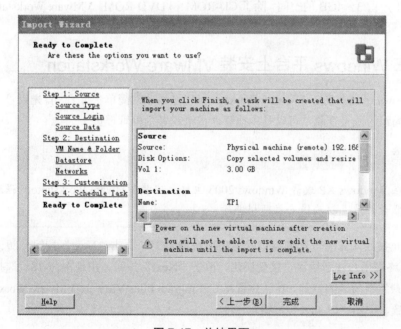

图 7-16 选择开始转换的时间

图 7-17 总结界面

7.2 ●安装 VMware Workstation

本节将讨论 VMware Workstation 的安装、升级和卸载。内容包括：如何在 Windows 平台上安装、卸载 VMware Workstation，详细介绍 Windows 环境下成功安装 VMware Workstation

的所有必要细节；如何在 Linux 平台上安装、升级和卸载 VMware Workstation。学习完本节内容，读者便可具备这两种环境下的安装技能。

7.2.1　安装要求

要安装 VMware Workstation，建议你的主机最起码要有 500MHz 及以上速度的处理器，以及足够的内存，用于运行主机操作系统和虚拟机。VMware Workstation 支持 Intel 和 AMD 系列的处理器，例如 Pentium II–IV (M, Centrino, Xeon, Prestonia)和 AMDAthlon (MP, XP, Duron, Opteron)。

另外，还要有足够的内存提供给客户操作系统运行和虚拟机运行所需要的最少空间。如果计划运行多个虚拟机，那么最起码需要 1～2GB 的内存，这样才可以保证在一个桌面上同时运行多个虚拟机而不会降低操作系统的性能。

在 Windows 平台上安装，VMware 建议以 16 位及以上色彩显示运行虚拟机；在 Linux 上安装，需要有 X11R6 以上版本的 X Server，并且服务器支持的视频适配器能在全屏模式下运行。

一般来说，VMware Workstation 在 Windows 平台上需要 150MB 的硬盘空间，Linux 平台上需要 80MB。另外，每个客户操作系统都需要最少 1GB 的空间安装操作系统和应用软件，但建议给每个用户留 3～4GB 的空间。除了 CD-ROM 和 DVD-ROM，VMware Workstation 还支持 IDE 和 SCSI 硬件驱动。

7.2.2　在 Windows 平台上安装 VMware Workstation

在 Windows 平台上安装 VMware Workstation，过程非常简单、明了。首先以管理员账号或者与管理员同组的账号登录，可以是本地管理员组或者主机管理员。

 注意：

如果要在 Windows XP 或者 Windows 2003 主机上安装 VMware Workstation，强烈建议你以本地管理员账号登录，以确保安装顺利进行。

然后将光盘放入光驱，欢迎窗口就会出现在屏幕上，单击 "Next" 按钮。阅读 VMware Workstation 终端用户注册协议，接受协议，单击 "Next" 按钮，出现图 7-18。选择 VMware Workstation 最终要安装的位置，默认位置是 C:\Program Files\VMware\VMware Workstation，要修改默认位置，单击 "Change" 按钮。

 注意：

VMware 不建议通过网络硬盘安装 VMware Workstation。

接下来设置快捷方式，默认会在如下几个地方设置快捷方式：Desktop、Start Menu Programs folder 和 Quick Launch toolbar，如图 7-19 所示。按照自己的需要选择，单击 "Next" 按钮继续。

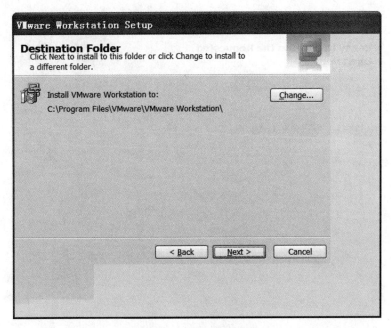

图 7-18 选择安装位置

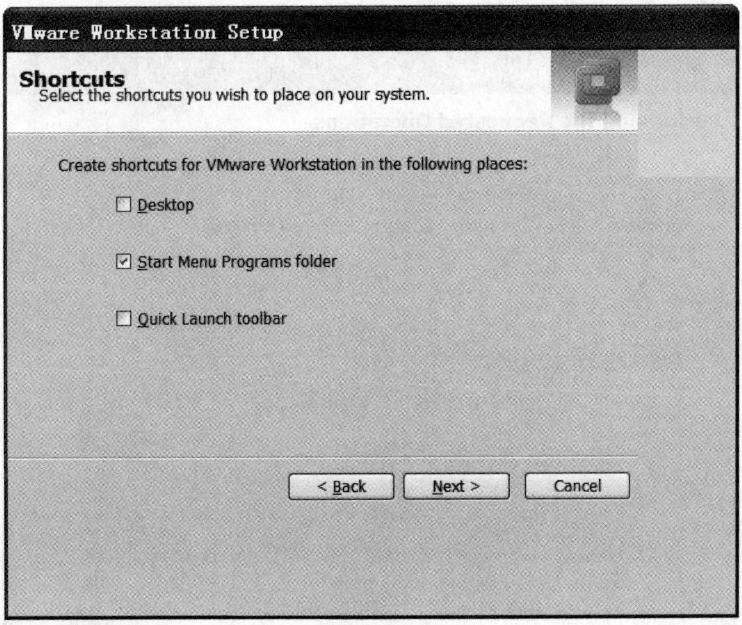

图 7-19 设置快捷方式

如果机器的 CD 光驱的自动播放功能处于可用状态，创建的虚拟机或者已经有的虚拟机可能会产生一些问题，那么就将自动播放功能设为不可用，然后单击"Next"按钮继续。

出现"Ready to Perform the Requested Operations"界面，单击"Continue"按钮开始 VMware Workstation 的安装，如图 7-20 所示。

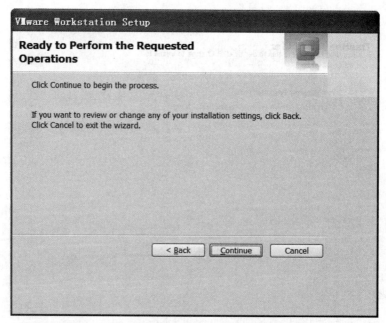

图 7-20　单击"Continue"按钮后，开始安装 VMware Workstation

在安装过程中，会有如图 7-21 所示的进度条表示安装进程。

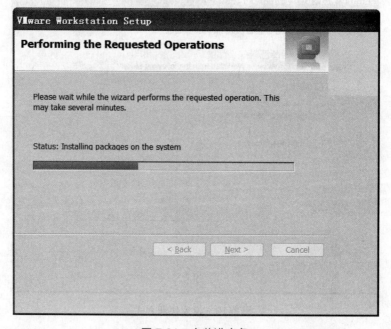

图 7-21　安装进度条

随后会出现注册窗口，填写用户名、公司名称和序列号，填好后单击"Enter"按钮，如图 7-22 所示。在这里如果省略了这一步，也可以在第一次运行 VMware Workstation 时再填入，序列号填写是在"Help"→"Enter Serial Number"下。

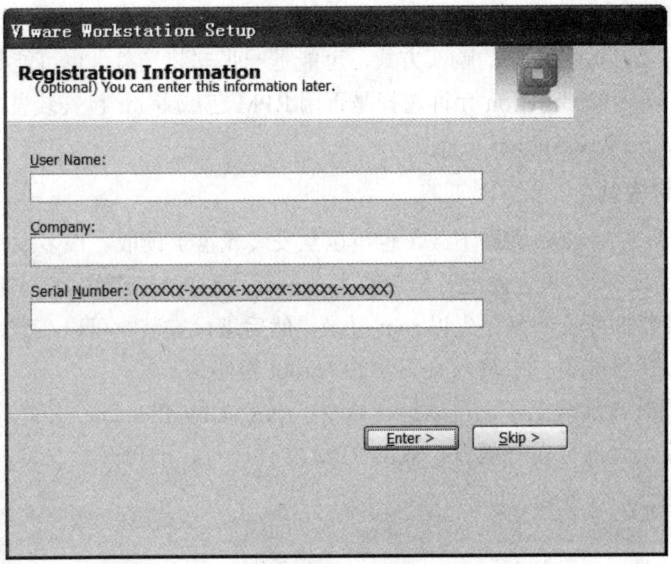

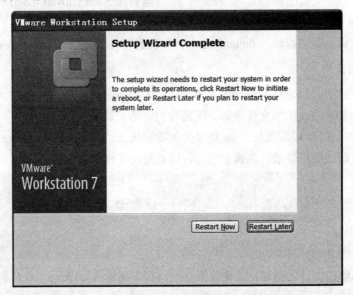

图 7-22　注册窗口

在安装完成界面选择马上重启还是稍后重启，如图 7-23 所示。

图 7-23　安装完成

7.2.3　在 Linux 平台上安装 VMware Workstation

本节将会讨论如何在 Linux 平台上安装 VMware Workstation。目前市场上有很多不同的 Linux 发行版可用，每一种发行版安装 VMware Workstation 时都会略有不同。为了使本节内容适用于所有的发行版，我们将通过终端以通用的方法安装 VMware Workstation。由于安装 VMware Workstation 是一个非常复杂的过程，因此在下面的介绍中会讲解得非常详细。如果你是高级用户，对这些安装过程已经很了解了，则可以直接跳过。

VMware Workstation 有不同的购买方式，可能是一张安装光盘，也可能是从网络下载一个产品的版本。VMware Workstation 允许选择是否用 RPM 包或者 tar 包安装。下面先介绍如何用 RPM 包安装 VMware Workstation。

1. 用 RPM 包安装

RPM 包可以从 VMware 网站下载，也可以从安装光盘上读取。很多发行版可以自动识别安装盘并执行加载命令，如果你的发行版没有自动执行，请打开一个终端窗口，输入命令：mount /dev/cdrom/。如果要加载安装盘，先以 root 登录，然后进行安装。可以在登录 Linux 系统时以 root 登录，也可以在终端窗口中输入 su，再输入 root 密码。

现在已经将安装盘加载上了，可以运行命令：rpm –Uhv filename.rpm/安装 RPM 文件。如果你是 Linux 新手，大部分发行版直接双击 RPM 文件运行，即可开始安装。

 注意：

在终端窗口输入命令时，要注意大小写。

在终端窗口输入上述命令，安装完毕后，运行/usr/bin/vmware-config.pl 进行配置。vmware-config.pl 将会在下一节中讨论。

安装完成以后，要记得输入 umount 命令将安装盘卸载（umount /dev/cdrom）。

2. 用 tar 包安装

用 tar 压缩包安装与 RPM 包安装非常类似，最大的不同是需要先将 tar 压缩包解压。tar 压缩包与 Windows 下的 zip 压缩文件类似。下面我们开始安装。

打开一个终端窗口，以超级用户 su 登录并加载安装盘。加载以后，将 tar.gz 文件复制到/tmp 下。下面给出了超级用户登录，加载安装盘，以及复制文件的命令。

```
$ su
# mount /dev/cdrom
# cd /mnt/cdrom/Linux
# ls
# cp VMware-workstation-*.tar.gz /tmp
```

现在，进入解压文件的路径。要变换到这个路径，需输入 cd /tmp，然后解压文件。

```
# tar xvzf VMware-workstation-*.tar.gz
```

变换路径到 vmware-distrib 目录下，运行安装程序 vmware-install.pl。这一步会遇到一系列问题需要回答（见表 7-3），接受默认的二进制文件、库文件、文档和启动脚本路径。安装完成以后，还要运行配置程序，这部分会在下一节中详细介绍。

 注意：

如果用 RPM 包安装 VMware Workstation，安装完成以后也需要运行 vmware-config.pl 程序。如果用 tar 压缩包安装，还会有一个选项开关，选择 yes 后也可以加载配置程序。

表 7-3　安装问题

Code View: Scroll / Show All
In which directory do you want to install the binary files? [/usr/bin]
What is the directory that contains the init directories (rc0.d/ to rc6.d/)? [/etc/rc.d]
What is the directory that contains the init scripts? [/etc/rc.d/init.d]
In which directory do you want to install the library files? [/usr/lib.vmware]
In which directory do you want to install the manual files? [/usr/share/man]
In which directory do you want to install the documentation files? [/usr/share/doc/vmware]
The path "/usr/share/doc/vmware" does not exist currently. This program is going to create it, including needed parent directories. Is this what you want? [Yes]
The installation of VMware Workstation 5 build-12888 for Linux completed successfully. You can decide to remove this software from your system at any time by invoking the following command: "/usr/bin/vmware-uninstall.pl."
Before running VMware Workstation for the first time, you need to configure it by invoking the following command: "/usr/bin/vmware-config.pl." Do you want this program to invoke the command for you now? [Yes]

7.2.4　在 Linux 平台上配置 VMware Workstation

现在，读者已经对用 RPM 包和 tar 压缩包两种安装方法都有所了解了，要想让系统成功运行，还需要对 VMware Workstation 进行配置，这就是本节所要讨论的内容。打开一个终端窗口，以超级用户 su 登录后输入 cd/usr/bin，然后输入./vmware-config.pl，如图 7-24 所示。

首先要阅读并接收最终用户注册协议，然后才能继续进行配置。按回车键显示最终用户注册协议 EULA，输入"yes"接收协议。此时，配置程序会搜索到一个适合所运行内核的 vmmon

模块。找到合适的模块以后，会显示确认信息。

```
[root@localhost cdrom]# cd /usr/bin
[root@localhost bin]# ./vmware-config.pl
Making sure services for VMware Workstation are stopped.

Stopping VMware services:
    Virtual machine monitor                              [  OK  ]

You must read and accept the End User License Agreement to continue.
Press enter to display it. █
```

图 7-24　运行 vmware-config.pl 配置 VMware Workstation

下面，安装程序会询问你是否安装虚拟机网络，选择"yes"，程序会为 vmnet0 配置一个桥连接网络，在 vmnet8 上配置一个网络地址转换（NAT，Network Address Translation）网络。

选择"yes"后，程序自动寻找一个空闲的私有子网（见图 7-25）。下一步接受默认的 no，在虚拟机上配置一个 host-only 网络。如果你想要一个 host-only 网络，以后也可以再配置添加。

```
Do you want this program to probe for an unused private subnet? (yes/no/help)
[yes]
```

图 7-25　搜索空闲的私有子网

接下来会问你是否允许虚拟机接受主机文件系统，如果回答 yes，VMware Workstation 会为你配置 SAMBA。最后，配置程序会启动 VMware 服务（见图 7-26），接着就可以运行 VMware Workstation 了。

```
Starting VMware services:
    Virtual machine monitor                              [  OK  ]
    Virtual ethernet                                     [  OK  ]
    Bridged networking on /dev/vmnet0                    [  OK  ]
    Host-only networking on /dev/vmnet1 (background)     [  OK  ]
    Host-only networking on /dev/vmnet8 (background)     [  OK  ]
    NAT service on /dev/vmnet8                           [  OK  ]

You have successfully configured VMware Workstation to allow your virtual
machines to access the host's filesystem.  Would you like to add a username and
password for accessing your host's filesystem via network interface vmnet1 at
this time? (yes/no/help) [yes]
```

图 7-26　启动 VMware 服务

服务启动以后，可以添加用户名和密码用以登录主机系统。添加用户以后，选择"no"，输入命令/usr/bin/vmware 启动 VMware Workstation。

7.3 ● 工作站级应用——VMware 虚拟桌面技术

虚拟化的 IT 基础设施的好处是有案可稽的。比如，企业可以通过资源的整合和标准化，提高物力和人力资源的利用效率。虚拟系统迁移提供了便利的流动性，也可以以各种方式复制和恢复逻辑服务器。在 VMware Infrastructure 中含有高可用性、分布式资源调度和备份服务，这些对所有的虚拟化系统都提供了更多的价值。

7.3.1　虚拟桌面架构（VDI）的概况和规划

VDI 并非产品，它是建立在 ESX VMware 基础设施上的特殊使用案例，要借用 VMware 或第三方产品才能完成解决方案。VDI 包括安全维护和控制，以及保持桌面系统、数据和数据中心的性能，与应用服务器类似。

VDI 解决方案使用远程显示协议，通过虚拟桌面访问远程桌面系统，并提供一些附加功能，例如管理打印、客户端硬件、应用分发、打补丁等。这些组件结合在一起就构成了一个全面的 VDI 解决方案，使服务器、桌面和存储基础设施能够部署起来，并作为一个整体进行管理、部署以及维护。

VDI 的基本实施需要连接代理，还有 ESX 和 VMware vCenter 服务器。现有的 VMware 基础设施应该可以承载虚拟桌面操作系统，并允许用户通过远程显示协议或 VMware vCenter 客户端进行访问。在 VMware 基础设施上实施 VDI，主要得考虑能力、性能规划和管理。

VDI 创建的工作量和虚拟服务器的工作量会有很大的不同。执行 VDI 可以创建成百上千个虚拟机，比虚拟服务器占用的资源更少。VMware 的性能研究白皮书，VDI 服务器容量扩展（http://www.vmware.com/pdf/vdi_sizing_vi3.pdf）报告上说，双处理器、带 8GB 的内存和本地 SCSI 存储的双核心 HP DL385 服务器可以拥有 42 个工作的 Windows XP 虚拟机或 26 个繁忙工作的虚拟机，并同时保持流畅的桌面操作系统的性能配置。新一代的四核处理器服务器大大提高了服务器主机容纳虚拟桌面的能力。因为存在大量低利用率的虚拟桌面，它们更多地受益于处理器内核数增加所提供的同时处理能力，而不是处理器速度的提高。虚拟桌面对内存的要求相对低得多，并且在同时运行许多类似于虚拟机的环境中，通常具有比服务器工作负载更大的内存共享比例。

7.3.2　连接代理

虚拟桌面基础架构是建立在 ESX 和 VMware vCenter 上的，VDI 中心的关键组件就是连接代理。VDI 有多种结构模式，最基本的组件是连接代理组件，用来管理用户与虚拟桌面的动态连接。连接代理是软件组件，它作为连接集中器是用户与虚拟桌面之间的连接平台。

下面介绍最常见的 VDI 结构模式，以及特定供应商的 VDI 连接代理的具体实现。

1. 基本 VDI 的连接

对于小的无须动态连接的 VDI，可以使用基本连接结构。在这种模式下会给用户一个本地网络上的虚拟桌面的主机地址，它们使用类似于 RDP 的标准连接协议。

图 7-27 显示了一个简单的 VDI 架构，客户端桌面和瘦客户端通过远程连接协议与相应的虚拟桌面连接。此种配置需要客户端设备的用户知道 IP 地址或虚拟桌面的主机名，IT 管理员不能强迫用户只连接到指定的桌面上。这种基本实现适合小型基础设施，当客户端数量增加或需要高级功能时，就不再适用了。

这些限制引入了 VDI 连接代理的实现，连接代理也有助于为虚拟桌面配置和管理增加更多的功能。

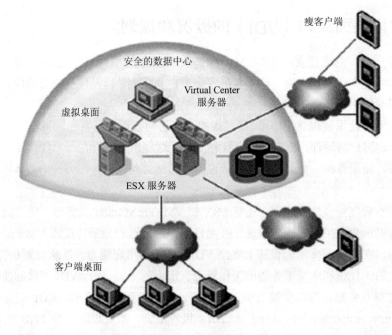

安全的数据中心

Virtual Center 服务器

虚拟桌面

瘦客户端

ESX 服务器

客户端桌面

图 7-27　简单的 VDI 架构

2. 厂商的特定实现

市场上的几个著名厂商把基本的 VDI 架构和他们现有的解决方案整合在一起。例如 Citrix、Sun Microsystems 和 VMware 公司都提供 VDI 连接代理，可以融入和扩展现有的解决方案。

在实施 VDI 之前，必须选择一个连接协议。有些连接代理使用特定的协议，而有些则支持多个协议。

最常见的 VDI 连接使用的连接协议是微软的远程桌面协议（RDP）、虚拟网络计算协议（VNC）、Citrix 独立计算架构（ICA）和惠普远程图形软件（RGS），它们提供下列功能。

（1）远程桌面协议（RDP）

● 包括 Windows XP 和 Vista 的标准 Windows 远程协议。

● 具有良好性能。

● 支持远程音频。

● 多平台支持。

● 多显示器支持。

● 可作为浏览器插件。

● 使用 VMware 视图管理器作为连接代理的必要协议。

（2）虚拟网络计算协议（VNC）

● 广泛的平台支持。

● 有免费的和商业的版本。

● 具有多变的性能。

● 没有音频支持。

（3）独立计算架构（ICA）

- 标准的 Citrix 协议，是非常成熟的产品。
- 具有出色的性能和功能。
- 双向音频支持。
- 需要 Citrix Presentation Server 和用户授权。
- 广泛的平台支持。
- 可作为浏览器插件。

（4）远程图形软件（RGS）

- 提供最好的图形处理功能。
- 使用较少。
- 需要节点授权。

连接协议的选择主要依赖于用户的特定使用情况，以及桌面操作系统与连接代理之间的组合情况。

7.4　虚拟网络规划及部署

本节我们介绍虚拟网络中的虚拟交换机、物理网卡和虚拟网卡、捆绑物理网卡、MAC 地址、端口组和 VLAN、网络工具和防火墙，在虚拟网络基础上讨论高级网络配置和各种解决方案。ESX 在网络配置方面非常灵活，本节主要针对初级用户提供一些创建 ESX 服务器和虚拟机的基本知识，并在此基础上介绍初级用户和高级 ESX 管理员也会用到的高级知识。

在主机上安装完成 ESX 服务器以后，登录进入 MUI 后首先要做的就是创建一个虚拟交换机。读者可以将这个虚拟交换机想象成一个软件 hub，这个 hub 通过 ESX 控制虚拟机到公司内部网络或者互联网的通信，包括同一台物理主机上的不同虚拟机之间的通信。

有很多网络配置方法都可以提高网络通信性能，提供冗余，增强虚拟机上产品的安全性和可靠性。

7.4.1　虚拟交换机

如同物理交换机或者 hub 一样，虚拟交换机也有一定数目的端口用于插入虚拟机的虚拟网卡。每个虚拟交换机有 32 个逻辑端口，因此，每个交换机最多可以支持 32 个虚拟机。

1. VMnet

管理员可以单独创建一个叫做 VMnet 的虚拟交换机，用于在同一台 ESX 服务器上的多个虚拟机之间进行高速网络通信（见图 7-28）。VMnet 可以提供额外的安全性并保持网络通信的独立，还提供了更加灵活有效的网络布局。VMnet 可以在高级配置中使用，例如并行化（NLB）或者冗余集群方案，以及各种有趣的防火墙。

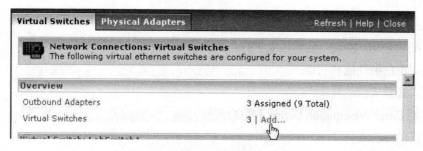

图 7-28   配置 VMnet

要创建一个 VMnet 非常简单，按照如下几个步骤进行即可。

① 打开 MUI。

② 单击"Options"。

③ 单击"Networking Connections"。

④ 在 Overview 部分，单击"Add"。

⑤ 在"Network Label"性能参数中（细节见本节后面部分），输入一个名字，例如 VMnet0 或者其他更加形象的名字。

⑥ 不要检测绑定到这个虚拟交换机上的任何网络适配器。单击"Create Switch"。

⑦ 找到最新创建的虚拟交换机，如图 7-29 所示。

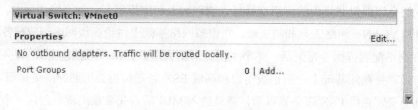

图 7-29   虚拟交换机

 注意：

若不设置输出设备，通信只能在本地进行。连接到这个 VMnet 虚拟交换机上的虚拟机都只能在 ESX 服务器内部的虚拟机之间进行网络通信。

连接到 VMnet 虚拟机配置文件中的以太网部分如图 7-30 所示。

```
Ethernet1.present = "TRUE"
Ethernet1.connectionType = "monitor_dev"
Ethernet1.virtualDev = "vmxnet"
Ethernet1.devName = "vmnet_0"
Ethernet1.networkName = "VMnet0"
~
```

图 7-30   虚拟机配置文件信息

注意图中的 Ethernet1.devName ="vmnet_0"，其中 vmnet_0 就是 VMnet。

注意：

如果你删除一个有虚拟机连接着的 VMnet 虚拟交换机，则会收到类似于图 7-31 所示的出错信息。

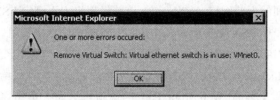

图 7-31 删除的 VMnet 虚拟交换机上有虚拟机绑定

2．VMnics

对于外部访问（连接到公司内部网络、其他的虚拟机或者互联网），可以把虚拟交换机绑定到主机的一个或多个物理网卡上。可以在虚拟交换机上绑定多个物理网卡，以方便冗余或平衡负载。多余的物理网卡可以在有物理网卡出错或者丢失网络连接时派上用场。这些物理网卡也可以联合使用，创建一个绑定，从而平衡负载或者进行物理网卡之间的误差调节。

从逻辑上来说，每个虚拟机的虚拟网卡都会插入虚拟交换机的端口中。从虚拟机上发出的通信会经由虚拟交换机所连接的物理网卡，如图 7-32 所示。

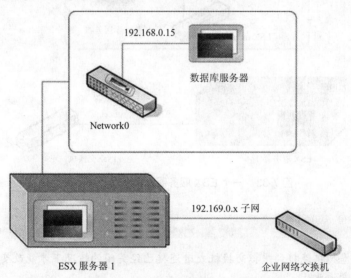

图 7-32 一个虚拟机通过物理网卡通信

图 7-32 描绘了一个简单的虚拟交换机配置。ESX 服务器 1 上有一个虚拟机叫做数据库服务器，它的 IP 地址是 192.168.0.15。数据库服务器虚拟机的网卡插入到标识为 Network0 的虚拟交换机，这个虚拟交换机绑定到 ESX 服务器的物理网卡上。ESX 服务器 1 的物理网卡插入到物理交换机，这个物理交换机连接到 192.169.0.x 子网。这是最简单的配置，但是理解这个图中所呈现的概念是最基本的。

3. 网络标签

在 ESX 服务器中，可以用标签标识虚拟交换机。这个标签很重要，可以用来作为交换机的"描述符"。这意味着你可以将虚拟交换机标识为例如 192.169.0.x，这样就能知道这个交换机上的所有连接都在这个子网上。也可以将虚拟交换机标识成 ESX internal，表示这个交换机只用于 ESX 虚拟机之间的内部网络（VMnet），这些虚拟机上不绑定 ESX 服务器的物理网卡。

如图 7-33 所示，一个 ESX 服务器有两个虚拟交换机和两个虚拟机。其中一个虚拟交换机标识为 192.169.0.x，被绑定在 ESX 服务器的物理网卡上；另一个虚拟交换机 VMnet 被标识为 ESX internal，这个 VMnet 虚拟交换机没有绑定任何物理网卡，因此只给 ESX 服务器内部提供高速网络通信通道。那个名为 Web front end 的虚拟机有两个虚拟网卡：一个通过标识为 192.169.0.x 的虚拟交换机进入公司网络；另一个通过 ESX internal VMnet 虚拟交换机与数据库服务器进行通信。

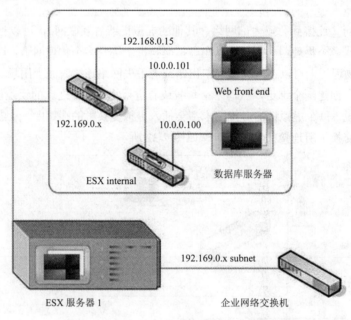

图 7-33　一个 ESX 服务器有两个虚拟交换机

注意：

只有在没有虚拟机连接到虚拟交换机或者连接已经关闭的情况下才能改变虚拟交换机的标识，这一点非常重要。

4. 创建虚拟交换机

创建虚拟交换机非常容易，按照如下步骤进行即可。

登录到 VirtualCenter，单击左侧的"Networking"，右侧会列出当前的网络配置示意图，如图 7-34 所示，可以看到虚拟以太网交换机已经有些默认配置。

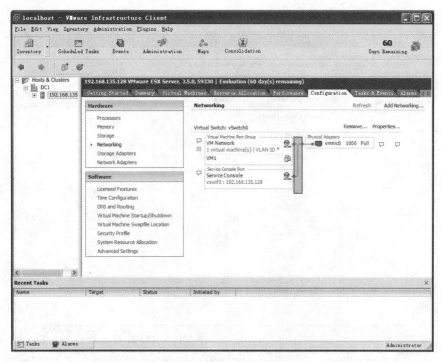

图 7-34 登录到 VirtualCenter

单击右上角的"Add Networking"链接，会看到如图 7-35 所示的窗口。选择虚拟网络类型为虚拟机网络，然后单击"Next"按钮继续。

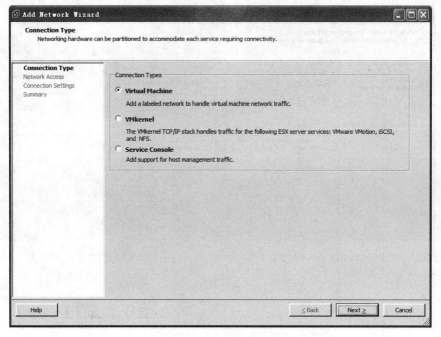

图 7-35 选择虚拟网络类型

选择创建虚拟交换机，如图 7-36 所示。单击"Next"按钮继续。

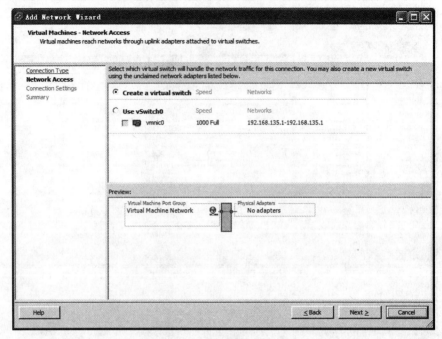

图 7-36　选择创建虚拟交换机

在图 7-37 所示的连接设置对话框中，为新建的虚拟网络起一个名字，然后单击"Next"按钮继续。

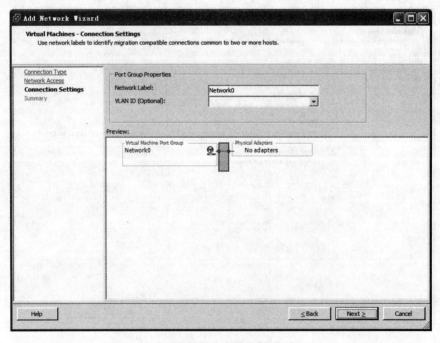

图 7-37　连接设置

在网络设置总结中回顾前面几步的设置信息，确认后单击"Finish"按钮，如图 7-38 所示。

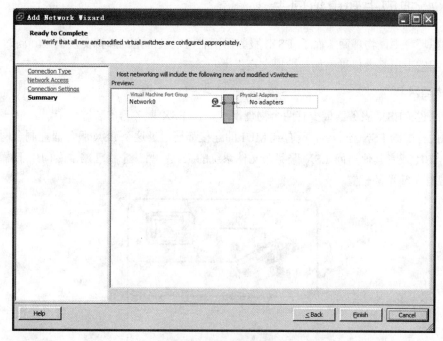

图 7-38　网络设置总结

最后，就可以在 VirtualCenter 的网络配置示意图中看到新创建的虚拟交换机了，如图 7-39 所示。

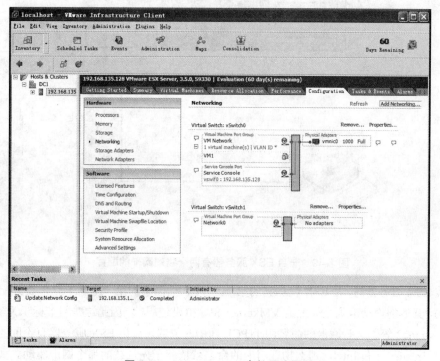

图 7-39　VritualCenter 中的网络配置

7.4.2 物理网卡和虚拟网卡

在虚拟环境中，物理网卡属于 ESX 服务器，它可以被绑定到虚拟交换机上。同时也有虚拟网卡，用它可以将虚拟机添加到虚拟交换机上。

1. 物理网卡

一般来说，ESX 服务器最少有两个物理网卡。在 ESX 服务器安装过程中，其中一个物理网卡会专门分配给 ESX 控制台，所有到 MUI 的连接都会通过这个 ESX 服务器控制台网卡，包括 SCP、SSH 或者其他访问 ESX 服务器文件系统的工具；另一个物理网卡专门用于虚拟机。图 7-40 描绘了简单的配置。

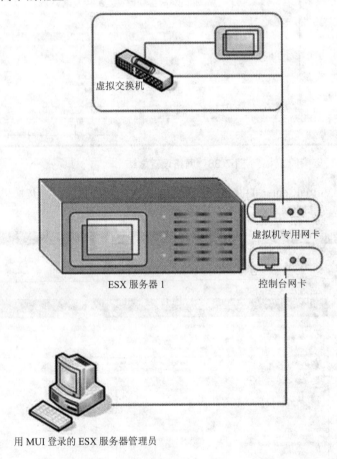

图 7-40　一台 ESX 服务器有两个物理网卡的配置

安装 ESX 服务器时，在 ESX 检测到的第一个 PCI 插槽中的第一个网卡就是要分配给 ESX 控制台的，其他物理网卡则是分配给 VMkernel 和虚拟机使用的，因此这些网卡标识为 vmnic0、vmnic1、vmnic2 等。这些网卡的命名源于 PCI 插槽的位置。如果 ESX 服务器有不同的物理网卡，例如 Broadcom 和 Intel，那么物理网卡的命名就依赖于先加载的那个网卡驱动。如果有多端口卡，还可以这样编号：

一个单端口网卡可以命名为 bus1. slot.1 function1，一个双端口网卡可以命名为 bus1.slot1. functio n0、bus1.slot1.function1。

多端口卡有同样的 bus 和 slot 号码，函数描述也可以依号码改变。要检测物理网卡中某一个的名字，在 ESX 服务器的命令行下输入：cat /etc/vmware/devnames.conf。

输出结果如图 7-41 所示，在这个文件中列出的就是物理网卡的名字。上述例子中，ESX 服务器有 8 个物理网卡。

```
007:04.1        nic       vmnic0
007:06.0        nic       vmnic1
007:06.1        nic       vmnic2
010:01.0        nic       vmnic3
010:01.1        nic       vmnic4
011:04.0        nic       vmnic5
011:04.1        nic       vmnic6
011:06.0        nic       vmnic7
```

图 7-41 物理网卡的名字

除了可以列出所有物理网卡的名字外，还可以对这些网卡上设定的速度进行调整。要想调整，首先要登录 VirtualCenter，进入虚拟交换机设置窗口，然后选择"Network Adapters"选项卡，如图 7-42 所示。

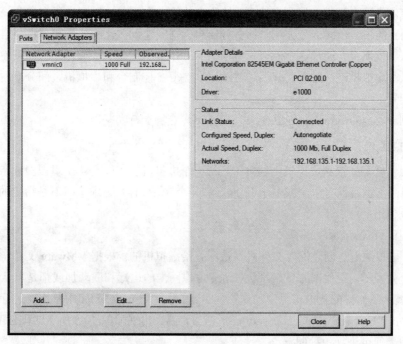

图 7-42 选择"Network Adapters"选项卡

在窗口的左边可以看到网卡列表。单击"Edit"按钮，对其中一个物理网卡进行编辑后，这个网卡的性能参数就会在新的窗口中显示出来。在这里，可以修改网卡的速度，如图 7-43 所示。

设定好速度后，单击"OK"按钮保存修改。根据 VMware 文档，需要重启以后这些修改才会生效。

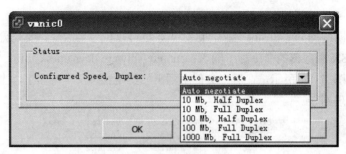

图 7-43　修改网卡的速度

 注意：

强行设置物理网卡是一个很好的练习。确保这些网卡插入了一个可管理的交换机，这样可以将交换机端口和物理网卡设置成同样速度。

2．服务控制台网卡

服务控制台网卡是安装过程中 ESX 检测到的第一个网卡。检测进程在安装一开始就会运行，它检测到的第一个网卡被分配给服务控制台。强烈建议在此确认最起码将一个物理网卡单独配置到服务控制台。通过这个网卡，可以访问 ESX、运行备份代理，并且如果使用了虚拟中心，还可以对虚拟机进行管理。有多种方法可以在服务控制台和虚拟机之间分享网卡，但是不建议如此配置。

可以到 www.vmware.com/pdf/esx_io_guide.pdf 查看支持哪些网卡。

3．虚拟网卡

虚拟网卡就是配置到虚拟机上的网卡，每一个虚拟机上可以有 4 个虚拟网卡。跟物理网卡一样，虚拟网卡也可以有一个或多个 IP 地址和一个 MAC 地址。虚拟网卡是指定的，有两种网卡驱动可以使用：

vlance 和 vmxnet。

vlance 虚拟网卡是创建配置文件时默认配置给虚拟机的。根据 VMware 文档，这些网卡总共需要多个处理器，提供的带宽较窄。vlance 虚拟网卡的运行和驱动加载都是默认的。图 7-44 和图 7-45 演示了如何配置虚拟机中的虚拟网卡。首先在 VirtualCenter 中单击要进行配置的虚拟机，然后单击"Edit virtual machine settings"链接，就会出现如图 7-45 所示的硬件配置对话框，单击虚拟网卡便可进行各种配置。

熟悉虚拟机的配置文件也很有用，可以更好地理解并解决虚拟机上的各种问题，并进一步创建高级虚拟机配置文件。

另一个虚拟网卡驱动是 vmxnet。vmxnet 虚拟机有更高级的网络驱动，尤其是在虚拟交换机绑定千兆以太网物理网卡后，与其联合使用，可以比 vlance 有更好的带宽（见图 7-46）。

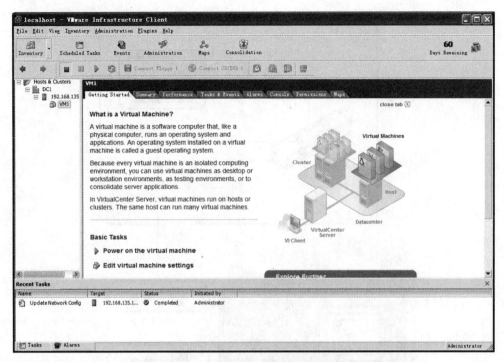

图 7-44　VirtualCenter 中的虚拟机配置

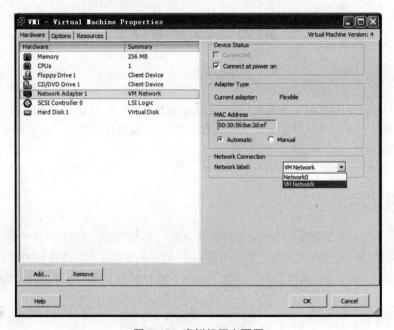

图 7-45　虚拟机网卡配置

图 7-46 描绘了一个虚拟机带有一个单独的 vmxnet 虚拟网卡配置。虚拟网卡插入一个虚拟交换机上,这个虚拟交换机绑定了一个 ESX 服务器 1 上的物理千兆以太网适配器。

只有在虚拟机上安装了 VMware 工具,vmxnet 虚拟交换机才能够使用。

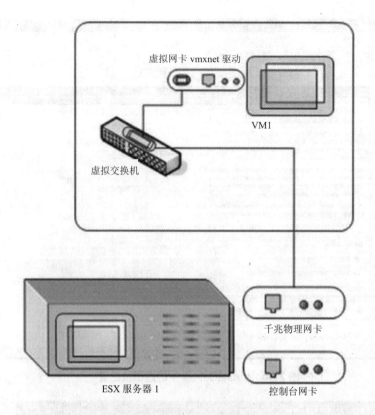

虚拟网卡 vmxnet 驱动

VM1

虚拟交换机

千兆物理网卡

ESX 服务器 1

控制台网卡

图 7-46   vmxnet 虚拟网卡配置

注意：

将一个 vlance 虚拟交换机转变成一个 vmxnet 虚拟交换机，就像从一台机器上物理地移除一个网卡，用另一个代替一样。如果虚拟机有固定 IP 地址的信息设置，就需要重新申请所有的 IP 地址使用权限。

7.4.3   绑定网卡

前面已经说过，为了增强性能或者保持负载平衡，可以一起绑定两个物理网卡。这就相当于一个网络传输通道。它允许将最少 2 个、最多 10 个物理网卡绑定到一个单独的逻辑网卡上。虽然可以混合绑定，但是建议都绑定统一的物理网卡。图 7-47 所示为三个物理网卡的绑定情形。

注意：

图 7-47 中的 Bond0 是由虚拟交换机连接起来的，因此 VM1 的通信与绑定网卡之间互不相干，也就无须额外的相应网卡驱动了。ESX 服务器控制物理绑定并提供一个虚拟接口，例如图 7-47 中的 Band0 到虚拟机。

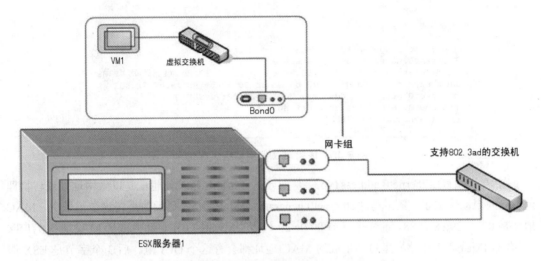

图 7-47   三个物理网卡的绑定情形

网卡的绑定可以提供误差容错。如果绑定的物理网卡中某一个出现故障或者未插入，这个错误会被 ESX 服务器检测到，然后网络通信就会被重定向到正常运行的网卡上。这就是通过预防单点失败来提供误差容错。

绑定还可以提供负载平衡。ESX 可以自动控制输出网络的负载平衡。图 7-47 中输入通信是由 802.3ad 支持开关控制的，这个开关 ESX 服务器没有控制权。

关于绑定的更多信息，可以阅读 VMware 白皮书：www.vmware.com/pdf/esx2_NIC_Teaming.pdf。

 注意：

要使绑定网卡在物理网络中正常运行，需要支持 IEEE 802.3ad 的物理交换机。

7.4.4   MAC 地址

读者可能已经知道，每一个物理网卡都有一个唯一的 MAC 地址，这是厂商在售出之前烧录到网卡上的。但是可能不知道每一个虚拟网卡也有一个唯一的 MAC 地址，不过虚拟网卡的 MAC 地址在必要的情况下可以手动修改。

1. MAC 地址概述

MAC 地址是一个 6 字节十六进制的数字，看起来就像 00:09:6B:BF:6D:31 这样。前 3 个字节是网络适配器制造商的专用 Vendor ID，称作 OUI。在这个 MAC 地址例子中，OUI 就是 00:09:6B，这代表 IBM。

尽管 VMware 不制造物理网络适配器，但是它可以提供一个虚拟的。因此，VMware 也有自己的 OUI，事实上，它有两个，第一个 VMware OUI 是用来自动生成 MAC 地址的，大部分情况下这些地址也是虚拟机要用的 MAC 地址；第二个 VMware OUI 用以手动设置 MAC 地址。

使用 vi 浏览虚拟机配置文件，如图 7-48 所示。

```
floppy0.fileType = "file"

ide0:0.startConnected = "TRUE"
Ethernet0.addressType = "generated"
uuid.location = "56 4d 08 50 15 ba b5 cb-98 52 ba 9d fa c8 7f 88"
uuid.bios = "56 4d 08 50 15 ba b5 cb-98 52 ba 9d fa c8 7f 88"
ethernet0.generatedAddress = "00:0c:29:c8:7f:88"
ethernet0.generatedAddressOffset = "0"
tools.syncTime = "FALSE"
```

图 7-48 使用 vi 浏览虚拟机配置文件

图中第 3 行"Ethernet0.addressType ="显示的是 MAC 地址，也就是以太网地址或者物理地址已经自动生成了。第 6 行"ethernet0.generatedAddress = "显示的是在这个例子中，MAC地址是 00:0c:29:c8:7f:88。前 3 个字节 00:0c:29 代表 VMware OUI 自动生成了 MAC 地址。ESX（还有 GSX 或者工作站）里自动生成的 MAC 地址都会有这个 OUI 值。后 3 个字节是 ESX 服务器使用特殊的算法生成的 MAC 地址。

 配置和工具——VMware 的 MAC 地址生成器算法

这部分内容是从 ESX 服务器管理手册里摘录的，介绍了 MAC 地址生成器的 VMware 算法是如何工作的。

"我们使用 VMware UUID 生成 MAC 地址，然后检测是否有冲突。如果有冲突，就加一个偏移量，再次检测，直到没有冲突为止。

MAC 地址生成以后，就不再改变了，除非虚拟机被移动到别的地方，比如同一台服务器上的不同路径下或者不同的 ESX 服务器机器。MAC 地址被保存在虚拟机的一个配置文件中。

对于一个物理机器上正在运行的以及已经被终止的虚拟机的那些网络适配器，其上所配置的 MAC 地址 ESX 服务器都会持续跟踪。ESX 服务器会确保所有这些虚拟机的虚拟网络适配器都会分配到独一无二的 MAC 地址。

已经关机的虚拟机的 MAC 地址不在检测之列。由于这个虚拟机关机的时候，再次开机会有冲突，因此，有可能这个虚拟机重新开机以后会分配到一个不同的 MAC 地址，不过这种情况不一定会真的发生。"

2．手动设置 MAC 地址

由于地址冲突或者你想练习一下（如果是进行练习，建议在测试环境下进行），有时候会需要手动设置虚拟 NIC 的 MAC 地址。手动设置 MAC 地址，首先要知道 VMware 的第二个 OUI，就是 00:55:56，其次还要知道后 3 个字节的可变范围。

十六进制以 0 开始，以 F 结束，因此任何十六进制值的变化范围都在 0～9、a～f 之中，与我们平时使用的十进制不同，有了 16 种可能性。

地址必须以 OUI 值开始，也就是要设置的 MAC 地址是 00:55:56:xx:yy:zz，xx.yy.zz 是后 3位，这 3 位可以从 00.00.00 变到 3f:ff:ff。这样，一个手动设置的 MAC 地址就在00:55:56:00:00:00～00:55:56:3f:ff:ff 范围内变化。后 3 位中的第一位，也就是 xx 部分，不能超出 3f。3f 以上的部分是预留给 VMware GSX 和 Vmware Workstation 的。下面是一些手动设置的可能的 MAC 地址。

00:55:56:01:00:ff

00:55:56:0a:bb:01

00:55:56:3e:ff:f9

如果要进行手动设置，建议尝试从 MAC 地址范围内选出一个点，例如 00:55:56:01:a1:zz，只增大最后一位的值，直到找出一个可用的。在这个例子里就是 ff，这样最终可以有 256 个 MAC 地址。记录下 MAC 地址范围以及接收的虚拟机，这在有多个虚拟机的情况下可以帮助分配不变的 MAC 地址。如果有多个 ESX 服务器，就需要有多个 MAC 地址范围，例如：

ESX Server 1 = 00:55:56:01:a1:zz

ESX Server 2 = 00:55:56:02:a2:zz

ESX Server 3 = 00:55:56:03:a3:zz

知道了如何手动设置 MAC 地址，还需要知道在哪里进行设置。

用 vi 打开虚拟机配置文件，进入插入模式，需要对其中两行进行编辑。

在前面的例子里，首先要编辑 Ethernet0.addressType = "generated."，需要把"generated"改为"static"；其次要修改 ethernet0.generateAddress = "00:0c:29:c8:7f:88"，MAC 地址从 00:0c:29:c8:7f:88 变为 00:55:56:01:a1:01。保存修改后的配置文件，再次用 vi 打开这个文件，应能看到如图 7-49 所示的变化。

```
ide0:0.startConnected = "TRUE"
Ethernet0.addressType = "static"
uuid.location = "56 4d 0e d8 35 1a a9 61-61 92 36 e9 21 38 cc ca"
uuid.bios = "56 4d 0e d8 35 1a a9 61-61 92 36 e9 21 38 cc ca"
ethernet0.generatedAddress = "00:55:56:01:a1:01"
ethernet0.generatedAddressOffset = "0"
tools.syncTime = "FALSE"
~
```

图 7-49　配置文件的变化

ESX 服务器不支持随机 MAC 地址，因此遵照这个 MAC 地址协议非常重要。按照这个协议进行配置，可以确保不会有 MAC 地址冲突发生。

7.4.5　端口组和 VLAN

配置虚拟交换机时，还可以配置端口组。那么，什么是端口组？

端口组其实就是 VLAN。而 VLAN 就是虚拟本地局域网络，由 IEEE 802.1Q 标准定义。

VLAN 是 LAN 上的一组网络设备，如果它们在同一个 LAN 段和广播域，就可以对其配置进行通信。不过，实际上它们可以自通地分散或者连接到很多不同的 LAN 段，这可以通过 VLAN 标记来实现。VLAN 标记的基础，可以是交换机端口、MAC 地址、协议或者策略。VLAN 标记会插入以太网报文中源和目标地址后面，显示为附加的 4 字节。

关于 802.1Q 和 VLAN 标记的更多信息，见 http://standards.ieee.org/getieee802/download/802.1Q-2003.pdf。在用户类型下拉菜单中，选择系统管理员，单击 "ACCEPT/BEGIN DOWNLOAD" 按钮，如图 7-50 所示。

在 ESX 服务器中，VLAN 有 3 个选项。

● 外部交换机标记（EST）。

● 虚拟交换机标记（VST）。

● 虚拟用户标记（VGT）。

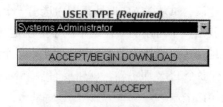

图 7-50 用户类型下拉菜单

外部交换机标记（EST）模式只依赖物理交换机的网络通信进行标记，如图 7-51 所示。所有的通信都要通过 ESX 服务器的物理网卡进行，这些网卡连接在一个物理交换机端口上，对输入的通信做 VLAN 标记，输出的通信去掉标记。当然这种方法也有它的限制性，因为是基于交换机端口的，所以 ESX 服务器可以支持的 VLAN 的数量会受 ESX 服务器上的物理网卡的数量限制。

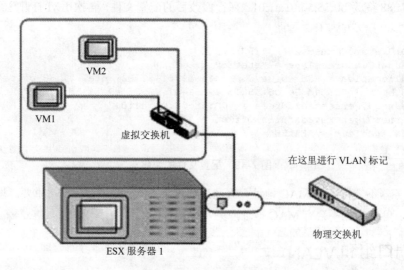

图 7-51 外部交换机标记

在图 7-51 中，虚拟机只有一个物理网卡，因此只有一个 VLAN。所有版本的 ESX 服务器都支持 EST。

虚拟交换机标记（VST）模式是 VMware 的建议配置，这种模式在使用端口组的时候会用到，在虚拟交换机上配置一个端口组，然后将虚拟机的虚拟网络适配器分配到端口组。如图 7-52 所示是基本的 VST 配置。

图 7-52 描绘了两个端口组：VLAN10 和 VLAN11。这两个端口组都被分配给同一个虚拟交换机，这个虚拟交换机是绑定在 ESX 服务器的一个物理网卡上的。物理网卡插在一个物理交换机端口里，所有必要的交换机通路和 802.1Q 的支持都必须建立在交换机内部。

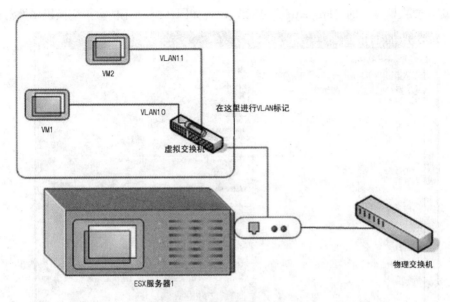

图 7-52　基本的 VST 配置

VLAN10 和 VLAN11 都是端口组标记，配置虚拟机时可以从端口组列表中选择。下面是创建一个端口组并将端口组分配给虚拟机的详细步骤。

首先打开 VirtualCenter，然后单击"Networking"，网络配置如图 7-53 所示。

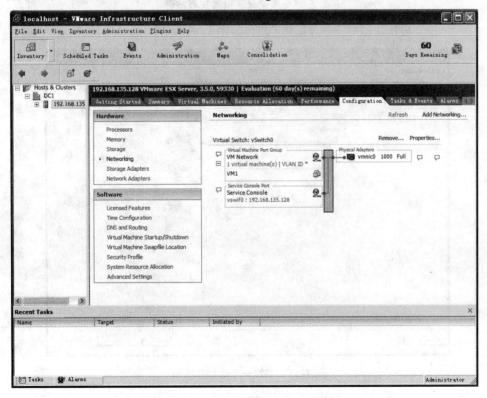

图 7-53　VritualCenter 中的网络配置

单击虚拟交换机旁边的"Properties"链接,出现如图7-54所示的虚拟交换机属性对话框。

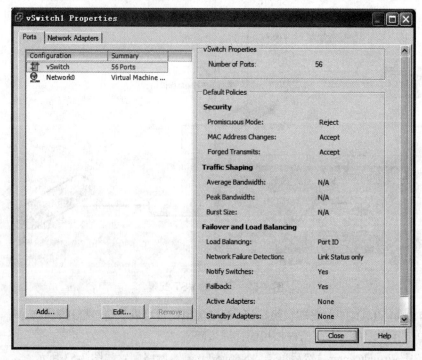

图 7-54　虚拟交换机属性对话框

单击"Add"按钮,添加一个虚拟交换机,如图7-55所示。

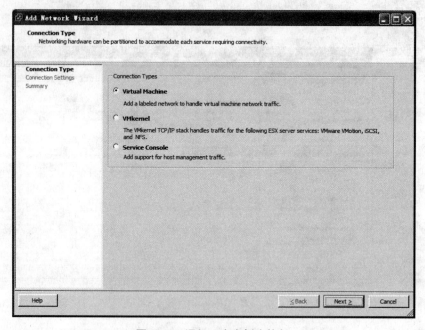

图 7-55　添加一个虚拟交换机

单击"Next"按钮,会显示一个创建端口组窗口,参数都是默认值,如图7-56所示。

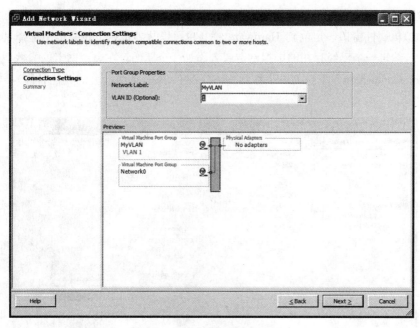

图 7-56　创建一个端口组

MyVLAN 是默认设置的，可以根据自己的需要修改。这个名字是 ESX 服务器专有的，会被分配给虚拟机。

VLAN ID 默认设置为 1，这个参数是一个原始参数，如果可能尽量不要使用。可以问问网络管理员，原始的 VLAN 是什么？避免使用这个参数，修改 VLAN ID。

单击"Next"按钮，完成交换机配置，如图 7-57 所示。

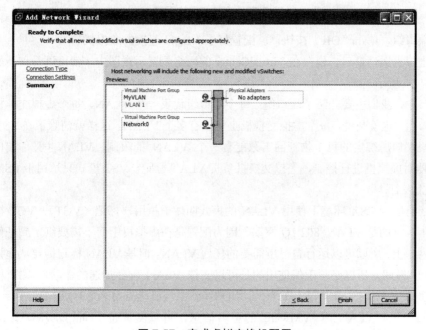

图 7-57　完成虚拟交换机配置

但是现在还没有为它配置好虚拟机。下面要配置一个虚拟机指向端口组。

打开虚拟机属性窗口，定位到 Hardware 栏（也可以从虚拟机下拉菜单中选择"Configure Hardware"），编辑一个已经存在的虚拟网卡或者添加一个新的。在虚拟网卡的参数栏里，可以在"Network Connection"下拉列表中看到 MyVLAN（或者你所命名的其他名称），如图 7-58 所示。

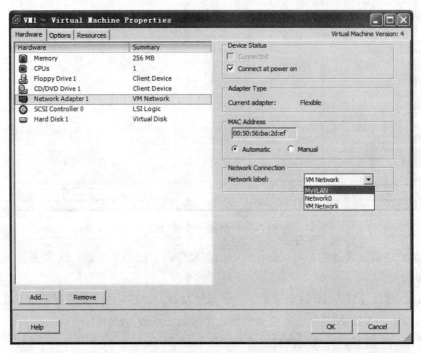

图 7-58　虚拟机网络配置

选好端口组，单击"OK"按钮，就配置好了 VLAN 连接的虚拟机。

关闭虚拟机属性窗口，现在在 VirtualCenter 的网络配置示意图中，就可以看到新的网络配置，如图 7-59 所示。

在本节中，我们主要介绍了端口组：每个端口组代表一个 VLAN，每个虚拟交换机上可以有多个端口组，也就是说，每个虚拟交换机上可以有多个 VLAN。这样就消除了在 EST 模式下物理交换机端口所绑定的每个物理网卡只能有一个 VLAN 的限制。VLAN（又称端口组）由 ESX 服务器对虚拟机进行控制，虚拟交换机负责 VLAN 标记。VST 模式只适用于 ESX 服务器 2.1.0 及以上发行。

最后还有一种 ESX 环境下使用 VLAN 的模式叫做虚拟用户标记（VGT）。VGT 模式要求在虚拟机上运行的是 VLAN 802.1Q 驱动。因为配置是在虚拟机中而不需要绑定到任何交换机或者物理网卡上，所以可以运行自己所需要的任何 VLAN。但是 VLAN 标记需要从虚拟机消耗额外的 CPU 时间，所以必须确保使用的是可以支持 VLAN 硬件加速的驱动。VGT 模式要求 ESX 服务器版本在 2.1.1 及其以上，当然，用户操作系统必须支持 802.1Q 驱动。

关于端口组、VLAN 和 VMware 的更多信息，可以阅读位于 http://www.vmware.com/resources/techresources/的白皮书。

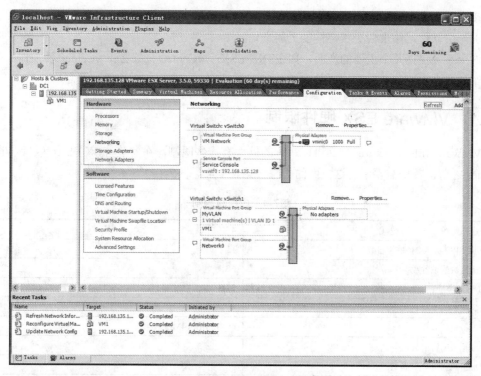

图 7-59　新的网络配置

总结

　　VMware 在网络方面有很强的灵活性。VMnet 为同一台 ESX 服务器上的虚拟机之间提供了网络通信服务，使用 VMnic 时，可以为网络访问服务提供更加安全高效的方案，允许管理员非常容易地管理上至网络配置下至 MAC 地址定制等方方面面。虚拟网络是另一个与虚拟环境相关的很重要的组件。

7.5 ─ 企业级应用——安装虚拟机软件 ESX

　　VMware Infrastructure 3 是当今最流行的虚拟化平台，这个平台经过测试可以应用于小服务器提供小的本地化安装，也可以用于大型企业的大规模服务器上。它具有耐用性和可扩展性，易管理并且可塑性强，并且它占用空间少，速度快。这意味着与其他需要大量资源的虚拟化软件相比，它运行时会分得更多的处理器和其他资源。

　　VMware Infrastructure 3 不像我们熟悉的那些虚拟化产品，例如该公司著名的 VMware 服务器，这个产品不需要任何操作系统，大部分的虚拟化平台是以 Linux/UNIX、Mac OS X 或者 Windows 平台为基础的，在这些操作系统上安装产品，并在此基础上分配资源。一个开发者要在安装了 Linux 系统的笔记本电脑上运行一个 Windows 的拷贝，通常都是使用一个类似于 VMware 服务器、Xen 或者 VirtualBox 这样的产品去实现。而 VMware Infrastructure 3 则设计成了直接在硬盘上安装，就像一般的操作系统那样。这样的设计使得硬件和虚拟安装之间不需要再添加一层软件，结果会更快，性能更加平稳。

这个平台包括几个主要的产品，如 ESX、ESXi、vCenter 服务器和 vCenter 转换器。本节将介绍这几个重要部分。

7.5.1　VMware ESX 硬件限制

VMware Infrastructure 产品可以运行的硬件有一些限制，在安装 ESX/ESXi 或者 Virtual vCenter 之前，首先需要了解这方面的信息（见表 7-4 至表 7-15）。

表 7-4　虚拟机限制

每个虚拟机的 SCSI 控制器数	4
每个 SCSI 控制器支持的设备数	15
每个虚拟机的设备数	60
SCSI 磁盘容量	2TB
每个虚拟机的虚拟 CPU 数	4
每个虚拟机的内存	65532MB（4MB～64GB）
每个虚拟机的网卡数	4
每个虚拟机的 IDE 设备数	4
每个虚拟机的软驱数	2
每个虚拟机的并行接口数	3
每个虚拟机的串口数	4
每个虚拟机的交换文件大小	65532MB
每个虚拟机的 PCI 设备数	6
连接到每个虚拟机的控制台数	10

表 7-5　ESX 存储限制

VMFS 块尺寸（MB）	8
I/O 操作最大单位	32MB
Raw 设备尺寸	2TB
共享 VMFS 的主机数	32
每个集群中的主机数	32
每个服务器上配置的 VMFS 数	256
每个 VMFS 上的 Extent 数	32
HBA（Host Bus Adapter）数	16
每个 HBA 挂载设备数（iSCSI HBA）	15（64）

表 7-6　ESX VMFS2 限制

Extent 尺寸	2TB（100MB min）
卷尺寸	64TB
文件尺寸（block size = 1MB）	456GB

续表

文件尺寸（block size = 8MB）	3.5TB
文件尺寸（block size = 64MB）	28.5TB
文件尺寸（block size = 256MB）	64TB
每个卷上的文件数	256+（64 × 附加的 Extent 数）

表 7-7　ESX VMFS3 限制

Extent 尺寸	2TB
卷尺寸	64TB（2TB × 32 Extents）
卷尺寸（block size = 1MB）	～50TB
卷尺寸（block size = 2MB）	64TB
卷尺寸（block size = 4MB）	64TB
卷尺寸（block size = 8MB）	64TB
文件尺寸（block size = 1MB）	256GB
文件尺寸（block size = 2MB）	512GB
文件尺寸（block size = 4MB）	1TB
文件尺寸（block size = 8MB）	2TB
每个目录的文件数	～30 000
每个卷的目录数	～30 000
每个卷的文件数	～30 000

表 7-8　ESX Fiber Channel 限制

每个服务器的 LUN 数	256
LUN 尺寸	2TB
每个 LUN 的路径数	32
每个服务器的总路径数	1024
同时打开的 LUN 数	256
LUN ID 数	255

表 7-9　ESX NAS 限制

默认的 NAS 存储数	8
NAS 存储数限制	32

表 7-10　ESX iSCSI 限制

每个服务器的 LUN 数	256
每个服务器的 iSCSI initiator 数	2
每个服务器的 Target 数	64

表 7-11　ESX CPU 限制

每个服务器的虚拟 CPU 数	192
每个服务器的虚拟机数	170

每个服务器的逻辑超线程 CPU 数	32
每个服务器的处理器核心数	32
每个处理器核心上的虚拟 CPU 数	8

表 7-12　ESX 内存限制

每个服务器的内存容量	256GB
分配给控制台的默认内存容量	800MB

表 7-13　ESX 网络限制

物理 e100 网卡数	26
物理 e1000 网卡数	32
物理 Broadcom 网卡数	20
端口组数	512
绑定的一组网卡数	32
以太网端口数	32
每个虚拟交换机的虚拟网卡数	1016
虚拟交换机数	127
VLAN 数	4096

表 7-14　ESX 资源池限制

每个服务器的资源池数	512
每个资源池的子节点数	256
每个资源池的树结构深度	12
DRS 集群资源池的树结构深度	10
每个集群的资源池数	128

表 7-15　ESX VirtualCenter 限制

管理的虚拟机数	2000
每个 DRS 集群的主机数	32
每个 HA 集群的主机数	32
每个 VirtualCenter 服务器管理的主机数	200

7.5.2　VMware ESX 服务器概述

VMware ESX 服务器是其他所有虚拟化软件包的基础。它是一个管理程序，也是安装在硬件上的操作系统，可以使其上的所有软件与硬件进行交互，可以进行虚拟化。安装 VMware ESX 服务器实际上是安装了两个主要部件：VM 内核和服务控制台。

VM 内核是基础，其他所有的软件包都基于此，构成一个操作系统。对于类似于 Linux 的操作系统，这就相当于（基于）Linux 内核，不包括其他软件。

服务控制台是配置内核以及与内核交互的主要途径，它还可以供其上的主机虚拟操作系统使用。与人们所熟悉的 Linux 类似，服务控制台使用 GNU 工具，可以有效完成工作。

　　VMware 的 ESX 服务器设计只能在特殊的硬件上运行，并把那些不需要的驱动服务都去掉，因此减少了内核代码，剩下的是简化、高速的内核，其工具包也很小，不会有任何多余。与其他安装在标准操作系统上，并且不得不安装很多并不需要的应用驱动和部件的虚拟化技术相比，VMware 具有很大优势。VMware 不支持桌面相关的硬件，因此不能像安装了完整的操作系统那样进行操作，但是服务器所需要的所有服务都支持。这是一个设计非常简洁优美的操作系统，以尽可能小的尺寸架构在虚拟机和硬件之间。

7.5.3　VMware ESX 安装

　　如果你对安装 Linux、RedHat 特别版很熟悉，那么安装 ESX 就非常简单了。VMware 包含了这些发行版的默认安装程序，并做过一系列修正。

　　在开始安装 ESX 之前，需要登录下面的网站确认硬件的兼容性：

http://www.vmware.com/resources/compatibility/search.php?action=base&deviceCategory=server

ESX 服务器对硬件有如下需求。

● 最少两个以上处理器，可以从 1500MHz Intel Xeon 及以上、AMD Opteron（32 位）、1500MHz Intel ViiV 或者 AMD A64 x2 双核处理器中选择。要检查确认最新的规格。

● 内存最少 1GB。

● 一个以上以太网控制器（建议最少 4 个）。

● 直接的附加存储器或者网络附加存储器。

安装程序有如下两种模式。

● 图形模式，建议使用的安装模式。用一个鼠标和一个图形界面引导进行安装。我们将在下面的安装演示中使用这种安装模式。

● 文本模式，只用文本安装 ESX 的模式。这种安装模式一般是在图形安装模式中遇到鼠标或者显示问题时才会使用。

　　以 CDROM 引导后，会出现一个界面用于选择使用何种安装模式。按下回车键接受默认的图形安装模式。输入 esx text 就可以调用文本模式安装程序，如图 7-60 所示。

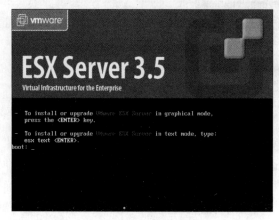

图 7-60　ESX 安装界面

安装程序开始加载，会出现一个界面，用于测试 CDROM 媒介的错误。如果想进行测试，则按 Tab 键切换到"Test"项；如果不需要测试，则选择"Skip"继续安装，如图 7-61 所示。

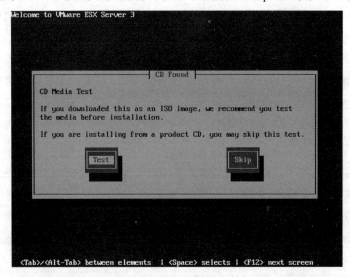

图 7-61　CDROM 媒介测试

随后会出现如图 7-62 所示的欢迎界面，直接单击"Next"按钮继续。

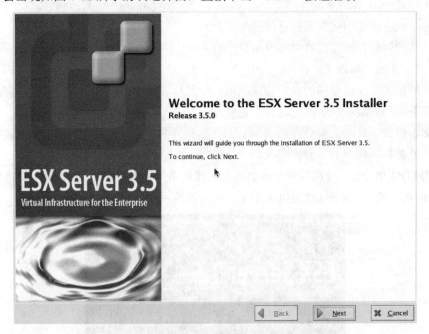

图 7-62　欢迎界面

进行键盘设置，如图 7-63 所示，可以选择默认的键盘设计，然后单击"Next"按钮继续。

接下来出现的是鼠标设置窗口，在这里可以选择 ESX 服务器的鼠标类型，如图 7-64 所示。接受默认设置即可，因为完成最初的安装以后，不会再用到鼠标。单击"Next"按钮继续。

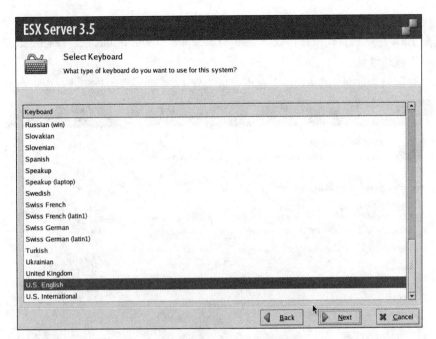

图 7-63　ESX 安装中的键盘设置

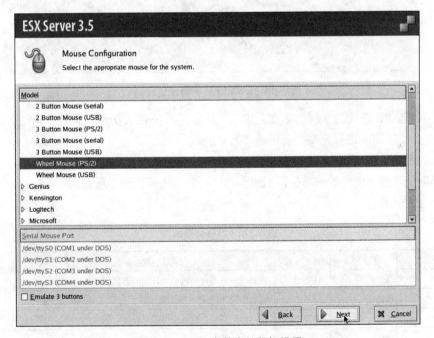

图 7-64　ESX 安装中的鼠标设置

现在，安装程序会搜索已经安装的 ESX 版本。同时，如果磁盘是初次使用，安装程序也会给出一个初始化空闲磁盘分区的警告。

● 安装：该选项将清除已有的所有安装版本、配置和数据，然后安装一个简洁的 ESX 版本。

● 更新：此选项可以用来更新已有的 ESX 服务器，但是不建议使用这个选项。使用虚拟中心内置的更新管理器会更安全。

接着是 ESX 注册协议，阅读协议，选择"I accept the terms of this license agreement"，然后单击"Next"按钮继续。

随后是分区设置（见图 7-65），在这里可以设置 ESX 服务器的分区。有如下两种选项。

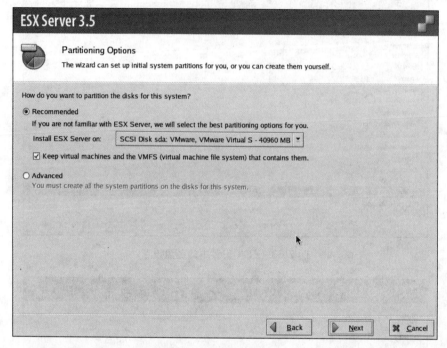

图 7-65　ESX 安装中的硬盘分区

- 推荐选项：在硬盘空间的基础上按照默认方式配置 ESX 分区。推荐使用这种方式，除非有特殊需求进行定制安装所需要的分区。
- 高级选项：在硬盘容量的基础上定制自己的分区设置和容量（见表 7-16）。

为了避免可能出现的数据丢失，初始化 ESX 安装前先确认已将所有的附加存储例如 Fiber、DAS 或者 iSCSI 移除。

表 7-16　硬盘分区容量

挂载点	类　型	容　量	备　注
swap	swap	544MB	当物理内存不可用时，允许服务器控制台使用硬盘
/boot	ext3	100MB	存放 ESX 服务器内核引导文件。在 ESX Server 3.x 中是 GRUB
/	ext3	10GB*	保存操作系统、配置文件和第三方应用
/var	ext3	2GB*	存储 log 文件
（none）	vmkcore	100MB	保存 VM 内核的相关文件
/vmfs	vmfs	*	保存虚拟机 vdmk 文件

 注意：

- / 分区不应小于 5GB。为了安全起见，建议设置为 10GB。

- /var 分区不应低于 500MB，我们认为 2GB 更安全。
- /vmfs 分区无须在本地硬盘配置，除非没有任何 SAN 附加存储。不过，若有一个本地 /vmfs 文件存储，则进行测试会比较方便。

选择 ESX 安装在哪个硬盘上，选择"Keep virtual machines and the VMFS (virtual machine file system) that contains them"。当在已有的 ESX 上进行安装时，这个选项可以用以保护已有的虚拟机及其数据。单击"Next"按钮，可以看到最终的硬盘分区情况。再单击"Next"按钮继续。

接下来出现的是引导加载窗口（见图 7-66），可以看到 ESX 服务器如何进行引导的选项。这里有 3 个选项。

- 从一个磁盘（安装在磁盘的 MBR 中）：选择第一个硬盘。这一点非常重要，如果有改变，要确保选择的是 BIOS 上列出的第一个硬盘。默认会进行检查，大多数 ESX 安装都会选择这个选项。
- 从一个分区：这个选项用于 BIOS 存储在 MBR 上的情况。
- 引导选项：可以输入特定的内核参数，加载到 ESX 服务器的启动选项中。

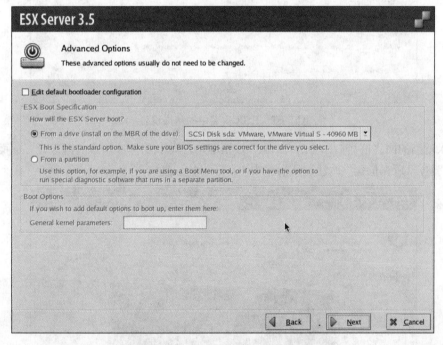

图 7-66　ESX 安装引导加载选项

如前所述，建议使用默认的引导加载设置。单击"Next"按钮继续。

安装中的网络设置部分可以定制 ESX 服务器使用的网络和地址类型（见图 7-67）。这个界面分为 4 个部分。

- 网络接口卡：ESX 管理网络使用的网络接口。一般习惯使用服务器上的第一个接口，这样当有大量物理主机需要管理的时候，比较容易记住每个主机使用哪个接口。
- 网络地址和主机名：可以用 DHCP 动态分配，但不建议这样使用，默认是用固定的 IP 地址。剩余的网络在必要的时候再填。

- VLAN 设置：可以确定 ESX 服务器是否在 VLAN 上。如果不确定，可以先咨询网络管理员。
- 为虚拟机创建一个默认网络：该选项默认打开，需要手动取消，否则虚拟机会被放置在与服务控制台/管理台同一个网络上。

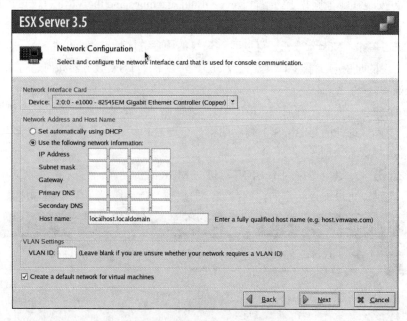

图 7-67　ESX 安装中的网络设置

输入适当的网络信息后，单击"Next"按钮继续。从如图 7-68 所示的时区设置界面中，选出 ESX 服务器所在位置的时区，然后单击"Next"按钮继续。

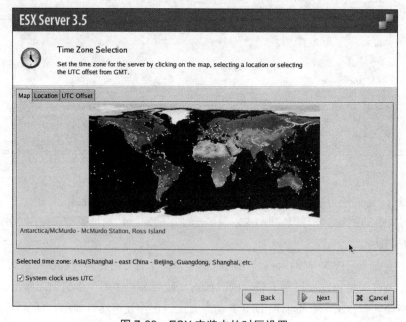

图 7-68　ESX 安装中的时区设置

随后会出现一个设置超级用户密码窗口，如图 7-69 所示。输入密码，并添加你需要用到的账户，单击"Next"按钮继续。

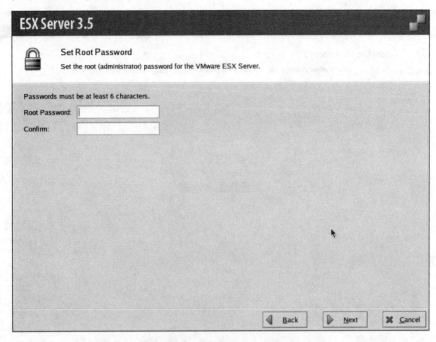

图 7-69　设置 root 用户密码

最后一个窗口是安装总结，如图 7-70 所示。这是最后一次机会，可以对你之前所做的安装设置进行修改，因此要仔细将所有安装细节看清楚。

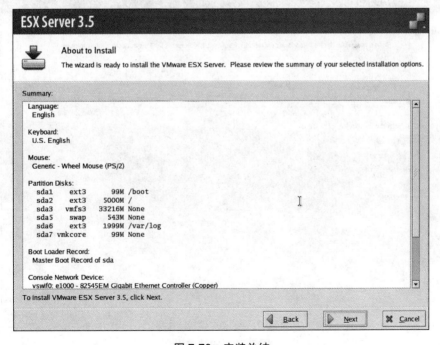

图 7-70　安装总结

所有设置都没有问题后，单击"Next"按钮开始安装，如图 7-71 所示。安装进程如图 7-72 所示。安装完成如图 7-73 所示。

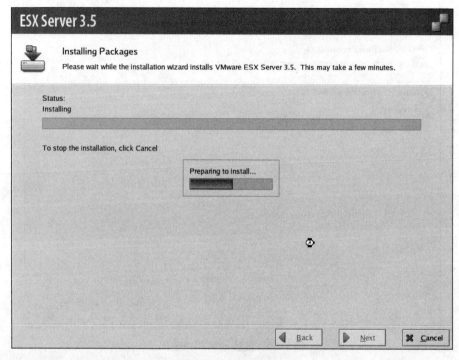

图 7-71　开始安装

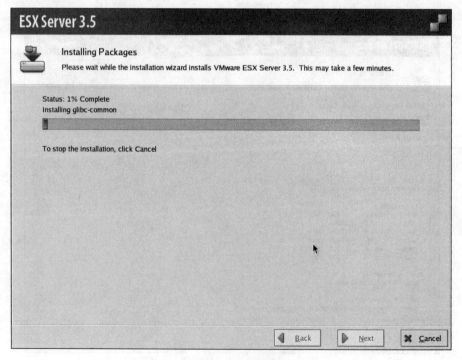

图 7-72　安装进程

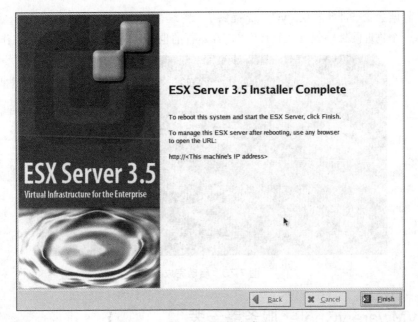

图 7-73　安装完成

单击"Finish"按钮，安装程序就会退出并重启机器，重启之后就会出现如图 7-74 所示的启动菜单。

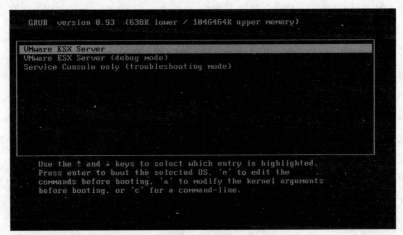

图 7-74　启动菜单

启动完成之后，会出现如图 7-75 所示的界面。

7.5.4　虚拟 vCenter 服务器概述

随着网络规模的增大，对每个服务器单独管理会变得越来越不方便，很多人希望自己能从重复性的程序和维护中解脱出来去做更有趣的事情。VMware vCenter 提供了一个本地化的中央管理系统来管理 VMware 网络上的所有虚拟机。VMware vCenter 需要专用的 Windows 服务器或者一个 Windows 虚拟机以及一个数据库（Oracle 或者微软 SQL 服务器）。安装并配置好以后，系统管理员的工作就会变得非常轻松。vCenter 提供了一个途径，可以轻松完成分配资源、管理用户、将虚拟机从一个物理硬件移到另一个上面（正在运行的也可以进行）、预留等很多工作。

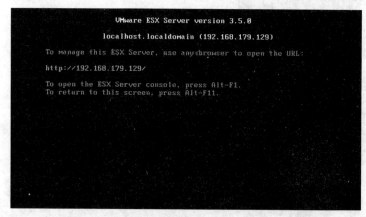

图 7-75　启动完成

7.5.5　VMware vCenter 服务器安装

VMware vCenter 服务器配置要求如下。

- Windows 2000 服务器 SP4 更新 Rollup1、Windows XP 专业版 SP2、Windows 2003 服务器 SP1 和 SP2（除 64 位之外的其他所有版本）或者 Windows 2003 服务器 R2。
- 2.0GHz 及以上 Intel 或者 AMD x86 处理器。
- 2GB 及以上内存。
- 最少 560MB 的硬盘空间（建议 2~4GB）。
- 10/100/1000M 以太网适配器（建议千兆）。

VMware vCenter 服务器数据库配置要求（选择之一）：

- 微软 SQL 服务器 2000 标准版 SP4。
- 微软 SQL 服务器 2000 商业版 SP4。
- 微软 SQL 服务器 2005 标准版 SP1 或 SP2。
- 微软 SQL 服务器 2005 商业版 SP1 或 SP2。
- Microsoft SQL Server 2005 Express SP2（不建议使用其产品）。
- Oracle 9i 发行版 2 标准版（服务器和客户端打 9.2.0.8.0 补丁）。
- Oracle 9i 发行版 2 商业版（服务器和客户端打 9.2.0.8.0 补丁）。
- Oracle 10g 标准发行版 1（10.1.0.3.0）。
- Oracle 10g 商业发行版 1（10.1.0.3.0）。
- Oracle 10g 标准发行版 2（10.2.0.1.0），先给服务器客户端打补丁 10.2.0.3.0，再打补丁 5699495。

如果要在与虚拟 vCenter 服务器一样的服务器上安装虚拟 vCenter 数据库，系统服务器的配置需求会更高一些。

可以从 http://vmware.com/download/vi/ 下载到 vCenter 服务器。

vCenter 服务器的安装非常简单。在安装过程中，会要求输入一些信息和进行重要配置。下面我们将对安装步骤进行介绍。

vCenter 服务器有多种下载方法。可以下载一个 ISO 镜像，将其烧录成 DVD；或者一个压缩文件，将其解压到所要安装 vCenter 服务器的地方。

① 一旦选好安装方式，不管是插入一张光盘运行 autorun.exe 开始安装，还是手动运行压缩文件中的 autorun.exe，都会出现类似图 7-76 所示的安装向导。单击"Next"按钮继续。

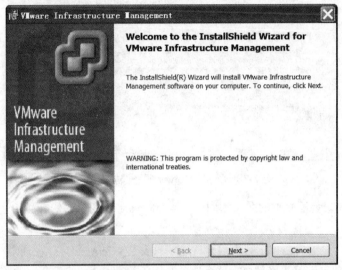

图 7-76　vCenter 服务器安装向导

② 介绍页面会告诉你 vCenter 服务器的优点，阅读后单击"Next"按钮继续。

③ 阅读注册协议后选择"I accept the terms in the license agreement."接受，然后单击"Next"按钮，继续。

④ 输入用户名和公司信息，如图 7-77 所示，然后单击"Next"按钮继续。

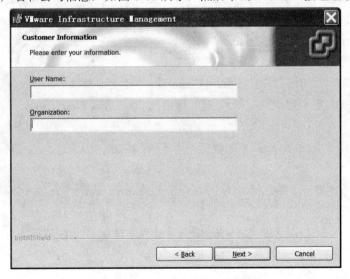

图 7-77　输入用户名和公司信息

⑤ 安装的基本部分都有了，接下来需要选择安装类型，如图 7-78 所示。

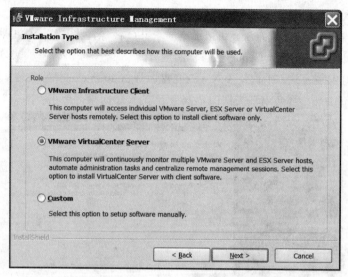

图 7-78　选择 vCenter 服务器安装类型

有 3 个选项（安装程序里的名字不同，虽然 VMware 改变了它们产品的名字，但是在安装程序中并未改变）。

- 安装 VI 客户端(vCenter 客户端)，该选项只安装 vCenter 客户端(通常叫做 VI 客户端)，不安装 vCenter 服务器部分。这个选项适用于管理 vCenter 服务器的管理桌面或者工作站。这部分是随下一个选项自动安装的。

- 安装虚拟中心服务器（vCenter 服务器），建议使用这个选项进行安装，包括 VI 客户端（vCenter 客户端）、虚拟中心服务器（vCenter 服务器）、更新管理器和虚拟中心服务器的 VMware 转换器商业版（vCenter 转换器和 vCenter 服务器）。

- 自定义安装，允许安装下述 4 部分中的任意部分：VI 客户端（vCenter 客户端）、虚拟中心服务器（vCenter 服务器）、更新管理器和虚拟中心服务器的 VMware 转换器商业版（vCenter 转换器和 vCenter 服务器）。

选择好安装类型后，单击"Next"按钮继续。

⑥ 选择数据库，如图 7-79 所示。vCenter 服务器支持微软 SQL 服务器 2005 Express（MSDE）、微软 SQL 服务器 2000、微软 SQL 服务器 2005 或者 Oracle 10g，参考安装需求使用正确的版本。

对于大规模的环境，VMware 不建议使用附带的 MSDE，因为这个产品只适用 5 个主机和 50 个虚拟机。

假定已经有数据库了，则选择"Use an existing database server"并填入数据库的必要信息，同时要注意下列几个方面。

- 在使用微软 SQL 服务器或者 Oracle 之前必须先建立 ODBC 连接。可以在窗口的控制面板中设置实现。

- DSN 必须是一个系统 DSN。

● 如果你使用的本地 SQL 服务器是 Windows NT 证书，要确保将用户名和密码部分保留空白；否则要输入用户名和密码。

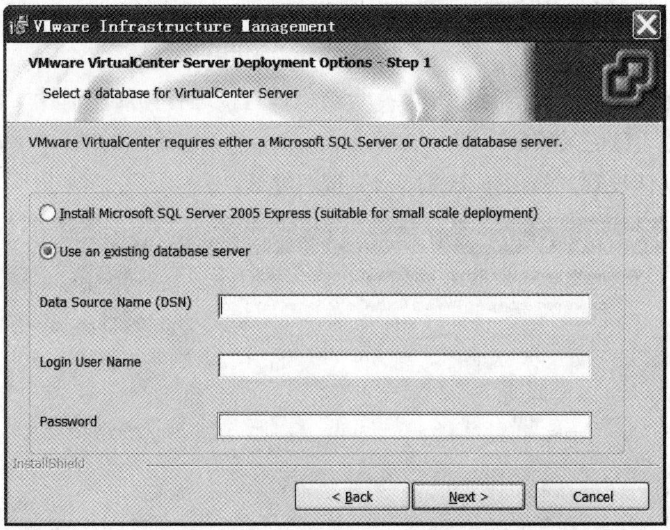

图 7-79 选择 vCenter 数据库

必要的信息都输入以后，单击"Next"按钮继续。

⑦ 选择许可服务器。这里有两个选项，如图 7-80 所示。如果想要以试用模式使用 vCenter 服务器 60 天，可以选择"I want to evaluate VirtualCenter Server"选项。这个选项会将产品完整安装，安装以后可以在需要的时候从试用模式转换成注册模式。

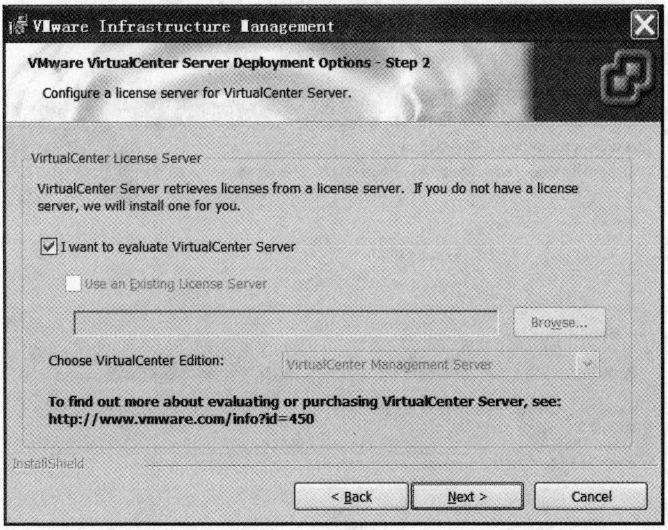

图 7-80 选择许可服务器

要使用许可文件，首先要取消选中试用模式检测选项，会出现默认路径 C:\Program Files\VMware\VMware License Server\Licenses\vmware.lic，在这里可以选择浏览许可文件，选好以后继续。

如果要使用许可服务器，就取消选中"Use an Existing License Server"选项，选择自己购买的 vCenter 服务器版本后单击"Next"按钮继续。如果是第一次安装 vCenter 服务器，许可服务器从未被安装过，则会立刻出现一个警告"Unable to connect to license server...",单击"OK"按钮继续安装即可。

如果选择自定义安装，就进行第 8 步；否则跳过直接进行第 9 步继续安装。

⑧ 如果选择了自定义安装，则可以修改 vCenter 服务器运行的端口，如图 7-81 所示。进行修改或者接受默认设置，然后单击"Next"按钮继续。

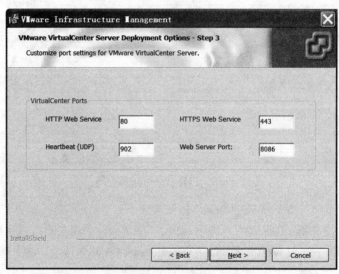

图 7-81 自定义安装界面——修改端口

⑨ 输入 vCenter 服务器组件的系统信息，如图 7-82 所示。

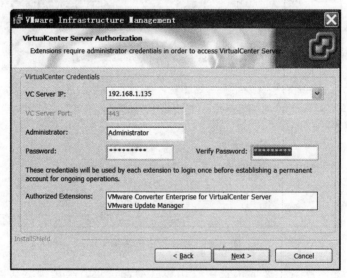

图 7-82 vCenter 安装认证信息

● VC 服务器 IP：安装 vCenter 服务器的系统 IP 地址或者域名。通常，IP 地址和域名都会出现在下拉菜单中。

- VC 服务器端口：该值只可在自定义安装中修改。
- 登录/密码：使用这组登录/密码可以登录 vCenter 服务器上的 Windows。

输入相应的信息之后，单击 "Next" 按钮继续。

如果选择了自定义安装，则进行第 10 步；否则跳过直接进行第 12 步继续安装。

⑩ 在自定义安装过程中，会要求输入 VMware 更新管理器的信息。可以使用与之前 vCenter 服务器所用一样的数据库，也可以使用一个独立的数据库，如图 7-83 所示。将所有选项按照自己需求设置好后，单击 "Next" 按钮继续。

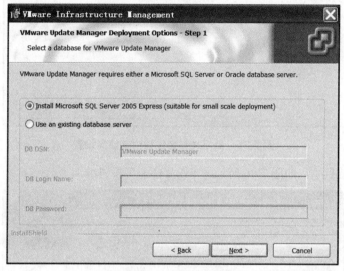

图 7-83　选择数据库

⑪ 在自定义安装过程中，配置好更新管理器后，会要求输入 vCenter 转换器的信息，如图 7-84 所示。

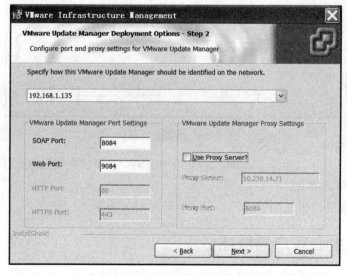

图 7-84　自定义安装更新管理器设置

输入端口和 IP 地址信息，或者接受默认设置，然后单击"Next"按钮继续。

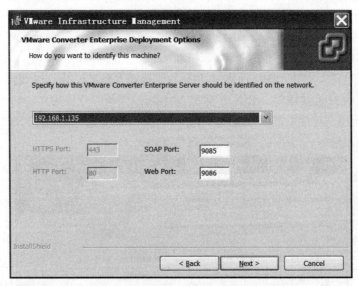

图 7-85　自定义安装过程中转换器设置

⑫ 选择安装目录，如图 7-86 所示。单击"Next"按钮继续。

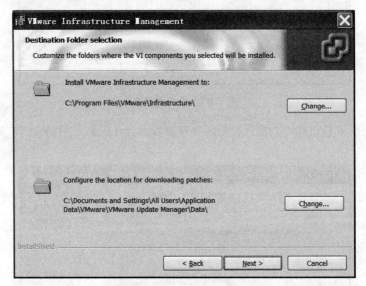

图 7-86　选择安装目录

⑬ 如图 7-87 所示，单击"Install"按钮开始安装，会将前面配置的所有组件安装好。如果系统中没有.NET，则会自动安装。

⑭ 安装完成后，单击"Finish"按钮开始配置 ESX 服务器。

7.5.6　虚拟中心客户端概述

虚拟中心客户端用于管理单个 ESX 主机并提供虚拟中心服务器的管理接口。VI 客户端提供了快速简便的图形界面，用于管理虚拟机并通过虚拟中心服务器对 ESX 主机进行维护。VI 客户端包含在虚拟中心服务器的下载文件中。

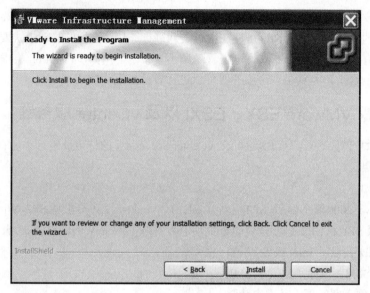

图 7-87　开始安装

7.5.7　虚拟中心客户端安装

虚拟中心客户端配置要求如下。

- VI 客户端要求下列 32 位操作系统之一。
  - ➢ Windows 2000 服务器版 SP4，更新 Rollup1。
  - ➢ Windows XP 专业版　SP2。
  - ➢ Windows 2003 服务器版 SP1 和 SP2。
  - ➢ Windows 2003 服务器版 R2。
  - ➢ Windows Vista 商业版。
  - ➢ Windows Vista 企业版。
- .NET 框架 2.0 安装版（包含在 VI 客户端安装器中）。
- 266MHz Intel 或者 AMD x86 处理器。
- 至少 256MB 内存（建议 2GB）。
- 150MB 存储空间用于基本安装。如果还需要在本地临时储存虚拟机的话，则需要更大的空间。
- 10/100/1000M 以太网适配器（建议千兆）。

vCenter 客户端通常都是和 vCenter 服务器一起安装的，但是也可以在其他机器上单独安装 vCenter 客户端，这需要到 https://youresxserver/client/VMware-viclient.exe 下载客户端安装程序。下载以后，运行应用程序，安装过程非常简单。

7.5.8　许可服务器概述

将许可证安装在各台机器上是可行的，但是随着网络规模的增加，用 VMware 许可服务器集中管理所有的许可证，并允许许可证在主机之间进行迁移，这样的管理模式要方便得多。同时，这样做还有一些优点是分布式许可证管理所不具备的，例如，VMotion 将虚拟机从一台物理主机移到另一台上，尤其是许可服务器可以进行资源分配（DRS）。

7.5.9　授权 VMware ESX、ESXi 以及 vCenter 服务器

下面讲述如何对 ESX 4.x、ESXi 4.x、vCenter Server 4.x 的许可证进行添加、分配、删除、取消分配以及更改。

配置要求如下。

- Windows 2000 服务器版 SP4 更新 Rollup1、Windows XP 专业版 SP2、Windows 2003 服务器版 SP1 和 SP2（除 64 位以外的所有发行版）或者 Windows 2003 服务器版 R2。
- 266MHz 及以上 Intel 或者 AMD x86 处理器。
- 至少 256MB 内存，建议 512MB。
- 25MB 硬盘空间用于基本安装。
- 10/100M 以太网适配器，建议千兆。

如果使用的是 VMware Infrastructure 安装程序，许可服务器会被自动安装。也可以在另一台服务器上安装许可服务器。要单独安装这一部分，需要进入安装盘上的\vpx 文件夹，运行 VMware-licenseserver.exe 文件就可以开始安装。安装程序运行以后，首先接受注册协议并单击"Next"按钮继续。然后会出现提示，询问是进入默认路径还是进行浏览修改，确认后单击"Install"按钮开始安装。最后，单击"Finish"按钮完成许可服务器的安装。

用户可以在 vSphere 4.x 目录下添加任意数量的许可证。要在 4.x 产品上分配许可证，用户可以在资产和许可证密钥之间创建一个关联。每个资产可以授权一个且只有一个许可证密钥，也可以在评估模式下使用。

 注意:

要执行这些步骤，用户的 vSphere 客户端必须连接到 vCenter 服务器上。

1. 添加许可证密钥

要添加许可证**密钥**，需进行以下操作。

① 登录到 vSphere 客户端，如图 7-88 所示。

② 单击"Home"（主页），在"Administration"（管理）部分，单击"Licensing"图标，如图 7-89 所示。

③ 单击"Manage vSphtre Licenses…"（管理 vSphere 许可证）链接，如图 7-90 所示。

④ 在"Enter new vSphere license keys"框中输入新的 vSphere 许可证密钥（每行一个），如图 7-91 所示。

图 7-88　vSphere 客户端界面

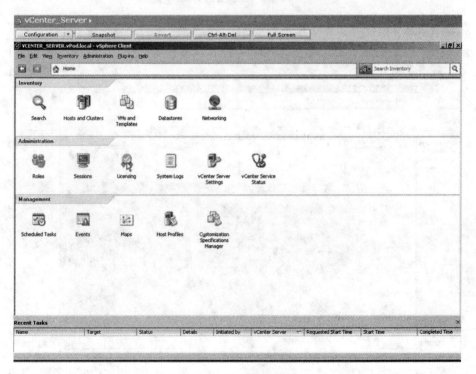

图 7-89　启动管理授权

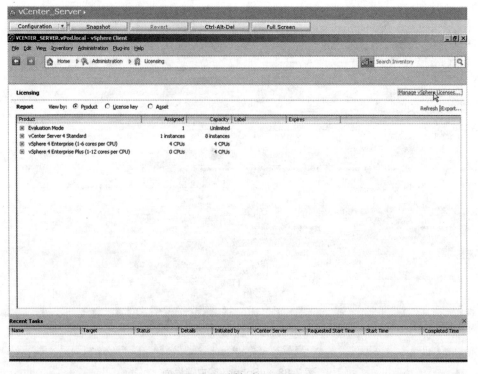

图 7-90　授权管理界面

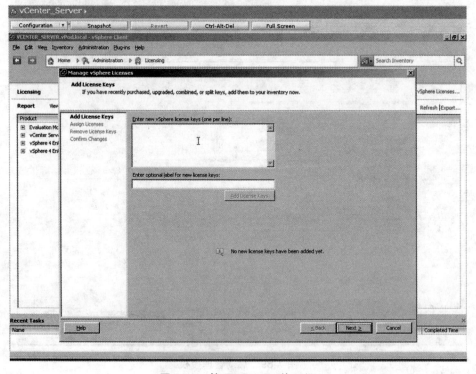

图 7-91　管理 vSphere 许可证

⑤ 输入必要的新的许可证密钥标签。

⑥ 单击"Add License Keys"（添加许可证密钥）按钮。单击此按钮后，用户可以查看添加的许可证密钥、容量计算、到期日期，以及与许可证密钥关联的标签。

⑦ 单击"Next"按钮，分配许可证密钥。

2. 分配许可证密钥

要在 vCenter 服务器或 ESX 主机上分配许可证密钥，需要进行以下操作。

① 登录到 vSphere 客户端。

② 单击"Home"（主页）。在"Administration"（管理）部分，单击"Licensing"图标。

③ 选择评估模式，展开列表，选择要许可的产品，如图 7-92 所示。

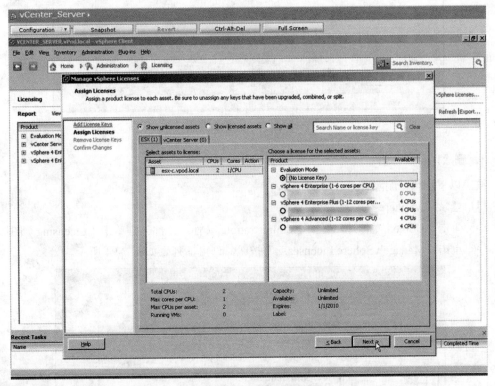

图 7-92　选择要许可的产品

④ 在产品上单击右键，选择"更改许可证密钥"选项。

⑤ 从管理许可证窗口的列表中分配一个密钥，如图 7-93 所示。

⑥ 单击"Next"按钮。

⑦ 确认许可的产品。

注：

将光标悬停在管理 vSphere 许可证窗口中的许可证密钥上，将显示一个关于所有资产信息的工具提示。

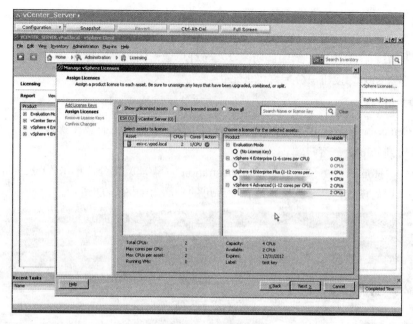

图 7-93　分配密钥

3. 删除许可证密钥

按照以下步骤，删除许可证密钥。

① 登录到 vSphere 客户端。

② 单击"Home"（主页），在"Administration"（管理）部分，单击"Licensing"图标。

③ 单击"Manage vSphere Licenses…"按钮，许可证列表如图 7-94 所示。

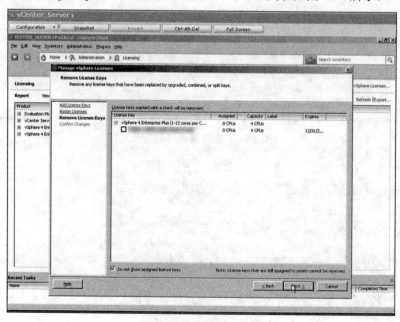

图 7-94　许可证列表

④ 单击"Next"按钮；

⑤ 单击"Next"按钮；

⑥ 选择要删除的许可证密钥，如图 7-95 所示。

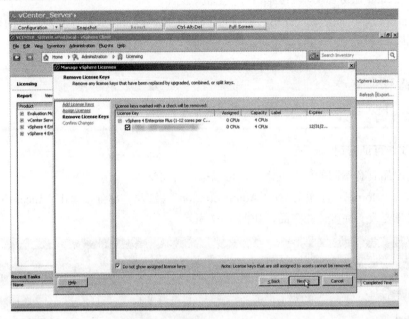

图 7-95　选择要删除的许可证密钥

⑦ 单击"Next"按钮，打开确认更改界面。在应用到库存之前，在确认更改界面上可以查看更改。

⑧ 单击"Finish"按钮，应用以上更改，完成删除，如图 7-96 所示。

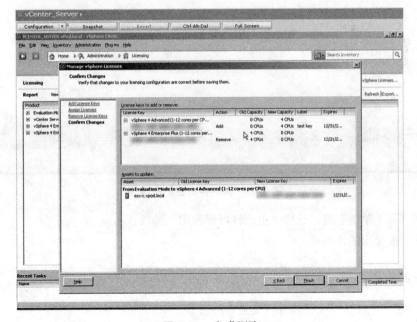

图 7-96　完成删除

257

4. 取消许可证密钥

要从 vSphere ESX 主机上取消许可证密钥，可选择下列操作之一。

- 从 vCenter 服务器清单中删除 ESX 主机。
- 添加新的许可证密钥，并用它再许可 ESX 主机，这将释放被分配到主机的初始许可证密钥。

 注:

已分配到 ESX 主机的许可证密钥不能从清单中删除。

5. 更改许可证密钥

要想使产品具有不同的许可证密钥，可以修改许可证。

① 单击"Home"（主页）。在"Administration"（管理）部分，单击"Licensing"图标。

② 展开要改变许可证的产品，如图 7-97 所示。

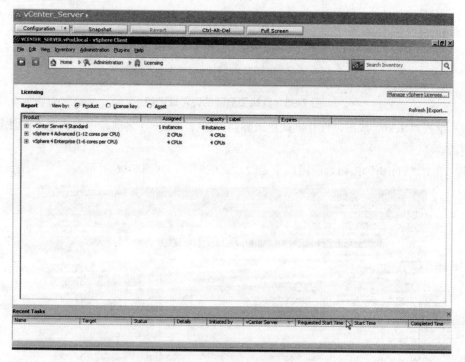

图 7-97　具有许可证的产品

③ 在产品上单击右键，选择"更改许可证密钥"选项。

④ 选择要使用的许可证。

 注:

在图 7-97 中，评估模式产品可以放置 60 天。

6. 许可 ESX/ESXi

要授权一个独立的 ESX 或 ESXi 4.x 版（vSphere 的虚拟机管理程序），需要以下几步。

① 用 vSphere 客户端登录到 ESX/ESXi 主机。

② 单击"配置"选项卡。

③ 单击软件下的"许可功能"。

④ 单击许可功能下的"编辑"。

⑤ 选择"Assign a new license key to this host"。

⑥ 按 Enter 键，输入许可证密钥。

⑦ 单击"确定"按钮。

7. 许可 vCenter 服务器

要许可 vCenter Server 4.x，需要进行以下操作。

① 登录到 vSphere 客户端。

② 在"Home"下的"Adminstration"（管理）部分，单击"vCenter Server Setting"图标。

③ 选择"Assign a new license key to this vCenter Server"，然后确定。

④ 为 vCenter 服务器输入许可证密钥，如果有必要，也输入标签。

⑤ 单击"Next"按钮，完成操作。

 注：

如果许可证密钥是免费版（vSphere 的虚拟机管理程序），那么用户不能在 vCenter 服务器上添加 ESX/ESXi 4.x 主机。

如果用户在 vCenter Server 4.0 上管理 ESX 3.x 主机，要确保选择"Reconfigure my ESX 3 hosts using license servers to use this server"，并在文本框中输入许可证服务器的 IP 地址。

8. 评估模式

在评估模式下，用户可以访问和使用 ESX 的所有功能。评估期为 60 天，要尽快启动 ESX。建议充分利用评估期，尽早决定是否使用评估模式。如果安装过程中没有输入 vSphere 许可证密钥，那么安装的 ESX 就是评估模式。

注意：

选择"Evaluation"选项启用评估模式，用户不会收到评估 vSphere 的许可证密钥。

小结

本章以向导的方式向读者介绍了虚拟化技术的入门知识，包括 VMware 软件的入门操作、VirtualCenter 转换器和 ESX 的基本知识。通过本章的学习，读者可以了解虚拟化技术的基本概念、操作和各种应用场景，对虚拟化技术如何在企业中应用有一个切身的体会。

08 企业虚拟化技术基础

从虚拟化 到云计算

> 读者可以从本章中了解到企业虚拟化技术的基本概念,并基于 VMware 软件平台,了解虚拟化技术的各种实际应用部署方法和技巧。本章内容主要包括虚拟机的创建、迁移、管理和虚拟化实用工具。

8.1 ● 创建虚拟机

8.1.1 直接创建新的虚拟机

按照下列步骤创建新的虚拟机。

① 如果使用的是 vCenter 服务器,请右键单击主机、资源库或集群并选择新的虚拟机选项,就会启动新建虚拟机向导。

② 在典型模式和自定义模式之间进行选择。这两种模式的大多数选项是相同的,只是自定义模式为虚拟机的虚拟磁盘配置提供了更多的选择;而典型模式只能选择虚拟磁盘的大小,区别仅此而已。自定义模式提供了以下附加选项。

● 选择 SCSI 适配器类型(BusLogic 或 LSI Logic)。LSI Logic 是 Linux 和 Windows XP/2003 中最常用的,BusLogic 多用于不使用 LSI Logic 驱动程序的较旧版本的操作系统中,如 Windows NT/2000。

● 选择使用现有的虚拟磁盘,使用原始设备映射(RDM),而不是创建虚拟磁盘,甚至可以完全不创建虚拟磁盘。(较早版本的 ESX 仍需创建虚拟磁盘)

● 为虚拟磁盘文件选择位置,这些文件可以存储在 VM 中,也可以放在不同的数据存储中。

● 选择虚拟设备节点。这是磁盘的 SCSI ID,它包含了控制器的数量和设备数量(例如,0:0)。

● 选择磁盘模式,可以选择磁盘是独立的,这意味着它不会包含在快照中;也可以选择磁盘是永久的或临时性的。建议使用永久磁盘，因为虚拟机一旦关机，临时性磁盘上的改变就会丢失。临时性磁盘对于公用设施、培训工作站和呼叫中心等很有用。

③　选择好向导类型后，单击"Next"按钮，设置虚拟机的名字和位置，如图 8-1 所示。设置的名字用于创建虚拟机的目录，该目录中的大部分文件将使用这个名字加不同的文件扩展名（例如，VM1.vmx、VM1.vswp）。这个名字纯粹用于 ESX，在客户端操作系统中不必使用相同的名字（建议采用不同的名字以避免混淆）。在名字中最好不要使用空格，否则编写某些自动处理脚本的时候需要格外注意这种情况。此处设置的位置就是存储虚拟机的文件夹所在位置，以后可以随时将虚拟机移动到不同的文件夹中。设置好名字和位置后，单击"Next"按钮。

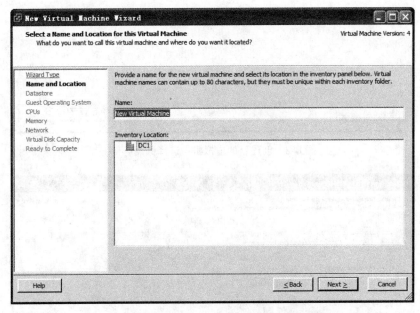

图 8-1　创建新的虚拟机：设置虚拟机的名字和位置

④　如果已有一个配置好的资源池，则会提示给虚拟机选择一个资源池。选择主机服务器（root）或子资源池中的一个，然后单击"Next"按钮。

⑤　选择数据存储，用来存储配置虚拟机的各种文件，如图 8-2 所示，然后单击"Next"按钮。如果第 2 步选择了自定义模式，那么这一步是指定 VMX 文件和其他源数据所存储的位置。可以为虚拟磁盘文件指定一个单独的位置。

⑥　为虚拟机选择客户操作系统，如图 8-3 所示，然后单击"Next"按钮。这样做不是安装客户操作系统，而是基于所选中的信息来改变一些默认选项。此外，由于要根据所选择的客户操作系统来优化 VM 的调度和处理，所选择的客户操作系统将改变主机处理虚拟机的方式，因此，要给安装在 VM 上的操作系统选择合适的版本。以后需要安装不同的客户操作系统时，可以随时编辑虚拟机的设置来更改。如果未列出操作系统，则可以选择最匹配的系统，也可以选择其他系统。

⑦　为虚拟机选择虚拟 CPU 的数量，如图 8-4 所示，然后单击"Next"按钮。给虚拟机的

CPU 数量不要超出它所需要的数目。虚拟主机上大多数的服务器只给一个 CPU 即可。

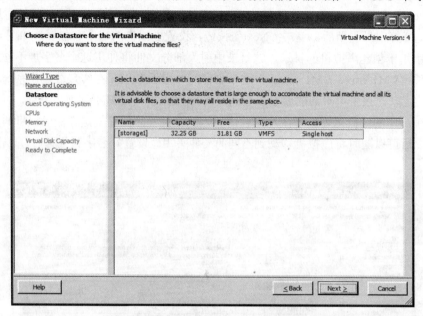

图 8-2　创建新的虚拟机：选择数据存储

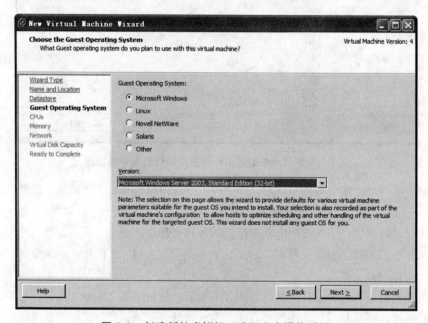

图 8-3　创建新的虚拟机：选择客户操作系统

⑧ 设置分配给虚拟机的内存（RAM）量，增量在 4MB 以内，如图 8-5 所示，然后单击"Next"按钮。默认设置的值基于第 6 步所选择的客户操作系统，设置的范围是 4MB～64GB。可以给虚拟机分配比虚拟主机本身更多的内存（不推荐，因为会使用磁盘交换文件），但最好还是保持在最低值，只需满足虚拟机所运行的应用程序的实际需要即可，以后需要的话，可以随时更改。

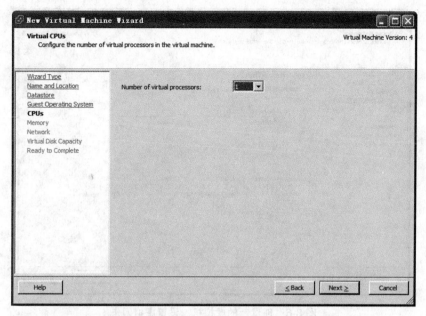

图 8-4　创建新的虚拟机：选择虚拟 CPU 的数量

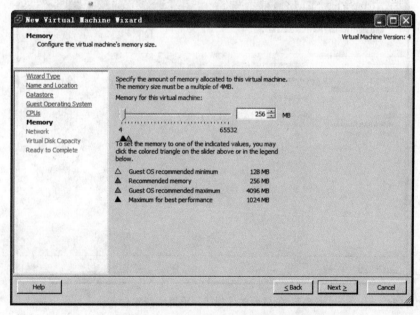

图 8-5　创建新的虚拟机：设置内存量

⑨ 设置分配给虚拟机的虚拟网卡，包括连接的网络、网卡类型，以及启动 VM 时是否连接，如图 8-6 所示，然后单击"Next"按钮。显示的网络是已在 vSwitch 上配置好的网络，显示的适配器类型是基于第 6 步所选择的客户操作系统的类型。在大多数情况下，只有一个类型可供选择（弹性）。

⑩ 如果选择的是典型模式，将看到一个磁盘容量窗口，如图 8-7 所示。设置好虚拟磁盘容量后，单击"Next"按钮继续。

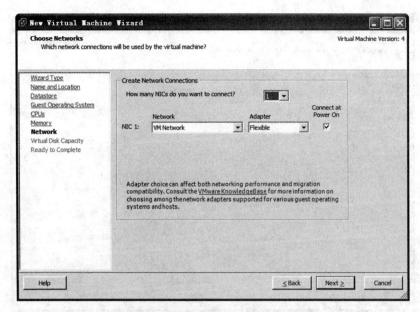

图 8-6　创建新的虚拟机：设置虚拟网卡

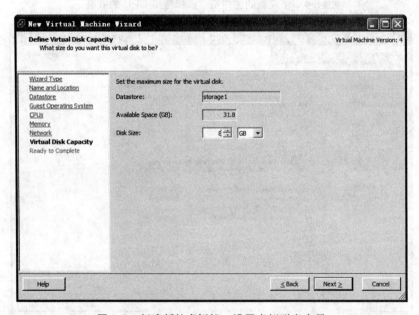

图 8-7　创建新的虚拟机：设置虚拟磁盘容量

⑪　如果选择了自定义模式，将显示选择存储适配器类型窗口，需要在 SCSI 适配器类型 BusLogic 和 LSI Logic 之间做出选择，然后单击"Next"按钮。一般情况下，首选 LSI Logic 适配器。依据不同的客户操作系统和磁盘 I/O 模式，LSI Logic 适配器会提供更好的性能。一些较旧的操作系统（例如 Windows NT/2000）不包括 LSI Logic 适配器驱动程序，因此也就更容易用 BusLogic 代替。

⑫　如果选择了自定义模式，则会显示给虚拟机选择虚拟磁盘窗口。可以从以下 4 个选项中选择其一。

- 创建新的虚拟磁盘。此选项可以为虚拟机创建新的虚拟磁盘。如果选择此选项并单击"Next"按钮后，则会看到选择磁盘容量窗口，可以选择所创建的虚拟磁盘的大小，并选择是在第 5 步中已设定的数据存储还是在另一个数据存储上存放虚拟磁盘文件。
- 使用已有的虚拟磁盘。此选项可以为虚拟机选择现有的虚拟磁盘文件。如果选择此选项并单击"Next"按钮后，则会出现选择现有磁盘窗口，在这里可以通过数据存储和目录浏览，选择一个现有的虚拟磁盘文件。
- 原始设备映射。此选项可以选择使用 RDM 作为虚拟磁盘文件。如果选择此选项，则会出现几个不同的窗口帮助选择 RDM。第一个窗口是选择目标 LUN，会显示所有未使用的 LUN 清单供选择。如果没有看到 LUN 显示，则返回并对 HBA 控制器重新扫描。第二个窗口是选择数据存储，提供两个用于存储 LUN 映射文件的选项，即：在第 5 步中为虚拟机选择的数据存储和其他数据存储。第三个窗口是兼容模式，在物理兼容和虚拟兼容模式之间进行选择。物理兼容允许客户直接访问 SAN，但不允许对 RDM 采取快照措施；如果选择虚拟兼容，则允许快照。
- 不创建虚拟磁盘。此选项将不会为虚拟机创建虚拟磁盘。选择此选项，以后如果需要，随时可以创建虚拟磁盘。

⑬　如果选择自定义模式，将显示（如果选择"不创建虚拟磁盘"，该窗口将不显示）选择虚拟设备节点和磁盘模式窗口。虚拟设备节点是磁盘的 SCSI ID，它由控制器的数量和设备数量构成（例如，0:0）。磁盘模式可以设置为独立模式，这样将不会包含在快照中。还可以选择磁盘是永久性的还是临时性的，通常会选择永久性磁盘，因为虚拟机断电时，临时性磁盘的所有改变都会丢失。选择虚拟设备节点和磁盘模式后，单击"Next"按钮。

⑭　在准备完成创建虚拟机窗口中，所有的 VM 选项总结都会显示出来，如图 8-8 所示。可以选择其中的"Edit the Virtual machine settngs before submitting"复选框来编辑虚拟机设置，并根据需要删除或添加设备。单击"Finish"按钮则开始创建虚拟机。

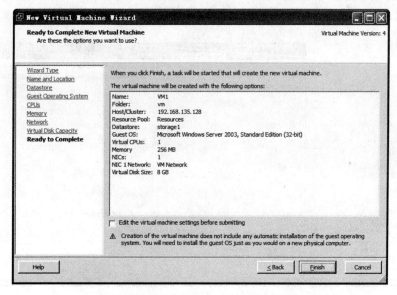

图 8-8　创建新的虚拟机：准备完成创建虚拟机

⑮ 在 VI 客户端中将看到创建虚拟机的任务。完成后，虚拟机随时可以启动。

创建好虚拟机后，可以启动虚拟机并安装操作系统。

8.1.2 使用模板创建虚拟机

如果打算创建多个虚拟机，使用模板会节省时间。模板是一个预配置虚拟机，将其设置成主模板来创建其他虚拟机。模板通常有已经安装并配置好的客户操作系统，所以可以快速创建和定制新的虚拟机，并可以给新的虚拟机配置特有的性能，使其与模板不同。模板是一种 vCenter 服务器功能，没有 vCenter 服务器不能使用模板；但是如果没有 vCenter 服务器，还有其他的方法能够快速创建虚拟机。

创建模板可以从现有的虚拟机进行克隆或转换。如果通过克隆获取模板，则会保留原始虚拟机，它的副本作为模板。如果采用这种方法，虚拟机的所有更新都不会反映到模板上。现有的模板也可以克隆出新的模板。如果将虚拟机转换成模板，则原有的虚拟机成为模板，不再是一个虚拟机，但是转换成的模板以后还可以随时转换回虚拟机。这种做法是为了保持模板有最新的补丁和驱动程序。虽然模板类似于虚拟机，但不能像管理虚拟机那样对模板进行管理，不能开机或迁移到其他主机。需要创建新的虚拟机时，也可以选择克隆，而不是将虚拟机转换成模板。

1．创建模板

模板会同时出现在虚拟机和模板，以及主机和集群的目录中，可以用不同的图标区分开，如图 8-9 所示。按照下列步骤操作，可以将已有的虚拟机转换成模板，创建一个新的模板。

① 要转换的虚拟机最好断电，vCenter 服务器的早期版本需要如此。

② 选择 VI 客户端的一个虚拟机，单击右键并选择"转换为模板"选项。

③ 任务完成后，所选择的虚拟机就变成了一个模板（见图 8-9）。

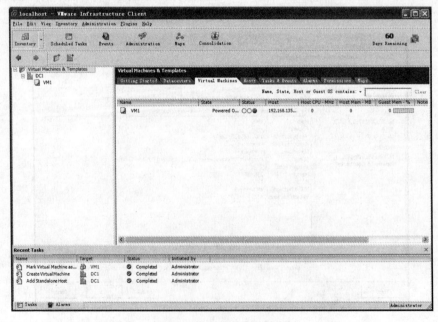

图 8-9　VI 客户端中的模板

要通过克隆一个现有的虚拟机来创建新模板，请按照下列步骤进行。

① 虚拟机可以启动，也可以关闭。

② 选择 VI 客户端的一个虚拟机，单击右键并选择"克隆到模板"选项。

③ 这时会打开向导，在第一个窗口中，设置模板的名称和数据文件夹的位置，然后单击"Next"按钮继续。

④ 选择放置模板的主机/集群，然后单击"Next"按钮。如果选择的是集群，则会出现另一个窗口，选择放置模板的主机服务器。如果使用的是 HA 或 DRS，则必须将模板分配到一个特定的主机上。这里选择主机，然后单击"Next"按钮。

⑤ 选择数据存储来存储模板，然后单击"Next"按钮。

⑥ 为模板选择磁盘格式，可以选择普通格式或者压缩格式。如果选择普通格式，则模板的磁盘文件大小将与所克隆的虚拟机大小相同（厚盘型）；如果选择压缩格式，则会将磁盘压缩以节省 VMFS 卷空间（紧凑型）。因此，假定所克隆的虚拟机有 20GB 的虚拟磁盘，对于普通格式，所克隆的模板也会占用 20GB，即使磁盘实际只使用了 2GB 的空间；而紧凑型磁盘则只占用虚拟磁盘实际使用的空间量。所以如果要存储很多模板，紧凑型磁盘可以节省 VMFS 卷上的很多空间。

⑦ 单击"Finish"按钮，任务完成后，将有一个基于所选择虚拟机的新模板。

也可以通过复制模板来创建新模板。选择模板，然后选择"克隆"选项。如果要更新模板，安装最新的补丁程序，只需选择模板，并选择"Convert to Virtual Machine"选项，这样模板就会转换回虚拟机，可以启动并使用。然后进行必要的更新后，将虚拟机关闭并选择"Convert to Template"选项，重新转换回模板。

2．使用模板

模板创建好后，就可以使用它们来创建虚拟机了。使用特定 ESX 主机服务器上的模板所创建的虚拟机，可以位于由 vCenter 服务器管理的任何主机服务器上。使用模板创建虚拟机的步骤如下。

① 选择 vCenter 服务器上的一个模板，单击右键并选择"从这一模板部署虚拟机"选项。

② 向导启动后，给虚拟机选择名称和目录位置，然后单击"Next"按钮。

③ 选择一个主机/集群放置虚拟机，然后单击"Next"按钮。如果选择的是集群，则会出现窗口让你选择一个特定的主机服务器用来放置模板。

④ 如果有资源池，则会提示选择资源池，然后单击"Next"按钮。

⑤ 给虚拟机选择一个数据存储，然后单击"Next"按钮。

⑥ 如果系统支持，就选择自定义客户操作系统。但是并非所有的操作系统都支持，必须配置 vCenter 服务器才能做到。客户自定义选项允许改变虚拟机的设置，使其与其他虚拟机和模板不同。设置包括服务器名称、网络配置、Windows 的 SID 和域信息等。有关如何设置客户定制信息，请参见 VMware 文件资料（基本系统管理，http://vmware.com/pdf/vi3_35/esx_3/r35u2/vi3_35_25_u2_admin_guide.pdf）。

⑦ 在准备完成窗口，审查虚拟机配置选项，如果需要修改就返回进行修改，可以选择在 VM 创建完成后就启动虚拟机，也可以修改虚拟机的虚拟硬件，然后单击"Finish"按钮创建

虚拟机。

正如读者所看到的，模板是一个节省时间的方案（当需要部署一个新的虚拟机时，不必从头做起）。

由于模板与特定的主机服务器关联，如果从 vCenter 服务器删除的主机再用模板添加回来，是不会像虚拟机那样自动进行注册的。要将现有的模板添加回 vCenter 服务器，只需用 VI 客户端浏览模板所处的数据存储，找到 VMTX 模板文件，并选择将其添加到清单即可。

3. 模板技巧

遵循一些最佳做法，可以确保模板的优化利用。

- 确保模板更新到最新的补丁和应用程序，包括操作系统补丁、防病毒模式文件和驱动程序更新。这样做可以确保虚拟机不存在可能的已知漏洞，若有漏洞能及时修补。
- 安装模板上需要的所有应用程序，包括备份代理、终端和系统管理应用、防病毒软件，以及服务器上安装的所有其他的应用程序，这样可以在创建好虚拟机后使其准备好运行。
- 确保模板上安装了 VMware 工具，并在 ESX 版本变化时随时更新。
- 适用于环境的硬化和附加配置，包括禁用不必要的服务、设置本地安全策略、配置软件防火墙，以及在环境中通常使用的任何其他设置。
- 给模板起一个描述性的名字，这样每个用户根据名字就可以知道是什么，并在模板的备注字段里给出详细的描述。随时在备注字段和文件里记录模板的任何修改及改变发生的过程，也是一个可取的办法。
- 不要使用旧的操作系统，给模板用最新的版本安装，确保操作系统更简洁、更兼容。安装和一切配置都完成后，在将其转换为模板之前，进行操作系统级的磁盘碎片整理。

除了使用模板创建新的虚拟机外，还有其他方法可以创建虚拟机，如克隆一个现有的虚拟机。

8.1.3 克隆虚拟机

克隆可以通过复制已有的虚拟机来创建新的虚拟机，然后通过自定义定制独特的虚拟机。"克隆"选项是 vCenter 服务器的一个功能，该选项在直接连接到 ESX 主机时是没有用的。但是在没有 vCenter 服务器的情况下，还有其他一些方法创建克隆。

如果运行的是 vCenter 服务器 2.5 或更高版本，所克隆的虚拟机无论是启动还是关闭，都可以进行克隆；较早版本的 vCenter 服务器则要求虚拟机一定要关闭才可以进行克隆。在克隆进行的过程中，可以选择定制客户操作系统，使其与通过模板创建的一样独一无二。通过克隆已有的虚拟机创建虚拟机的过程与通过模板创建虚拟机的过程类似。要创建已有虚拟机的克隆，请按照下列步骤进行。

① 选择 vCenter 服务器上的虚拟机，单击右键并选择"克隆"选项。
② 向导启动后，输入虚拟机的名字和位置清单，然后单击"Next"按钮。
③ 选择主机/集群放置虚拟机，然后单击"Next"按钮。如果选择的是集群，则会出现另一个窗口让你选择特定的主机服务器来放置模板。
④ 如果已有资源池，则会提示选择一个资源池，然后单击"Next"按钮。

⑤　为虚拟机选择数据存储，然后单击"Next"按钮。

⑥　如果系统支持，就选择自定义客户操作系统。但是并非所有的操作系统都支持这一点，必须配置 vCenter 服务器才能做到。客户自定义选项允许改变虚拟机的设置，使其与其他虚拟机和模板不同。设置包括服务器名称、网络配置、Windows 的 SID 和域信息等。有关如何设置客户定制的信息，可以参考 VMware 文件资料（基本系统管理）。

⑦　在准备完成窗口，审查虚拟机配置选项，如果需要修改就返回并修改，可以选择在 VM 创建完成后就启动虚拟机，也可以修改虚拟机的虚拟硬件，然后单击"Finish"按钮创建虚拟机。

正如读者所看到的，克隆与使用模板类似，但可能有一些特殊情况需要克隆，而不使用模板。其中一种情况就是为了解决一些问题而创建虚拟机时，例如，虚拟机有应用程序或操作系统的问题，可以创建它的一个克隆，以便尝试不同的方法解决问题，同时还不影响原有的虚拟机。尝试结束，确定了必要的修改后，只要将修改应用到原来的虚拟机上，并删除克隆就可以了。需要注意的是，创建的克隆一定要放在一个孤立的 vSwitch 上，这样原来的虚拟机与克隆之间就不会存在网络冲突。还有一种情况是从现有的已经建立和配置好的环境里创建单独的环境（如开发、测试、UAT）。通过创建克隆，可以确保每一个环境是相互兼容一致的，从而保证了该环境下应用程序在其整个周期里都能顺利进行。

8.2　虚拟机配置选项设置

设置虚拟机时，有许多配置选项可供选择。了解这些选项，才能正确进行，不会导致虚拟机出问题。设置分为三类：硬件、选项和资源，出现在 VM 属性窗口中对应的选项卡里。

8.2.1　虚拟机硬件

可以添加和删除虚拟机的虚拟硬件，设置安装在虚拟机上的各种硬件组件，如图 8-10 所示。这里列出的是虚拟机可以使用的各种硬件组件。

- 内存。可以设置为以 4MB 为间隔、从 4MB 到 64GB 不等的容量。上限不是由主机所拥有的物理内存大小决定的，而是由 ESX 支持的大小决定的。分配的内存可以比主机的物理内存大，因为当主机的物理内存用光时，会在磁盘上分配 VSWP 文件当做内存使用。只有在虚拟机关机时，才能调整分配给它的内存量。

- 处理器。取决于主机服务器目前的物理 CPU 和内核的数量，以及它是否支持超线程，处理器可以设置为 1、2 或 4 个，可供选择的数目基于主机服务器。例如，如果主机上只有两个物理单核的非多线程处理器，就只能选择 1 或 2 个 CPU。CPU 的数量只能在虚拟机断电时改变。

- 软驱。虚拟机最多可有两个软盘驱动器，只能在关闭虚拟机时添加或删除。可设置的选项包括设备状态（连接与否）和设备类型（使用客户端/主机设备或镜像），无论虚拟机是否关闭，都可以改变。

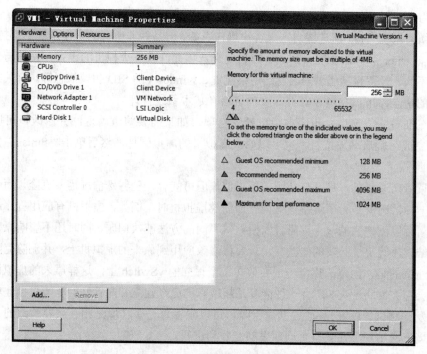

图 8-10　虚拟机的硬件组件设置

- CD/DVD 驱动。虚拟机最多可以有 4 个 CD/DVD 光驱，只能在关闭虚拟机时进行添加或删除。可设置的选项包括设备状态（是否连接）、设备类型（使用客户端/主机设备或镜像）和模式（Passthrough 或 Emulate IDE），无论虚拟机是否关闭，都可以改变。此外，虚拟设备节点（0:0、0:1、1:0 或 1:1）可以在虚拟机断电时改变。

- 网络适配器。虚拟机最多可以有 4 个网络适配器，只能在关闭虚拟机时进行添加或删除。添加到虚拟机的网络适配器的数量基于虚拟机已有的 SCSI 控制器的数量而有所不同。虚拟机最多可以有 6 个 PCI 设备，其中一个被视频适配器占用，这个不能从虚拟机中删除。剩下的 5 个中，通常有一个始终由 SCSI 适配器使用，这样给 4 个网络适配器让出了更多的空间。如果虚拟机的 SCSI 适配器数量增加了，就会减少网络适配器的数量。可设置的选项包括设备状态（是否连接）和网络标签，无论虚拟机是否关闭，都可以改变。此外，适配器类型（例如，flex 或 e1000）和 MAC 地址可以在虚拟机断电时改变。

- SCSI 控制器。虚拟机最多可以有 4 个 SCSI 控制器，只能在关闭虚拟机时进行添加或删除。与网络适配器类似，添加到虚拟机的 SCSI 控制器的数量基于虚拟机已有的 SCSI 控制器的数量而有所不同。当给虚拟机添加硬盘并为其分配虚拟设备节点 ID 时，会自动添加或删除 SCSI 控制器，因此不能手动进行添加。将硬盘添加到虚拟机时，除非在其他 SCSI 控制器上选择了虚拟设备节点，否则默认使用现有的 SCSI 控制器。此外，SCSI 控制器类型（BusLogic 或 LSI Logic）和 SCSI 总线的共享选项只能在虚拟机断电时更改。SCSI 总线共享允许在虚拟机之间共享虚拟磁盘（尽管在任何时候都只能启动一个虚拟机使用）。

- 硬盘。虚拟机最多可有 60 个硬盘，每个 SCSI 控制器有 15 个。设置的虚拟设备节点 ID（例如，0:0）是由控制器数字组合而成的，硬盘设备号码放置其后。设备数会随着新添加的硬盘而增加，直到用完全部设备（最多 15 个），然后会根据需要为新添加的磁盘增加 SCSI 控制器（1～3 个）。也可以选择手动设置虚拟设备节点 ID，强制添加另一个控制器。这个选项是添加硬盘时的高级选项。如果选择的虚拟设备节点 ID 不在现有的控制器上（例如，1:0），则会增加一个新的控制器。只能看到可用的 ID，这些 ID 是基于自由 PCI 插槽数可添加的 SCSI 控制器的数量。无论虚拟机是启动还是关闭，都可以添加硬盘，但只能在虚拟机断电时删除硬盘。已有驱动上的虚拟设备节点 ID 也只能在虚拟机断电时修改。但是要注意，这可能会改变存放操作系统的磁盘，导致无法启动虚拟机。虚拟机断电时可以更改的其他选项还有磁盘的大小（只有 ESX 3.5.x 版本允许，而且只能增加磁盘大小）和磁盘模式（是否独立，是永久性的还是临时性的）。
- 串行端口。虚拟机最多可以有 4 个串行端口，只能在虚拟机断电时添加或删除。设备状态（是否连接）、连接（主机物理端口、输出文件或命名管道）以及 I/O 模式，无论虚拟机关闭与否都可以改变。
- 并行端口。虚拟机最多可以有 3 个并行端口，只能在虚拟机断电时添加或删除。设备状态（是否连接）和连接（主机物理端口或输出文件），无论虚拟机关闭与否都可以改变。

其他硬件如音频适配器和 USB 接口，是托管虚拟化软件（如 VMware 工作站和服务器），因此不支持虚拟机上运行 ESX/ESXi 主机。

8.2.2　虚拟机选项

虚拟机选项这一部分可以设置虚拟机高级配置选项，影响虚拟机的操作，例如 Power 和引导选项，如图 8-11 所示。

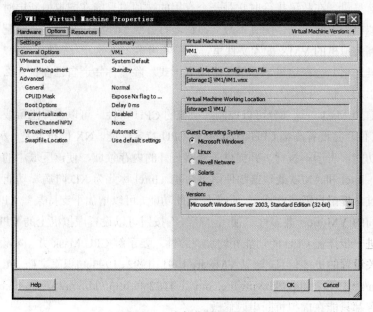

图 8-11　虚拟机选项设置

这里列出的各种选项和设置都可以在虚拟机里使用。

- 常规选项。这部分包括虚拟机名字、配置文件名、工作目录位置和客户操作系统。虚拟机名字就是虚拟机显示的名字。如果虚拟机名字改变了，所有以此名字开头的虚拟机文件不能进行更新（例如，VMX 和 VMDK 文件）。工作目录位置和配置文件名不能在 VI 客户端更改。无论虚拟机是否关闭，虚拟机名字和客户操作系统都可以改变。
- VMware 工具。这部分包括安装在虚拟机客户操作系统上的 VMware 工具应用程序的各种设置。
  - ➢ 电源控制。可以设置虚拟机电源控制的模式，如电源开关按钮可以配置为直接断电关机或关闭操作系统。
  - ➢ 虚拟机改变电源状态时运行的 VMware 工具脚本。这些脚本位于客户操作系统上（通常在 C:\ Program Files\VMware\VMware Tools 下），可以根据需要在这里进行修改，也可以在虚拟机上运行的 VMware 工具应用程序里设置脚本选项。
  - ➢ 高级设置。可以设置虚拟机是否检测 VMware 工具的最新版本并根据需要自动更新，以及是否从主机服务器同步虚拟机的时间。
  - ➢ 这些选项也可以在虚拟机上运行的 VMware 工具应用程序里设置。
- 上述设置都只能在虚拟机断电时修改。
- 电源管理。这部分控制客户操作系统处于待机模式时虚拟机的行为，默认设置是启动虚拟机。该选项也可以更改为虚拟机休眠状态。此外，可以将局域网通信的虚拟网卡设置为唤醒状态。这些设置都只能在虚拟机断电时修改。
- 高级。
  - ➢ 一般。这部分设置启用或禁用视频硬件加速，并记录到 vmware.log 文件里。该选项无论虚拟机是否关闭都可以更改。调试和统计信息选项可以更改记录的有关虚拟机的信息量，在故障排除时它是一个有用的选项，只能在虚拟机断电时修改。可以在虚拟机断电时单击"配置参数"按钮，打开一个新窗口来设置高级配置选项，并写入到虚拟机的 VMX 配置文件里。设置的很多 VM 选项（例如，CPU ID、VMware 工具选项）会在这里显示其实际设置形式。除非你知道自己在做什么，否则最好不要添加、删除或修改这些设置。
  - ➢ CPUID Mask。这部分可以控制虚拟机的 CPU 特性。可以选择隐藏或暴露虚拟机的 NX 位，并设置高级 CPU Mask 隐藏 CPU 特定性能。NX 位技术是一种先进的 CPU 的功能，表示不执行，并提供了能够分开的内存领域，使该区域中的任何代码不执行，Intel 和 AMD 处理器都使用该功能。Intel 称此为 XD 防病毒功能（执行禁用）。通过从虚拟机隐藏此标志，防止使用此功能，可以增加不支持某些 CPU 特性的主机之间的 VMotion 兼容性。使用"高级"按钮可以设置虚拟机上的 CPU 识别掩码，以进一步掩盖 CPU 的功能并增加兼容性。要了解 CPU Mask 并正确设置相当复杂。有关设置的更多信息，请见 VMware 1991、1992、1993 知识库文档（http://kb.vmware.com/kb/1991、http://kb.vmware.com/kb/1992 和 http://kb.vmware.com/kb/1993）。上述设置都只能在虚拟机断电时修改。

➢ 启动选项。此选项可以设置虚拟机开机或重启时 BIOS 屏幕的显示时间。默认值为 0，BIOS 屏幕只快速显示一下。将它设置成一个以毫秒为单位的值，就会增加一个延迟（例如，5000 毫秒=5 秒）。如果从 CD-ROM 启动选项菜单，需要更多的时间按 Esc 键，可以将显示时间设置为更大的值。此外，可以通过检测 Force BIOS Setup 部分强制虚拟机在下次启动时进入 BIOS 设置屏幕。这些设置无论虚拟机是否关闭都可以更改。

➢ 半虚拟化。如果客户操作系统支持（目前，只有某些 Linux 操作系统支持），可以启用或禁用虚拟机的半虚拟化支持。半虚拟化支持允许操作系统与虚拟层管理程序就某些指令直接沟通（VMware 工具就是一种半虚拟化类型）。启用此功能要用到虚拟机的 6 个 PCI 插槽中的一个，会减少虚拟机使用的网卡和 SCSI 适配器数目。此外，对于不支持半虚拟化的主机，运行时不能移动 VMotion，启用此功能将限制虚拟机的 VMotion。该设置只能在虚拟机断电时修改。

➢ 光纤通道 NPIV。此选项是给带有光纤通道适配器、可支持 NPIV（N 端口 ID 虚拟化）的主机上所运行的虚拟机分配万维网号码（WWN）。NPIV 允许在多个使用独特识别端口的虚拟端口里共享一个单一的物理光纤通道端口。NPIV 仅支持有 RDM 数据库管理系统的虚拟机；否则，虚拟机使用主机的物理光纤通道适配器 WWN。该选项无论虚拟机是否关闭都可以更改。

➢ 虚拟化 MMU。可以控制内存管理单元（MMU）是否虚拟化。较新的 CPU 支持此功能，可以通过减少某些内存操作的延迟提高虚拟机性能。默认设置是主机会自动判断此功能是否可用，也可以选择强制禁止使用该功能。该设置无论虚拟机是否关闭都可以修改。

➢ 交换文件的位置。控制虚拟机交换文件（VSWP）的存储位置。在默认情况下，存储是基于虚拟机所处集群或主机上的设置，通常与虚拟机所处的位置在同一目录。如果不想使用默认设置，则可以更改此设置，强制虚拟机将其存储在指定路径或单独的主机交换文件数据存储里。如果选择存储在单独的数据存储中，主机不能访问位于其上的数据存储（例如，本地数据存储），则会大大增加主机之间虚拟机到 VMotion 的耗时量。由于交换文件会占用宝贵的磁盘空间，有时需要便宜的替代存储（例如，本地磁盘或 iSCSI；不建议用 NFS，它不是块级协议，用于交换文件性能很差）。

更改上述选项时要小心，这些更改不仅对虚拟机的行为和性能有正面影响，也有负面影响。确保了解了每个设置，以及该设置对虚拟机所造成的影响后，再进行更改。

8.2.3　虚拟机资源

虚拟机资源这一部分可以控制虚拟机的硬件资源设置（CPU、内存和磁盘），这些设置可以限制和保证每个虚拟机的可用资源，并可以给某个虚拟机优先提供资源。

下面列出了虚拟机可以使用的各种资源设置。

● CPU。设置虚拟机的共享、保留以及限制，控制虚拟机能够访问的主机 CPU 资源量，如图 8-12 所示。可以使用某个设置，也可以结合使用所有设置，定制虚拟机可以使用的 CPU 资源量（例如，设置为保留 500MHz 并限制为 1GHz）。与建立虚拟机的个人保留和使用限制相比，共享更容易配置和使用。管理资源池的资源分配，也比管理个人虚拟机容易。

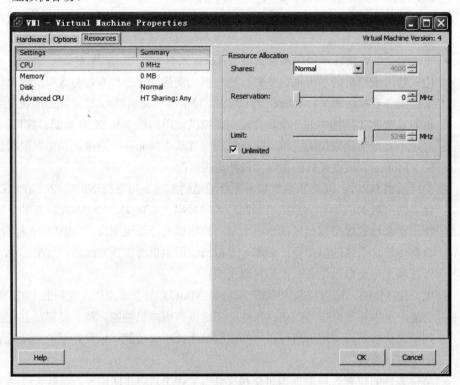

图 8-12　虚拟机的 CPU 资源设置

➢ 共享定义虚拟机访问 CPU 资源的优先级（低级、正常、高级或自定义）。

➢ 预留可以保证虚拟机有一定量的 CPU 资源，可以设置为从零到主机中央处理器的最大值。但是可能会引起一些混淆，因为虚拟机使用的 CPU 值不可能超出分配给它的 vCPU 总值。例如，主机有两个双核 2.6GHz 处理器，总共有 9768MHz，即使设置的保留值高于 2.6GHz，虚拟机的一个 vCPU 也仅可以用 2.6GHz，而不是全部 9768MHz。

➢ 无论实际有多少可用资源，限制会控制虚拟机可以使用的最大 CPU 资源量。在默认情况下，设置为无 CPU 限制，可以设置为从零到主机中央处理器的总值。同样，与保留设置类似，该设置也有可能会导致出错，因为虚拟机使用的 CPU 值不可能超出分配给它的 vCPU 总值。

● 内存。可以设置共享、保留，以及对虚拟机可以访问的主机内存资源量的控制，如图 8-13 所示。可以使用单个设置，也可以结合使用这些设置，对虚拟机可用的内存资源量进行专门定制（例如，设置 512MB 的保留值和 1GB 的限制值）。类似于 CPU 共享，与建立虚拟机的个人保留和使用限制相比，共享更容易配置和使用。

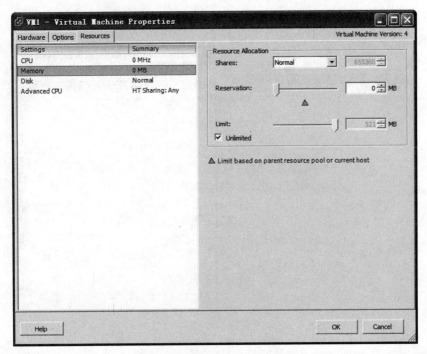

图 8-13　虚拟机的内存资源设置

➤ 共享定义虚拟机访问主机的物理主机内存的优先级（低级、正常、高级或自定义）。

➤ 预留可以保证虚拟机有一定量的物理主机内存，可以设置为零到分配给虚拟机的内存总值。如果预留内存设置在虚拟机上，当主机服务器上没有足够的可用物理内存来满足预留时，该虚拟机就不能启动。当预留内存设置在虚拟机上时，虚拟机的磁盘交换文件（VSWP）的大小会由于虚拟机的内存预留量而减少。

➤ 无论实际有多少可用内存，限制会控制虚拟机可以使用物理主机的最大内存量。在默认情况下，设置为无内存限制，可以从零到主机的物理主机内存总量。设置为无内存限制也有可能会引起错误，因为无论设置的限制值是多少，虚拟机可以使用的内存量不能超出所分配的值。当虚拟机达到分配给它的物理主机内存限制值后，就会用磁盘交换文件（VSWP）作内存。

● 磁盘。可以为虚拟机使用的虚拟磁盘分配磁盘 I/O 带宽，如图 8-14 所示。由于磁盘 I/O 不同于 CPU 和内存等资源类型，只能设置优先共享来控制虚拟机 I/O 带宽。在默认情况下，所有虚拟机有同等的优先权，但可以改变个别虚拟机的等级。

● 高级 CPU。可以设置一些高级 CPU 选项，例如，超线程核心共享和 CPU 计划 Affinity，如图 8-15 所示。如果使用的是 DRS，或者主机只有一个处理器，则不支持超线程，"超线程核心共享"选项不会出现。设置这些选项时要小心，因为主机 CPU 调度已对 CPU 资源在虚拟机之间的调度做了很好的安排，该设置有可能破坏这些调度，如果没有正确设置，则会减缓虚拟机运行速度。只有在必须微调关键虚拟机的 CPU 控制时，才考虑使用这些设置。

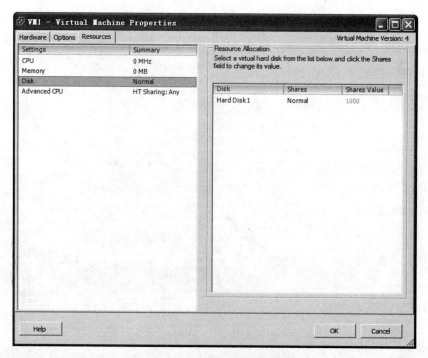

图 8-14　虚拟机的磁盘资源设置

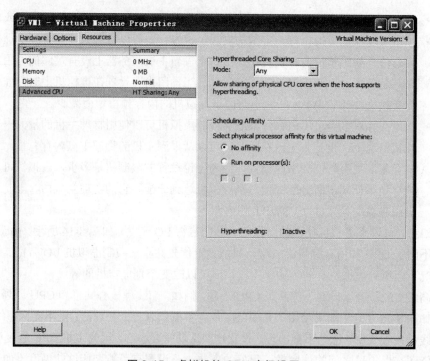

图 8-15　虚拟机的 CPU 高级设置

　　如果设置了 Affinity 并加入有 DRS 的集群，则"计划 Affinity"选项会消失不再显示，但 Affinity 仍有设置。

> ➤ 超线程核心共享可以控制虚拟机是否共享同一个物理处理器核心，该共享只有在主机服务器支持超线程时才适用。默认选项"Any"允许虚拟机内部或与其他虚拟机之间自由共享带有 vCPU 的 CPU 核心。将这一选项改为"None"，则调度时虚拟机的 vCPU 有一个独自使用处理器核心的计划，虚拟机使用 CPU 时，其他超线程的核心是停止的，别的虚拟机不能使用（这基本上是浪费 CPU 资源）。还可以设置为"Internal"，这意味着如果虚拟机的核心只有两个 vCPU，则可以共享分配给另一个虚拟机的核心；否则，虚拟机绝不会与其他虚拟机共享核心。如果虚拟机有 1 个或 4 个 vCPU，此设置等同于"None"。

> ➤ 设置 CPU 计划 Affinity 是决定要始终强制使用虚拟机的哪个 CPU 核心。在默认情况下，Affinity 没有定义，虚拟机可以自由使用由主机 CPU 调度控制的任何 CPU 核心。如果启用此选项，则可以选择虚拟机只能使用某个特定的 CPU 核心。可以选择一个以上的核心，甚至是单 vCPU 虚拟机，但它在任何时间都只能访问单核心。复选框选项是基于 CPU 核心的而不是插座，所以有 2 个四核 CPU 的主机将有 8 个复选框选项。同样，有 2 个 CPU 并支持超线程的主机会有 4 个复选框选项。如果选中所有的复选框选项，虚拟机可以访问所有的 CPU 核心，就等同于不使用 Affinity。如果启用此选项，则必须为虚拟机已分配的每个 vCPU 至少选择一个复选框选项。如果虚拟机处于 DRS 集群的主机上，则不能设置 Affinity。若把虚拟机迁移到新的主机上，Affinity 会指定到单个主机并清除。基于上述原因，除非必要，否则不建议使用此设置。

● 高级内存。可以选择虚拟机是否使用 NUMA 内存 Affinity。 NUMA 是将几个小的内存节点连接为一个较大的节点的方式，在某些情况下会有一些性能方面的优势。有关 NUMA 体系结构的信息，以及它与 VMware 的关联，请阅读它们网站上的"VMware 资源管理指南"文档。如果主机没有使用 NUMA 内存架构，该选项不会显示。在大多数情况下，不建议修改这一选项，应该由 ESX 管理。不过也有例外，比如，虚拟机数量很少而使用的内存很大时，或者虚拟机运行的应用程序是内存密集型工作负载时。与 CPU Affinity 一样，如果虚拟机处于 DRS 集群的主机上，则该选项不显示。若虚拟机被迁移到新的主机上，Affinity 会指定到单个主机并清除。检查所有显示的复选框选项为"No Affinity"。

上述内容涵盖了所有选项，这些选项可以在虚拟机上设置自定义操作和功能。要修改这些选项，请先了解该选项对系统的影响。

8.3 配置与管理虚拟架构

点击几下鼠标，就可以很容易地创建一个虚拟机。但是，为了确保虚拟机配置正确，在创建和配置时可以考虑以下最佳做法。

● 在所有的虚拟机上都始终安装 VMware 工具，并确保能及时得到更新。VMware 工具包括驱动程序和应用程序，有利于提高虚拟机的性能。主机服务器打补丁或者安装更新程序时，VMware 工具版本可能会改变，需要进行更新。

- 只有虚拟机上正在运行的应用程序需要时，才为其提供虚拟资源。要考虑到应用程序供应商给的建议，这些是一般属性，在各种环境下有所不同。使用 CPU 和内存监视器查看实际使用率，当出现可能的应用峰值时确保能分配足够的内存。创建虚拟磁盘时，不要过分追求虚拟机的磁盘数量，只需满足虚拟机的实际使用即可。增加虚拟资源很容易，因此开始分配时最好保守一些，以后根据需要再增加。

- 对于物理 Windows 服务器，安装媒体的\i386 文件目录通常会复制到服务器的硬盘上，以便有变化时可以快速访问，不用再把安装 CD 插入服务器进行读取。这个目录通常需要 500MB，为了节省虚拟机上宝贵的磁盘空间，最好不要将其复制到虚拟硬盘上。当操作系统有改动需要访问时，可以快速、方便地根据需要挂载上 ISO，用完后再卸载掉。

- 创建虚拟机内存部分保留，以减少 VMFS 上 VSWP 文件使用的磁盘空间量。因此，若虚拟机分配 2GB 内存，创建保留 1GB，就会只创建 1GB 的 VSWP 文件，而不是 2GB 的 VSWP 文件。只是要注意保留的内存总量不要超过主机的物理内存量。也可以考虑把 VMFS 文件放在本地 VSWP 卷上，而不是在共享 VMFS 卷上保留空间。

- 虚拟机上每个 LUN/VMFS 卷的最佳数量通常是 14～16 个，以避免磁盘 I/O 争用构成 LUN 或者 RAID 组的物理磁盘，降低虚拟机操作时锁定 LUN 的 SCSI 保留量。如果虚拟机磁盘 I/O（Web 和应用服务器）已相对较低，则可以增加至 18～24 个；如果虚拟机已有很高的磁盘 I/O（数据库和电子邮件服务器），则应该减少至 8～12 个。

- 虚拟机上不必要的虚拟硬件移除掉，包括软盘驱动器和串行/并行端口等。这些设备即使不使用，也会消耗主机服务器的额外资源。

- 许多虚拟机使用单个 vCPU 比多个 vCPU 运行更好。如果虚拟机运行的应用程序不能得益于多个 vCPU，建议只配置一个 vCPU。主机虚拟机上有太多的 vCPU 会导致 CPU 调度难度增加，降低主机上所有虚拟机的性能。

- 在 VMFS 卷上创建虚拟机时，允许为虚拟机的附加文件提供额外的磁盘空间。一个有 20GB 虚拟磁盘的虚拟机实际使用空间会超过 20GB，所需要的额外空间是给各种文件，包括交换文件、暂停文件、快照、记录等提供的。上述文件至少需要使用 20％以上的磁盘空间。因此，对于一个 20GB 的虚拟机，应该有 4GB 的额外空间。如果要使用快照并打算长时期保留，就需要更多的磁盘空间。同样，如果计划使用多个快照，也需要更多的磁盘空间。个人快照基于所采集信息的多少其大小有所变化，可以在原始磁盘大小的基础上增加。

8.4 ● 通过 ISO 映像安装客户操作系统

本节讲述如何通过光盘映像（ISO）创建虚拟机并安装操作系统（OS）。

通过光盘映像（ISO）在虚拟机上安装操作系统，需要执行以下步骤。

① 将 ISO 映像文件保存在主机易访问到的位置。

- Windows 上，C:\TEMP 或 %TEMP%。
- Linux 上，/tmp 或 /usr/tmp 目录中。

注：

为了获得最佳性能，建议将映像放置在主机的硬盘驱动器上。不过，为了使多个用户能够访问 ISO 映像，也可以把它放在一个网络共享驱动器（Windows）或网络文件系统（Linux）上。如果操作系统有多张光盘，安装需要使用每张光盘的 ISO 映像，则可以将其置在主机能访问到的位置。

② 在 VMware Workstation 欢迎界面（见图 8-16）选择菜单 "File→New→Virtual Machine" 选项，创建一个新的虚拟机，如图 8-17 所示。

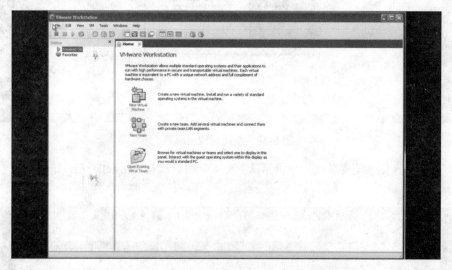

图 8-16　VMware Workstation 欢迎界面

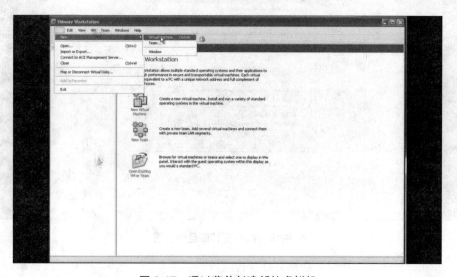

图 8-17　通过菜单创建新的虚拟机

③ 打开新建虚拟机向导,如图 8-18 所示。选择"Typical",接受工作站的各种设置(如处理器、内存和磁盘控制器的类型等)建议。如果想自定义选项,则选择"Custom"。

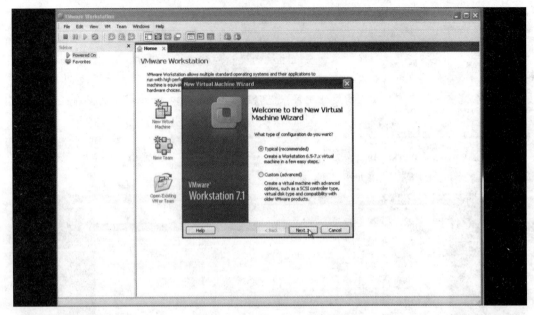

图 8-18　新建虚拟机向导

④ 当客户操作系统安装窗口中提示从何处安装时,选择"Installer disc image file (iso)",如图 8-19 所示。

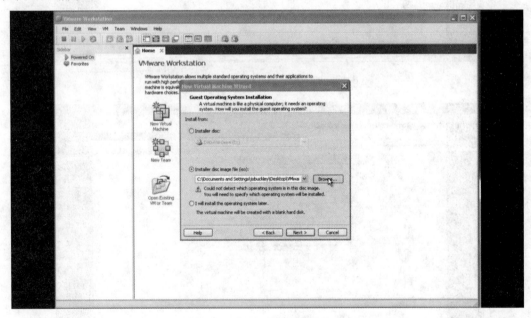

图 8-19　指定安装磁盘的位置

⑤ 单击"Browse"按钮,选择 ISO 映像文件,如图 8-20、图 8-21 和 8-22 所示。

图 8-20　浏览 ISO 映像文件夹

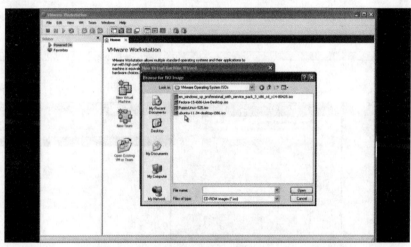

图 8-21　选择 ISO 映像文件

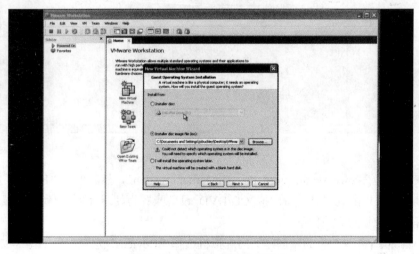

图 8-22　完成安装映像的选择

⑥ 单击"Next"按钮，继续虚拟机的创建过程，如图 8-23 至图 8-27 所示。

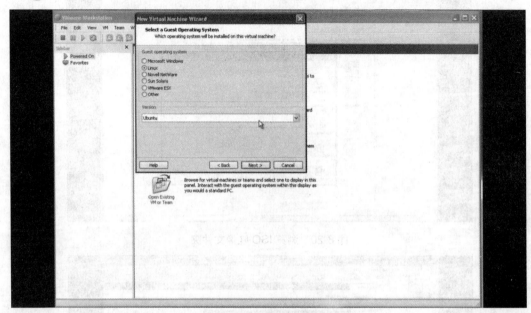

图 8-23　选择客户操作系统

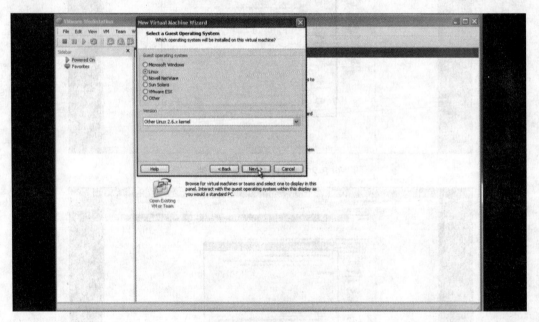

图 8-24　选择内核版本

⑦ 取消选择"Power on this virtual machine after creation"，然后单击"Finish"按钮。

⑧ 编辑虚拟机配置信息，将虚拟 CD/DVD 设备配置为使用 ISO 映像，不要使用物理 CD/DVD 驱动器。设置方法如下。

● 在虚拟机操作窗口，为刚创建好的虚拟机选择"Devices"选项卡，如图 8-28 所示。

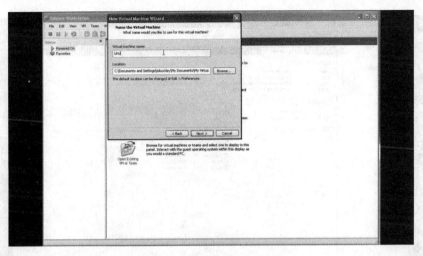

图 8-25　给新的虚拟机命名

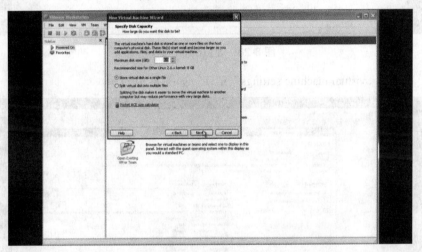

图 8-26　指定虚拟磁盘容量

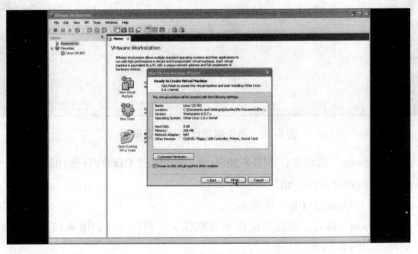

图 8-27　预览虚拟机配置信息

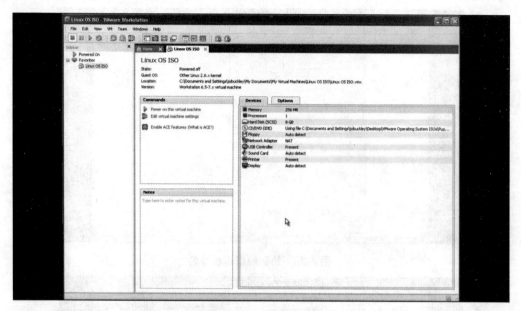

图 8-28　虚拟机操作窗口

● 单击"Edit virtual machine settings"链接，如图 8-29 所示。

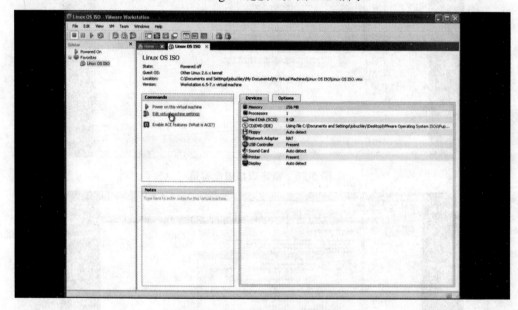

图 8-29　单击编辑虚拟机设置链接

● 选择"Hardware"选项卡，如图 8-30 所示。然后选择 CD/DVD 驱动器，如图 8-31 所示。
● 选择"Connect at power on"选项。
● 选择"Use ISO image file"选项。
● 单击"Browse"按钮，导航到保存 ISO 映像文件的位置，如图 8-32 所示。选择 ISO 映像文件，如图 8-33 所示。

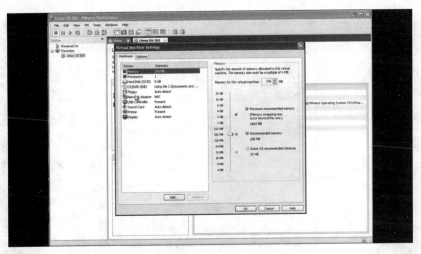

图 8-30 选择"Hardware"选项卡

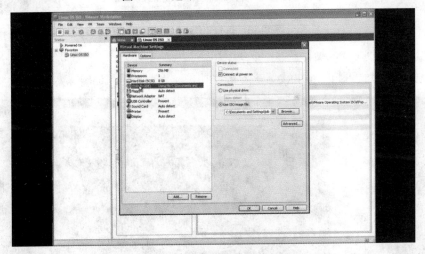

图 8-31 选择 CD/DVD 驱动器

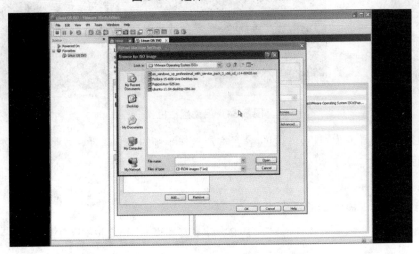

图 8-32 浏览保存 ISO 映像文件的文件夹

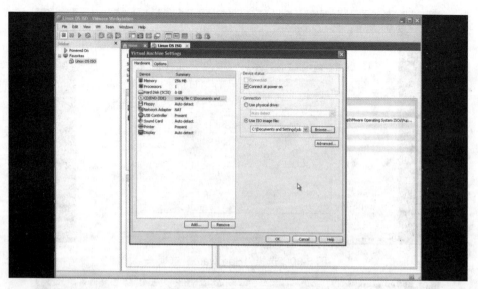

图 8-33 选择 ISO 映像文件

● 单击"OK"按钮。

⑨ 启动虚拟机，过程如图 8-34 至图 8-37 所示。虚拟机桌面如图 8-38 所示。

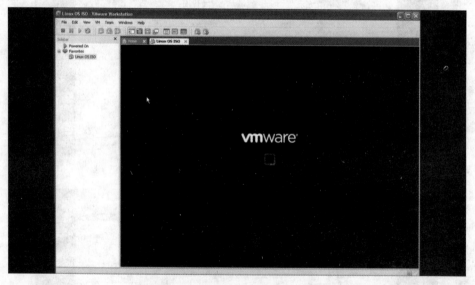

图 8-34 启动虚拟机

从 ISO 映像引导的虚拟机，其中包含了客户操作系统的安装软件，按照客户操作系统的安装过程进行即可。

 注：

如果客户操作系统要求第二张 CD/DVD，则重复步骤 8，将虚拟 CD/DVD 设备指向第二个 ISO 映像即可。

图 8-35 虚拟机开始启动

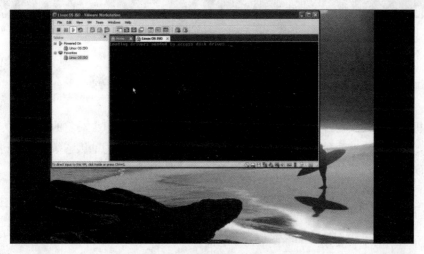

图 8-36 虚拟机启动界面 1

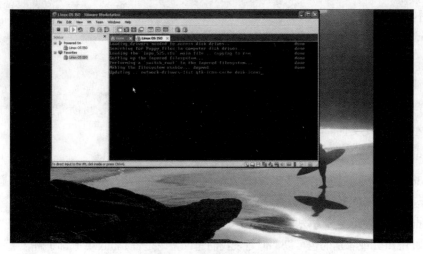

图 8-37 虚拟机启动界面 2

图 8-38 虚拟机桌面

8.5 物理系统到虚拟系统（P2V）的迁移

物理机器可以转变为虚拟机中的系统，通常称为 p-to-v。本节会对它的概念和方法进行介绍和演示，同时也会对每种方法的步骤和概念、要求以及需要考虑的因素等进行探讨。这节还会介绍实现 p-to-v 迁移的免费方法和工具。

8.5.1 p-to-v 名词

下面介绍本节中将要用到的一些 p-to-v 名词。

- **源服务器**，源服务器就是要迁移成虚拟机的物理服务器。
- **目标服务器**，源服务器要迁移到的虚拟服务器。
- **swing 服务器**，用来放置源服务器镜像的地方。

8.5.2 p-to-v 迁移方法

下面讨论完全免费或者花费很少的 p-to-v 迁移方法，这些方法可能需要手动修正 Hal 和 Ntoskrnl 之类的系统文件。

1. cat 硬盘

cat p-to-v 是 p-to-v 迁移的第一步，我们将从这一步开始讲起。更重要的是，无论是什么物理服务器上运行何种操作系统，都百分之百可以运行。这种 p-to-v 方法最难，但是运行得最好，很多精通 Linux 的人使用这种方法。如果你不是 Linux 专家，希望跳过这一步使用更加"友好"的方法，例如 BartPE 或者别的也可以。但是，我们建议无论是否 Linux 专家都了解一下这种方法。

其实 p-to-v 过程的概念非常简单：将硬盘复制并最终将其传输到一个虚拟服务器上。使用这种方法，可以在数据块的层次复制硬盘，然后用 cat 命令标准输出到一个 swing 服务器的本地文件里，再从 swing 服务器将它传输到目标虚拟服务器。

cat 命令可以用于显示文件内容。在 Linux 下查看任何信息，包括硬盘和文件，都可以运行 cat。但是如果 cat 硬盘并将输出重定向到别的文件，硬盘就会有一个复制镜像。所有的 p-to-v 方法都会这样。下面我们开始讲解具体步骤。

一开始有两步：cat 源服务器的硬盘，将其传输到 swing 服务器，然后从目标虚拟服务器将这个拷贝从 swing 服务器传输到目标虚拟机的虚拟硬盘上。源服务器镜像流程如图 8-39 所示。

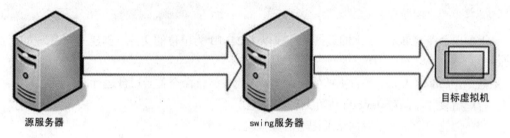

图 8-39　源服务器镜像流程图

（1）cat p-to-v 的先决条件

使用这种方法需要如下几个前提条件。

● 必须有 NFS 共享并可以从网络访问，或者为 UNIX 提供 Windows 文件服务。

● 有一张 Linux 启动盘。

（2）cat 过程

下面是 cat 硬盘的基本过程，以及从它的标准输出创建一个虚拟机。

① 用 Linux 启动盘引导服务器，并进入命令行。

② 出现提示符后，若没有网络连接，输入下面的命令启动网络。

```
ifconfig eth0 up
ifconfig eth0 x.x.x.x
```

尝试 ping 端口，如果 ping 不通，试试别的 eth 设备，例如 eth1 或者 eth2。

③ 添加一个默认路由，或者将路由调整到 NFS 服务器。例如：

```
route add x.x.x.x gw y.y.y.y
x.x.x.x = NFS 服务器 y.y.y.y = 网关
```

下面给出一些基本网络命令。

● route，显示路径。

● Lfconfig，显示网络配置。

● Ifconfig eth0 down，关闭 eth0 接口。

④ 输入如下命令，在本地加载 NFS 共享。

```
cd /tmp
```

```
mkdir x
mount -t nfs x.x.x.x:/share ./x
cd x
```

在 NFS 共享上为迁移的机器创建一个新的文件夹。

⑤ 检查确认你要虚拟化的硬盘：第一个硬盘用/dev/sda，第二个硬盘用/dev/sdb，依此类推。

运行 fdisk -l /dev/sda 显示 sda 分区。再运行一次并将其分区表写入 NFS 共享的文件中：fdisk -l /dev/sda > fda。

⑥ 用下面的命令复制磁盘数据。

```
cat / dev/sda | ../split -b1024m - sda_ &
```

上面的命令将/dev/sda 上的数据拆分成以 1024MB 为单位的文件，创建的一系列文件名为 sda_**。

其中，split 是 Linux 平台上的实用工具，&代表将该命令置于后台运行。

⑦ 结束之后，对/dev/sdb 进行同样的操作。

⑧ 创建一个新的带有网络适配器的虚拟机。

⑨ 使用 Linux 启动盘引导虚拟机。

⑩ 启动虚拟机的网络。

⑪ 输入下面的命令，在本地加载 NFS 共享。

```
cd /tmp
mkdir x
mount -t nfs x.x.x.x:/share ./x
cd x
```

⑫ 运行 fdisk -l /dev/sda，确认新的虚拟硬盘容量足够大，可以容纳先前的物理硬盘。

⑬ 上述所有步骤结束后，将磁盘映像拷贝回虚拟硬盘。

```
cat sda_*>/dev/sda
```

这个命令会按照顺序 cat 所有的 sda_文件并将其写回虚拟硬盘。

⑭ 完成后，运行 fdisk -l /dev/sda 并确认分区表正确。

⑮ 引导虚拟机。

 ## 配置和工具——Hal 和 Kernel 的修正

如果源服务器是 Windows NT 4.0 多处理器或者从一个多处理器机器迁移到单处理器虚拟机，则需要改变 Kernel 和 Hal。要找到 Windows 服务包目录下正确的版本。使用 HAL HALAACPI.DLL 和 NTOSKRNL.EXE。

 注意：

使用这种方法对硬盘的复制是整体的，不只是对磁盘上所有的文件。如果物理硬盘是

36GB，那么虚拟硬盘也需要 36GB。也就是说，即使物理硬盘只用了 10GB，虚拟硬盘依然需要 36GB。如果使用虚拟服务器操作系统里的 vmkfstools-x 和 disk repartitioning 工具虚拟化服务器，则可以释放虚拟机不需要的那部分空间（见图 8-40）。

36GB硬盘使用了10GB　　01001001001101001110011010010101　　36GB虚拟硬盘使用了10GB　　使用了vmkfstool -x以后　　10~12GB虚拟硬盘（或若干尺寸）

图 8-40　硬盘空间的使用情况

图 8-40 所示的情况就是只使用所需要的空间，例如图中的 10～12GB，而不会浪费一半甚至三分之二的硬盘空间。

2．BartPE

BartPE 是非常强大的工具，建议读者无论是否要进行 p-to-v 迁移，只要还不熟悉这个工具，就应该学习一下。

BartPE 能够帮助你创建一个可引导的 Windows CD-ROM 或者 DVD-ROM，用这个引导盘可以创建一个 Win32 环境，一些诸如 Ghost 之类的应用可以在这个环境中运行。BartPE 包括网络支持、图形用户界面以及 FAT/NTFS/CDFS 文件系统支持。

BartPE 是免费的，如果你还不熟悉 BartPE，请阅读 http://nu2.nu。可以用 BartPE 迁移所有 ESX 支持的 Windows 平台以及很多 Linux 版本。

用 BartPE 将物理机器迁移到虚拟环境确实非常简单，不过也有一些法律问题需要注意。

（1）法律问题

BartPE 需要 Windows XP 或者 Windows 2003 服务器版许可。如果你利用自己工作站的 XP 许可刻录 BartPE 用在另一个工作站上，就会触犯终端用户许可协议（EULA）。所以需要购买一个 Windows XP 的拷贝用于 BartPE，不过微软不支持 BartPE。

（2）用 BartPE 进行 p-to-v

① 创建 BartPE 盘。

要创建 BartPE 盘，按照 Bart 为 PEBuilder 提供的介绍进行，该过程非常简单明了。

这一步建议创建 CD-ROM 并保存 ISO 映像，完成以后在 VMlibrary 中存储 ISO 映像。

② 包含 Ghost 8.0。

在生成的 BartPE 光盘里包含有 Ghost 插件，这个插件是为 p-to-v 进程准备的。注意：读者也必须购买 Ghost 版权。

③ 在物理服务器里包含网络驱动。

需要在生成的 BartPE 光盘里包含网络接口卡驱动。搜索要迁移的服务器的网卡类型，并确认它们都在生成的 BartPE 光盘里。

④ 在物理服务器里包含硬盘驱动。

需要在生成的 BartPE 光盘里包含 SCSI 驱动。搜索要迁移的服务器所使用的 SCSI 卡，并确认它们都在 BartPE 里。

对于网卡和硬盘驱动，Bart 提供了很多选项来帮助创建正确的插件，只需要在帮助页面搜索"plugins"就可以了。

⑤ 创建共享或者 swing 虚拟机。

需要创建一个足够大的网络共享，用于存放服务器的镜像或者将要迁移的服务器。还需要创建一个 swing 虚拟机，主要对虚拟迁移过程提供帮助。这个虚拟机有一个足够大的额外的硬盘可以用来存放要迁移的物理机器的硬盘镜像。也就是说，假设物理服务器有 32GB 的硬盘，其中使用了 12GB，那么你创建的第二个 swing 虚拟机的虚拟硬盘最少也要有 12GB。不过，我们建议在这个最少空间的基础上上浮 20%以备将来增加其他需求（比如升级包、补丁等），那么第二个虚拟硬盘应该有 15～16GB。

生成了 BartPE 安装盘以后，按照前面的介绍创建虚拟机。配置目标服务器的时候，确保选择与源服务器上运行一样的操作系统，但是不要加载操作系统。

⑥ 网络和镜像硬盘安装。

这里讨论一些 BartPE 的基本功能，如果你对此已经很熟悉了，可以直接跳过。我们将安装带有 IP 地址配置的网卡，以及将硬盘镜像复制到 swing 服务器。这一步对于成功进行 p-to-v 迁移非常重要。

（3）镜像源服务器。

① 开始运行 BartPE，如图 8-41 所示。

```
                          Starting BartPE...
||||||||||||||||||||||||||||||||||||||||||||||||||||||||||||||||||||||||||||
   Press F6 if you need to install a third party SCSI or RAID driver...
```

图 8-41　开始运行 BartPE

② 用 BartPE 安装盘引导操作系统，如图 8-42 所示。

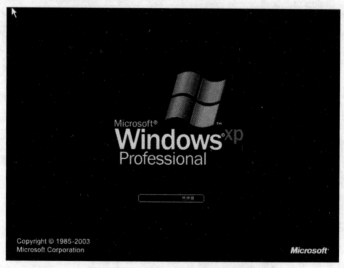

图 8-42　BartPE 引导操作系统

③ BartPE 完成启动后，启动 PE 网络配置器，如图 8-43 所示。

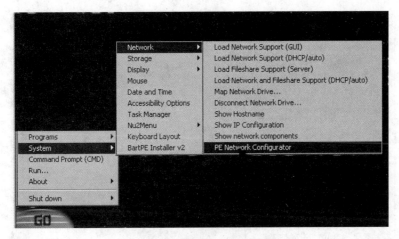

图 8-43　启动 PE 网络配置器

④ 确定 IP 地址，并确保网卡设置为最高可用速度。可以使用物理源服务器的 IP 地址配置，如图 8-44 所示。

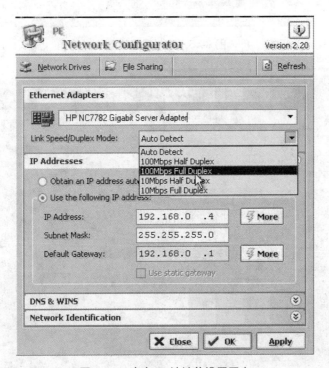

图 8-44　确定 IP 地址并设置网卡

⑤ 创建一个网络磁盘映射，用来访问先前所创建的用于存放源服务器镜像的网络共享，如图 8-45 所示。

⑥ 映射网络磁盘后，保存网络设置，关闭 PE 网络配置器，运行 Ghost 程序，打开 Ghost，选择 "Local" → "Disk" → "To Image"，如图 8-46 所示。

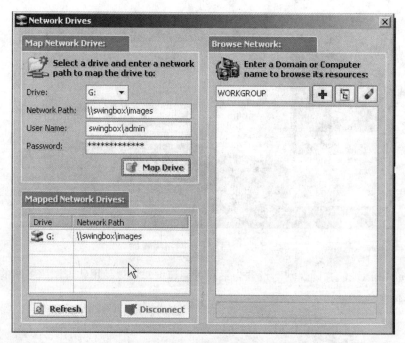

图 8-45　映射网络磁盘

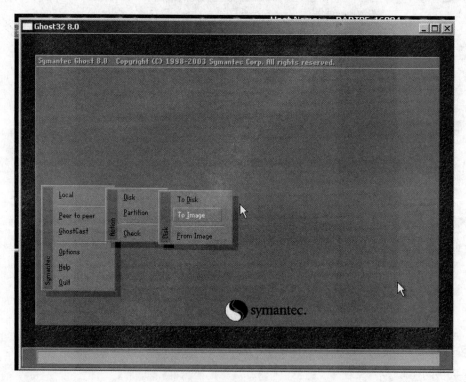

图 8-46　选择"To Image"

⑦ 在图 8-47 中，选择要复制的磁盘，只有一个磁盘，单击"OK"按钮。

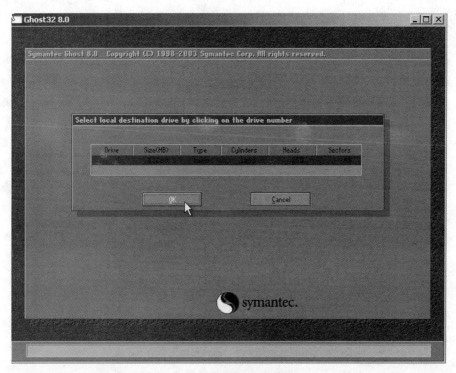

图 8-47　选择要复制的磁盘

⑧　选择要保存镜像的位置，我们把它保存在 swing 服务器的共享上，如图 8-48 所示。

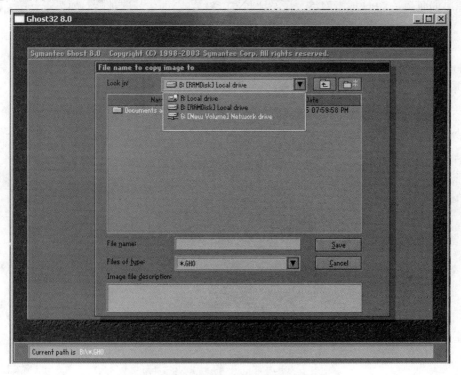

图 8-48　选择保存在 swing 服务器的共享上

⑨ 对磁盘镜像命名，最好是用有提示性的字符进行命名，如图 8-49 所示。

图 8-49　为镜像命名

⑩ 如果需要，可以对镜像进行压缩，如图 8-50 所示。在源服务器上进行压缩速度会更快。压缩速度的瓶颈是 CPU 或者网络。压缩比越高，对 CPU 的依赖度越高。如果没有压缩，则由于有更多的数据包要通过网络，所以对网络带宽的依赖度更高。

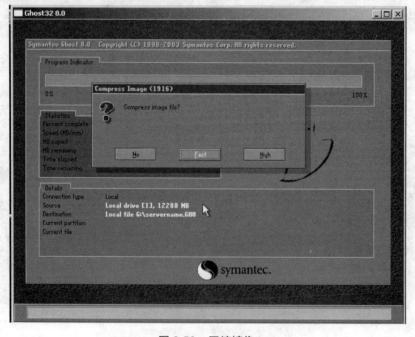

图 8-50　压缩镜像

⑪ 源服务器的 Ghost 镜像创建好以后存储在 swing 服务器上，如图 8-51 所示。注意图中的速度统计，速度越慢，创建镜像时间越长。如果速度很慢，则应当考虑正确配置网卡驱动，以免浪费太多时间。网络速度范围为每分钟几百 MB 到 1000MB 之间，理论上应该将速度设置在这个范围内。

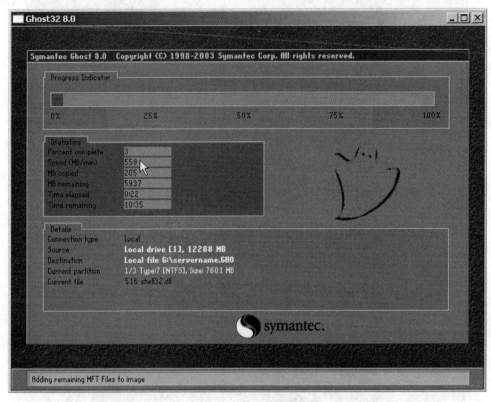

图 8-51　创建 Ghost 镜像

镜像完成以后就可以在 swing 服务器上使用了。下面介绍镜像目标虚拟服务器，与镜像源服务器只有一点不同，就是需要将镜像从 swing 服务器复制到目标服务器上。

（4）镜像目标虚拟服务器

在开始镜像之前，必须先完成如下一些事情。

● BartPE ISO 镜像存放在主机上，或者将物理 CD 放在主机的光驱里。

● 目标虚拟机已经创建完成。

● 目标虚拟机的 BIOS 设置为先从 CD-ROM 引导。

● 目标虚拟机的 CD-ROM 指向 BartPE ISO 镜像，或者放有 BartPE 光盘的物理 CD-ROM。

① 首先启动虚拟机并确认它引导到 BartPE 系统，然后按照前面所介绍的步骤进行操作，最后会操作到 Ghost 部分。如果已经准备好对目标虚拟服务器进行镜像复制，则选择"From Image"选项，如图 8-52 所示。

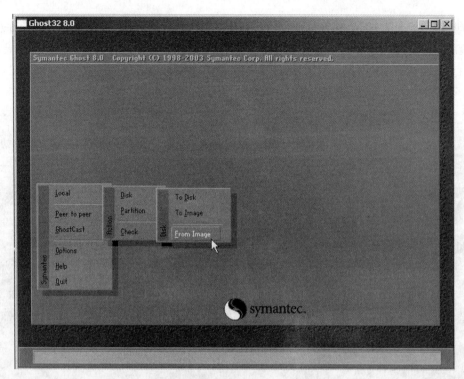

图 8-52 选择"From Image"

② 从映像硬盘中选择文件进行镜像，然后选择准备覆盖的本地硬盘，如图 8-53 所示。

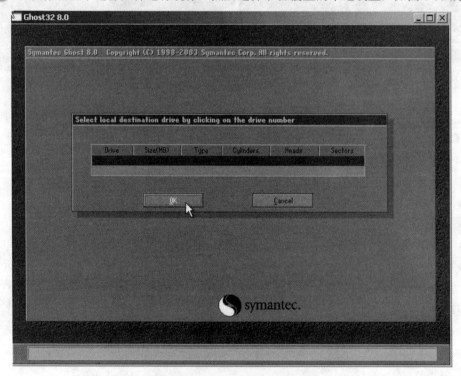

图 8-53 选择本地硬盘

③ 查看目标服务器本地硬盘的详细信息，确认它可以存放新的镜像。选择 "Yes" 开始镜像复制，完成以后，就可以启动目标虚拟机了。

3. Hal 和 Ntoskrnl

如果是从一台多处理器的源服务器迁移到单处理器的虚拟目标服务器，则需要替换 Hal 和 Ntoskrnl 文件。

4. VMware P2V Assistant 2

VMware 公司提供的 VMware P2V Assistant 2 性价比很高，尽管早期的版本在 p-to-v 进程结束后还需要再安装服务软件包和补丁，但最近的版本已经不需要这些步骤了，只有 Windows NT 4.0 可能有问题。

这个工具只在 Windows 平台运行，非常简单、易用。不过，VMware 要求用户在使用这个工具之前，也必须接受一些培训。

这个工具与一些第三方镜像产品，例如 Symantec 的 Ghost 运行得很好，可以进行 Ghost 镜像并将其转换成虚拟机，也可以自动替换 Hal 和 Ntoskrnl 系统文件。

如果读者需要了解关于这个迁移工具的更多信息，请参见 www.vmware.com/products/vtools/p2v_features.html。

5. Platespin PowerP2V

还有一个 p-to-v 服务器工具，是一个叫 Platespin 的公司提供的第三方应用软件，这个工具叫 PowerP2V，看起来很有发展前景，它提供所有的基本功能，还包括一些非常高级实用的功能。

PowerP2V 从管理控制台运行，可以进行拖放式物理到虚拟的迁移。只需点击物理源服务器，将其拖入 ESX 服务器，就可以开始迁移。还有很多应用可以定制，包括保持源服务器在迁移完成后处于打开或关闭状态。也可以预定迁移进程，这对于进行大量的服务器操作非常方便。与 VMware 的 P2V Assistant 类似，Platespin 可以很方便地添加 Hal 和 Ntoskrnl 文件作为迁移进程的一部分。但是与 VMware 工具不同的是，Platespin 也可以迁移 Linux 服务器。除了基本的 p-to-v 迁移，Platespin 也提供了虚拟到虚拟即 v-to-v 的迁移。例如，可以将一个在微软的虚拟服务器产品上运行的虚拟机迁移成在 ESX 主机上的虚拟机，反过来也可以。

8.5.3　p-to-v 总结

表 8-1 中列出了上面所介绍的 4 种 p-to-v 方法，每种方法的利弊也都罗列其中，帮助读者选择合适的方法。

表 8-1　4 种 p-to-v 方法

	cat 硬盘	BartPE	VMware P2V Assistant	Platespin PowerP2V
软件费用	N	N[1]	Y	Y
与源或者目标服务器进行实际通信的需求	Y	Y	Y	N
多重同时转换的可能	Y	Y	N	Y

续表

	cat 硬盘	BartPE	VMware P2V Assistant	Platespin PowerP2V
支持所有的 **ESX** 用户操作系统				
Windows NT 4.0	Y	Y	Y	Y
Windows 2000	Y	Y	Y	Y
Windows 2003	Y	Y	Y	Y
Windows XP	Y	Y	Y	Y
Red Hat Linux 3.0 商业版	Y	Y	N	N
Red Hat Linux 2.1 商业版	Y	Y	N	N
Red Hat Linux 2.1 高级服务器版	Y	Y	N	N
Red Hat Linux 9.0	Y	Y	N	N
Red Hat Linux 8.0	Y	Y	N	N
Red Hat Linux 7.3	Y	Y	N	N
Red Hat Linux 7.2	Y	Y	N	N
SUSE Linux 9 商业服务器版	Y	N	N	N
SUSE Linux 8 商业服务器版	Y	N	N	N
SUSE Linux 9.2	Y	Y	N	N
SUSE Linux 9.1	Y	Y	N	N
SUSE Linux 9.0	Y	Y	N	N
SUSE Linux 8.2	Y	Y	N	N
FreeBSD 4.10	Y	N	N	N
FreeBSD 4.9	Y	N	N	N
NetWare 6.5 服务器	Y	N	N	N
NetWare 6.0 服务器	Y	N	N	N
NetWare 5.1 服务器	Y	N	N	N
硬盘重新分区	N[2]	Y	Y	Y
预定 p-to-v 迁移	N	N	N	Y
Hal 和 Ntoskrnl 自动清除	N	N	Y	Y
易用性	N	Y	Y	Y

注:

[1]不是很多。

[2]需要使用 vmkfstool 和重分区软件。

结论

本节讨论了将物理服务器迁移到虚拟服务器的 4 种方法,这些方法有比较类似的共性,但每一种方法都有其特点。使用 Linux 原有的命令,例如 cat 镜像机器或者用 BartPE 和 Ghost 镜像机器,其结果都是一样的,所以实际服务器所虚拟化的镜像也是一样的。最好是每种方法都尝试一次,对每种方法的优缺点都有所了解。如果读者是 Linux 高手,那么 cat 是最好的选择,可以在 ESX 支持的任何服务器上使用(并且是免费的;如果读者只用过 Windows,那么 BartPE 是更好的选择,即使要迁移 Linux 服务器,它也可以解决。

如果你更愿意使用工具，以及其公司所提供的相应技术支持，那么 P2V 助手和 PowerP2V 都可以使用。当然，使用这些工具需要付费。P2V 助手提供基本的迁移，而 PowerP2V 则可以预定多重 p-to-v 迁移。另外，Platespin 声明它很快就可以支持 v-to-p 迁移，以备使用者需要将虚拟服务器再放回物理平台。

8.6 —— 扩充虚拟机的磁盘容量

在实际应用中，随着需求规模的增大，经常会碰到需要扩大虚拟机磁盘容量的情况。本节就以图例详细说明如何使用 vCenter Converter 来完成这一任务。

① 如果读者没有安装 vCenter Converter，则可以到 VMWare 网站下载并安装，如图 8-54 所示。

图 8-54　下载 vCenter Converter

② 安装后启动该工具，主界面如图 8-55 所示。

③ 单击"Configure Machine"按钮，出现如图 8-56 所示的配置向导。

④ 在第一步中选择待转换的源，在"源类型"下拉列表中选择"VMware Workstation，如图 8-57 所示。

⑤ 选择虚拟机文件，如图 8-58 所示。

⑥ 单击"Next"按钮继续，该工具会试图分析虚拟机的信息，如图 8-59 所示。

⑦ 完成后就进入到第二步，选择目的虚拟机类型，在这里我们同样选择"VMware Workstation"，如图 8-60 所示。

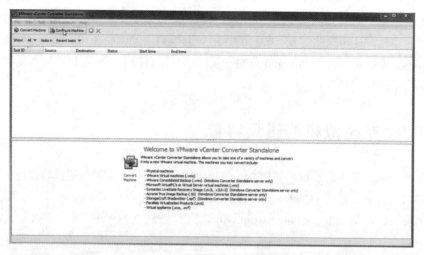

图 8-55　vCenter Converter 主界面

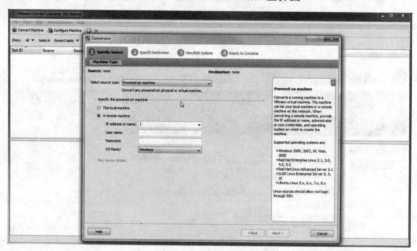

图 8-56　配置向导

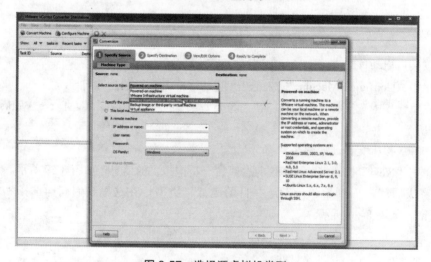

图 8-57　选择源虚拟机类型

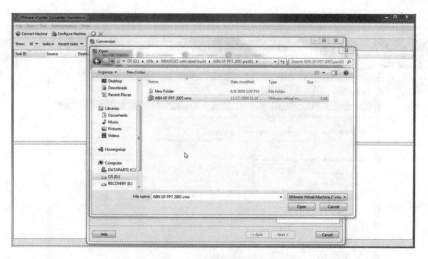

图 8-58 选择虚拟机文件

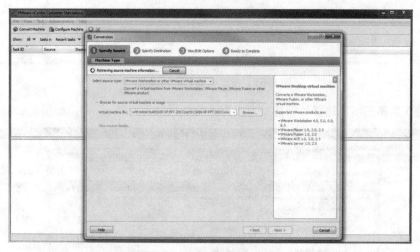

图 8-59 分析虚拟机的信息

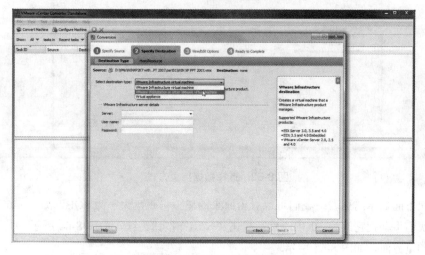

图 8-60 选择目的虚拟机类型

⑧ 填入机器名称和所在路径，如图 8-61 所示。

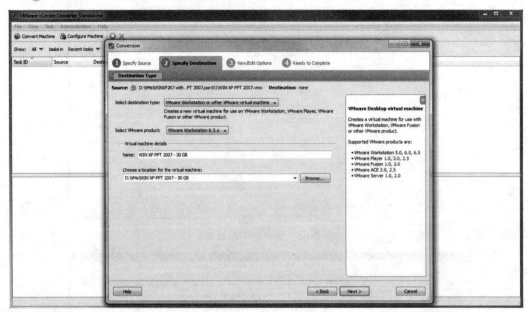

图 8-61　指定机器名称和路径

⑨ 进入到第三步，选择数据拷贝方式为"Select volumes to copy"，如图 8-62 所示。

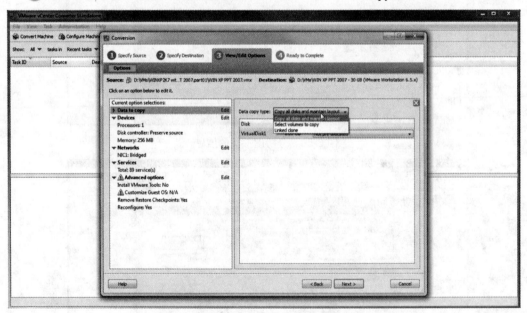

图 8-62　选择数据拷贝方式

⑩ 在下面显示的列表中我们可以看出原来的虚拟机磁盘大小为 8GB，如图 8-63 所示。

⑪ 我们手动把它改为 30GB，然后单击"Next"按钮继续，如图 8-64 所示。

⑫ 预览界面，如图 8-65 所示。

图 8-63　原虚拟机磁盘的大小

图 8-64　新虚拟机磁盘的大小

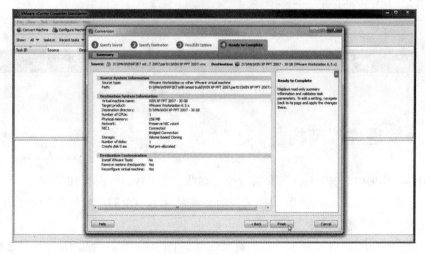

图 8-65　预览界面

⑬ 单击 "Finish" 按钮，开始转换进程，在工具的主界面中可以看到进度，如图 8-66 所示。

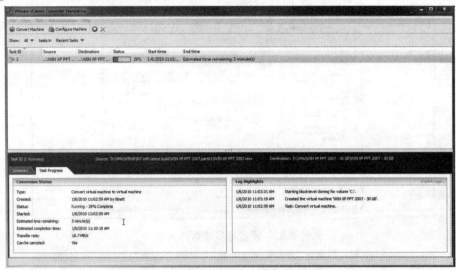

图 8-66　转换进度

⑭ 待转换完成后在新的虚拟机中可以看到扩大后的磁盘容量，如图 8-67 所示。

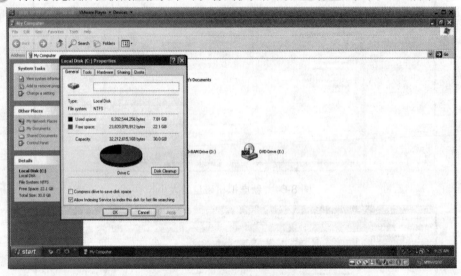

图 8-67　扩大后的磁盘容量

8.7 ● 管理虚拟架构

在任何虚拟环境中，资源管理都是最重要的部分。在 VMware ESX 和 vSphere 环境下，资源管理包括集群（Cluster）、高可用（HA）和动态资源调度（DRS）。本节将介绍这些技术，以及这些技术是如何共同有效运行的。

VMware Cluster——ESX 环境下的集群允许将多个物理主机联合起来，并基于这些主机的所有资源创建虚拟资源共享。VMware 集群主要有三部分：DRS、FT（容错）和 HA。

VMware HA——这是一个很智能的工具,可以给 ESX 集群提供高可用性支持。例如,假定有一个四节点的集群,如果其中一个节点死机了,就可以配置 HA 自动地从其他有可用资源的节点上重新启动死机节点上的虚拟机。

VMware DRS——分布式资源调度会自动监视一个集群中的所有虚拟机并对它们的资源进行管理。可以对 DRS 进行配置,为管理员提供指导,使得虚拟机受益于迁移过程。管理员也可以将其配置成自动通过 VMotion 进行迁移。

本节将讨论这些技术的各个方面,比如,如何进行配置,以及设置 vCenter 中的主要资源。

8.7.1　创建集群

可以使用 vCenter 客户端创建一个 VMware 集群,用以管理多个 ESX 服务器共同提供的资源。这样就可以将多个 ESX 主机联合成集中化的组,将 ESX 主机上的 CPU 和内存资源转变成共享资源供虚拟机使用。当 ESX 主机添加到集群中时,这些资源也就自动成为虚拟机的可用资源。

假设有 6 台 ESX 主机。这 6 台主机中的每一台都有 64GB 的内存和两个 Quad Core CPU(每个主机总共有 8 个 CPU)。由于集群汇聚了这些资源,虚拟机运行时就可以拥有大量的 CPU 以及内存。使用 HA 和 DRS 联合集群技术就可以进一步改善运行环境。

 注意:

创建 ESX 集群无须软件许可,但是 HA 和 DRS 必须从 VMware 获取注册码才能使用。

VMware 允许一个 vCenter 2.5x 集群最多有 16 台 ESX 主机,而在 vCenter 4.x 里一个集群中 ESX 主机的数目则可以达到 32 台。

在 vCenter 中添加新的集群非常简单,步骤如下。

① 启动 vCenter 客户端,并登录 vCenter 服务器,如图 8-68 所示。

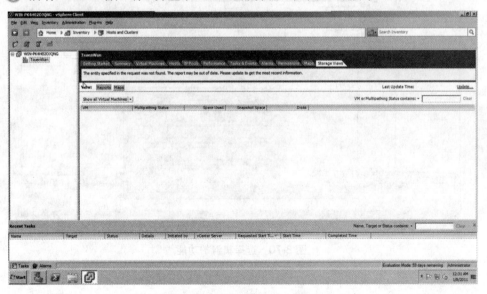

图 8-68　登录 vCenter 服务器

② 在数据中心名字上单击右键，选择"新建集群"，如图 8-69 所示。

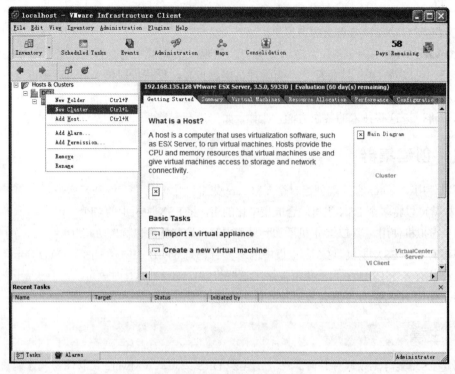

图 8-69 在数据中心新建集群

③ 随后会出现集群向导引导你完成新集群的创建过程。向导的第一个界面会提问一些关于集群的基本问题，如图 8-70 所示。

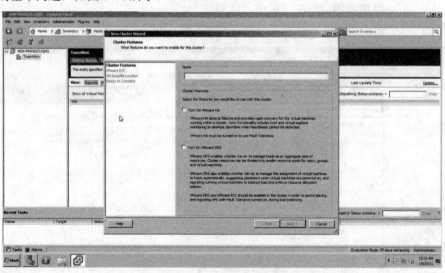

图 8-70 选择集群的功能

● **名称**——输入集群的名称。

● **VMware HA**——这是购买了扩展产品许可的用户可以使用的功能。启用 VMware HA

以后，如果有 ESX 主机发生故障，它会对虚拟机进行检测并提供快速恢复。这是一个可选的功能，创建基本集群时无须启用。

● **VMware DRS**——这也是一个需要附加许可的功能。DRS 可以使 vCenter 将主机作为一个共享资源进行管理，可以用资源池将集群拆分成几个较小的组。VMware DRS 也允许 vCenter 在虚拟机上管理资源，与 VMotion 一起使用时甚至可以将它们分配在不同的主机上。这个选项在创建集群时不需要。

④ 输入集群名称并将所需要的功能设置好以后，单击"Next"按钮继续。附加的集群功能如 DRS 和 HA 在以后任何时候都可以启用或者关闭。

⑤ 选择高可用性选项，设置信息如图 8-71 所示。

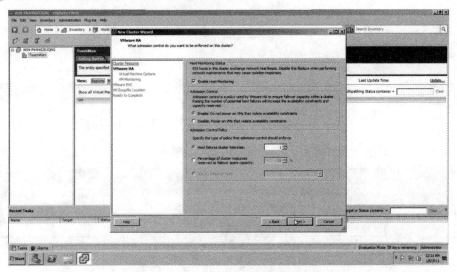

图 8-71　高可用性选项设置信息

⑥ 选择虚拟机选项，设置信息如图 8-72 所示。

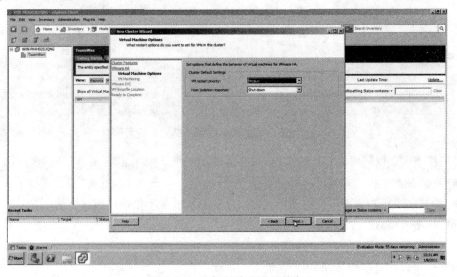

图 8-72　虚拟机选项设置信息

⑦ 选择虚拟机监视选项，设置信息如图 8-73 所示。

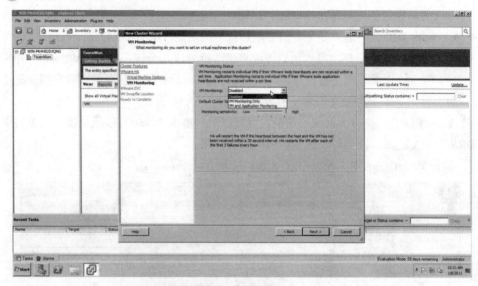

图 8-73　虚拟机监视选项设置信息

⑧ 选择用于迁移的兼容选项，设置信息如图 8-74 所示。

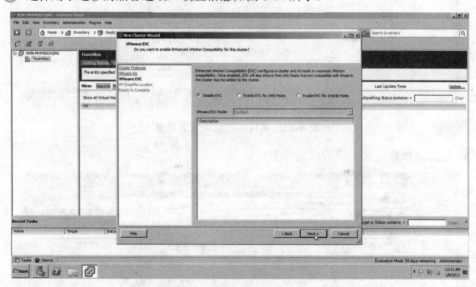

图 8-74　用于迁移的兼容选项（EVC）设置信息

⑨ 接下来会询问将虚拟机的 Swap 文件存放在哪里，如图 8-75 所示。这里有两个选项：
● 存放在与虚拟机相同的路径下（推荐）
● 存放在主机指定的数据存储中（有可能影响性能，不推荐使用这个选项）。
⑩ 单击"Next"按钮继续。
⑪ 预览所有的设置信息，如图 8-76 所示。单击"Finish"按钮开始创建集群。
现在，可以在集群中添加 ESX 主机了。

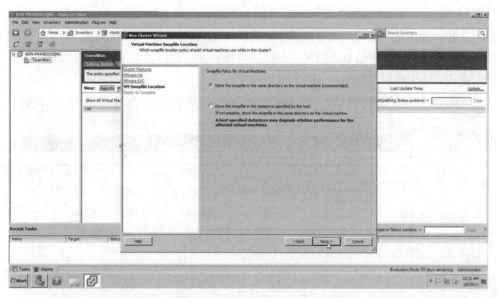

图 8-75　选择交换文件存放的位置

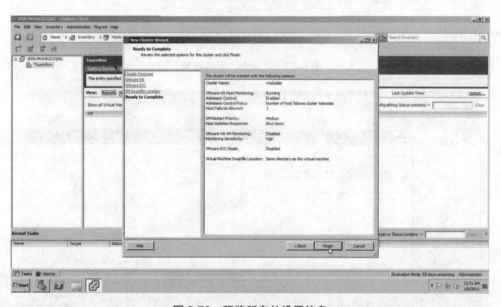

图 8-76　预览所有的设置信息

8.7.2　在集群中添加主机

可以用 vCenter 客户端给已有的 ESX 集群添加新的主机，步骤如下。

① 启动 vCenter 客户端，并登录 vCenter 服务器，起始界面如图 8-77 所示。

② 在数据中心名字上单击右键，选择"添加主机"，如图 8-78 所示。

③ 这时会打开添加主机向导，设置连接信息，如图 8-79 所示。

④ 尽管 ESX 允许使用 IP 地址作为主机代号（见图 8-80），但是为了确保最大的兼容性，

最好选用主机名。

- **连接：主机名**——输入服务器的主机名，例如 esx01.yourdomain.com。
- **用户名**——有管理员权限的用户。默认选择 root 用户，如果需要也可以改变。
- **密码**——上面输入的用户名对应使用的密码。

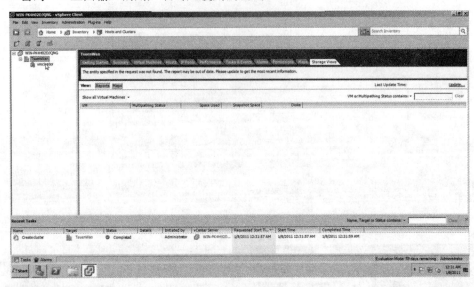

图 8-77　vCenter 起始界面

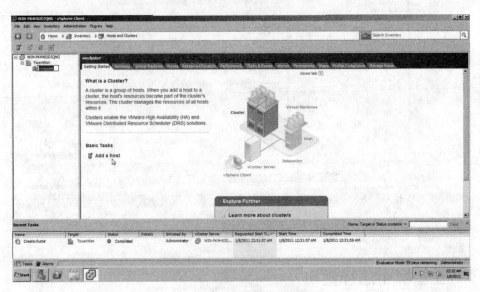

图 8-78　添加主机

⑤ 接下来会确认主机的认证信息，如图 8-81 所示。

⑥ 上述选项填好以后，单击"Next"按钮继续。

⑦ 接着会出现一个总结对话框，显示有名称、型号、版本、厂商和 ESX 主机上添加的虚拟机等，如图 8-82 所示。单击"Next"按钮继续。

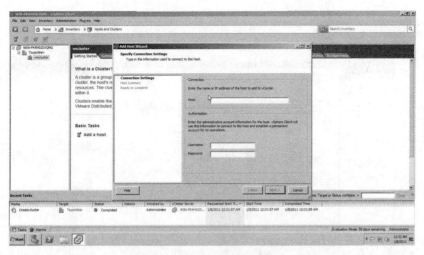

图 8-79　设置连接信息

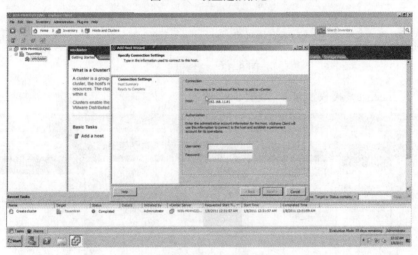

图 8-80　输入主机 IP 地址

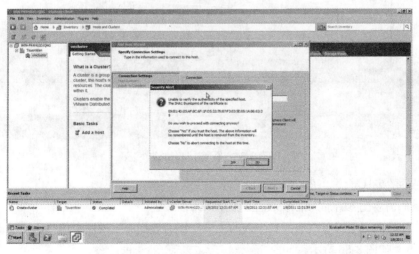

图 8-81　确认主机的认证信息

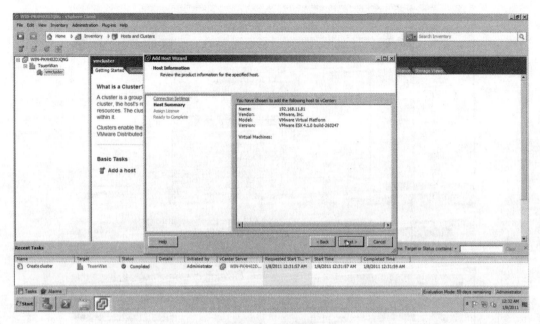

图 8-82　总结信息

⑧　配置 License（授权协议），如图 8-83 所示。

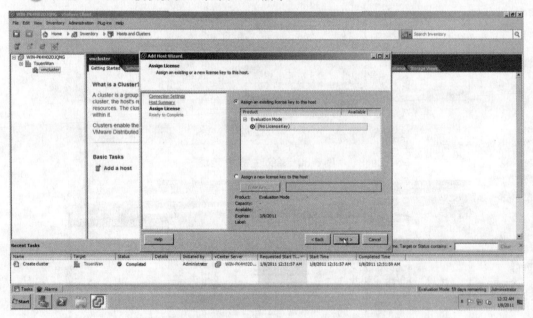

图 8-83　配置授权协议

⑨　最终的确认界面如图 8-84 所示。

下面我们需要配置新加入的 ESX 主机的网络。

①　在左边的树形视图中选择新加入的主机，然后选择右边视图中的"Configuration（配置）"选项卡，如图 8-85 所示。

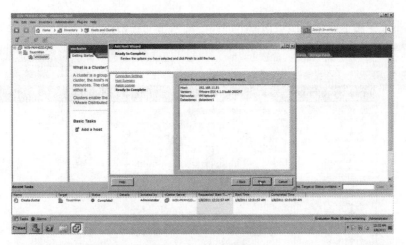

图 8-84　确认界面

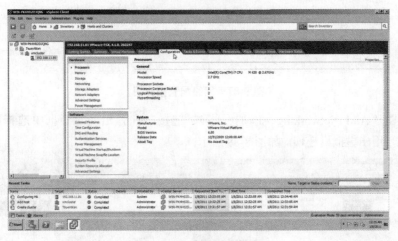

图 8-85　主机配置界面

② 选择"Hardware"组的"Network Adapters（网络控制器）"，右边就会出现虚拟网卡列表，如图 8-86 所示。

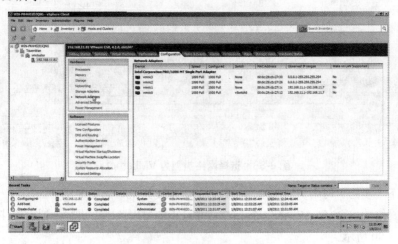

图 8-86　虚拟网卡列表

③ 双击虚拟网卡，就会出现该网卡的相应的网络配置拓扑图，如图 8-87 所示。

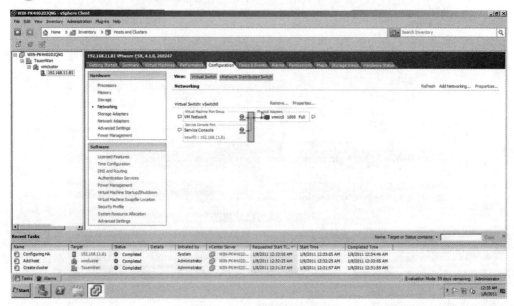

图 8-87　网络配置拓扑图

④ 单击"Add Networking（添加网络）"链接，在弹出的对话框中选择网络类型为"VMkernel"，用于虚拟机迁移，如图 8-88 所示。

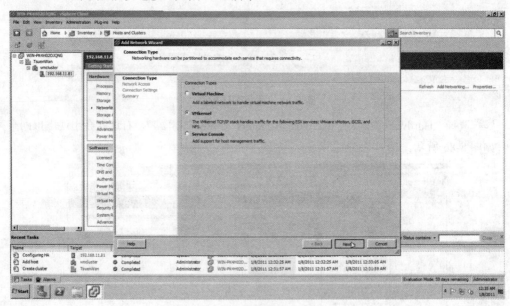

图 8-88　选择网络类型为 VMkernel

⑤ 在下一步的"网络访问"中选择对应的虚拟交换机，如图 8-89 所示。

⑥ 为网络端口命名，VLAN 一行留空，并且指定要用该网络进行虚拟机迁移（Vmotion）操作，如图 8-90 所示。

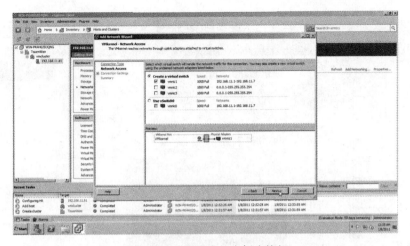

图 8-89　选择对应的虚拟交换机

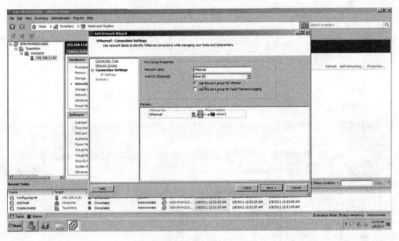

图 8-90　设置端口组

⑦ 在下一步的"连接设置"中填入 IP 地址、网络掩码、路由地址和网关，如图 8-91 和图 8-92 所示。

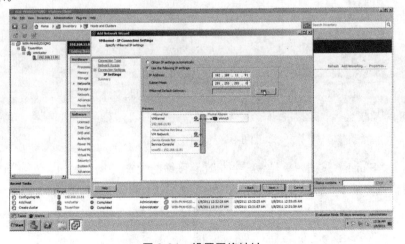

图 8-91　设置网络地址

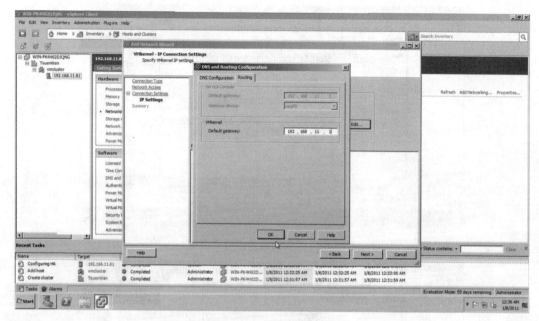

图 8-92 设置网关

⑧ 最后出现的是上面配置信息的总结界面，如图 8-93 所示。

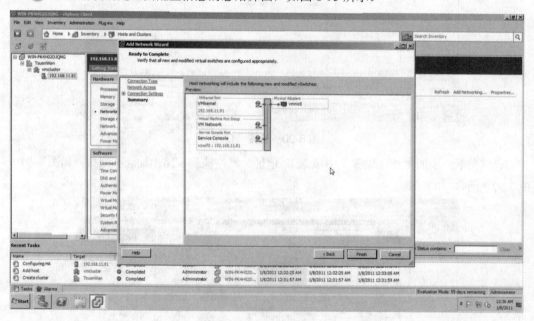

图 8-93 网络配置总结

⑨ 单击"Finish"按钮，就结束了主机迁移网络的配置。

下面我们依照基本一样的步骤，向该主机中加入一个 iSCSI 存储专用的网络。

① 同样地，选择"添加网络"、指定网络类型为"VMkernel"，在随后出现的界面中，要选择上面已创建的虚拟交换机，如图 8-94 所示。

图 8-94 选择虚拟交换机

② 指定新的网络名字和 IP 地址，如图 8-95 和图 8-96 所示。

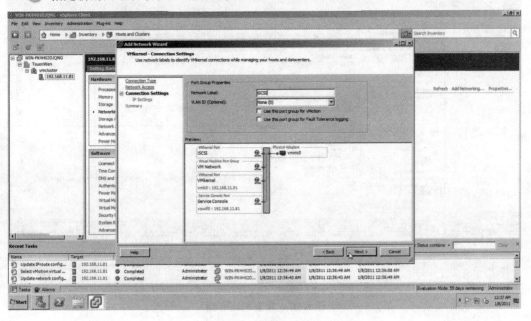

图 8-95 指定网络名字

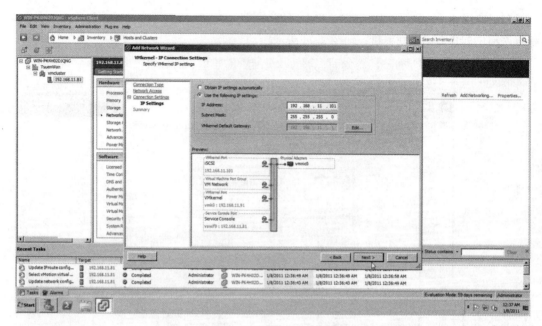

图 8-96　指定网络地址

③ 配置网络存储。单击"Storage Adapters"选项卡，在右边选择"iSCSI Software Adapter"，如图 8-97 所示。

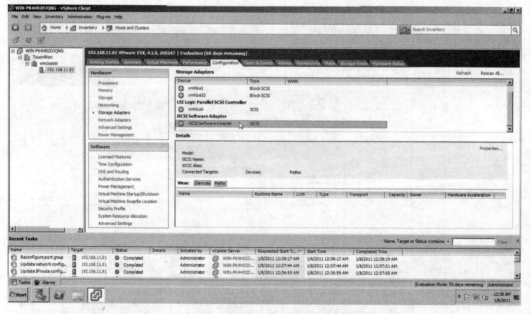

图 8-97　配置网络存储

④ 双击该适配器，出现如图 8-98 所示的网络存储属性对话框。

⑤ 在"General Properties（一般属性）"对话框中，将网络存储开启，如图 8-99 所示。

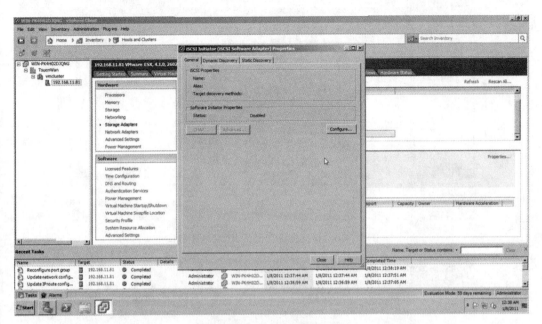

图 8-98 网络存储属性对话框

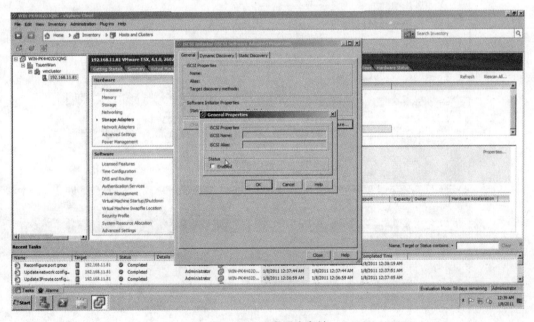

图 8-99 开启网络存储

⑥ 在"Dynamic Discovery"选项卡中填入 iSCSI 主机的 IP 地址和端口，如图 8-100 所示。

⑦ 完成配置后，就会在主界面中看到新的存储设备，如图 8-101 所示。

⑧ 配置好存储适配器以后，就要在存储选项中配置 Data Store。单击左侧的"Storage"选项，如图 8-102 所示。

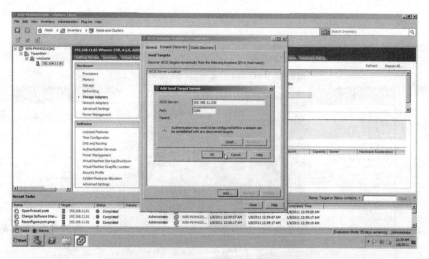

图 8-100　指定网络存储的 IP 地址和端口

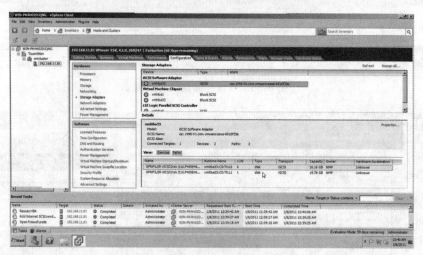

图 8-101　配置好的存储设备

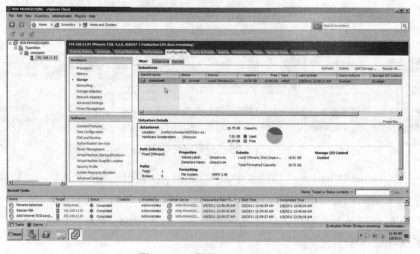

图 8-102　配置 Data Store

⑨　单击"Add Storage（添加存储）"链接，会弹出如图 8-103 所示的选择存储类型对话框。

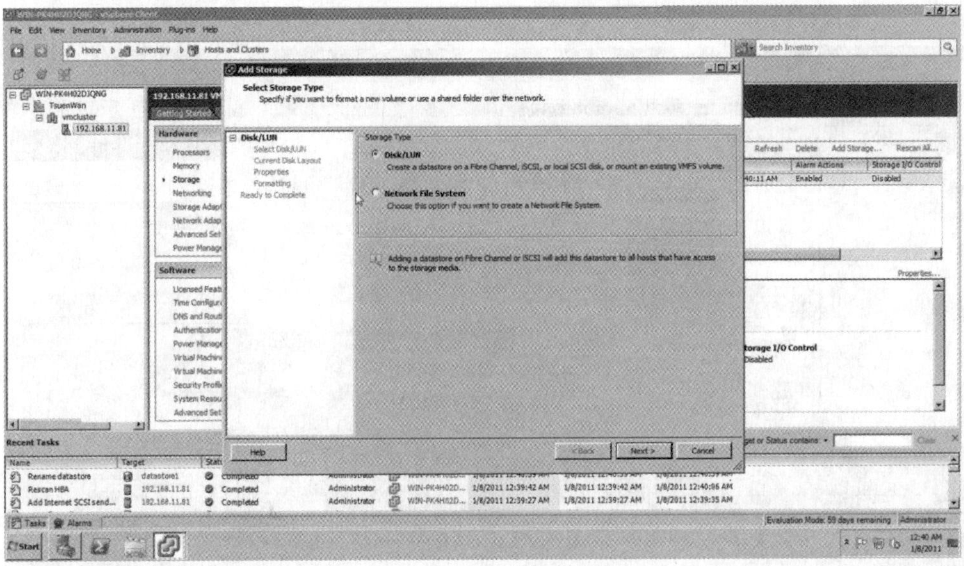

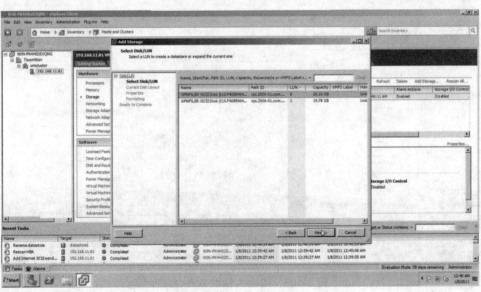

图 8-103　选择存储类型

⑩　选择"Disk/LUN"类型，单击"Next"按钮，出现选择磁盘类型对话框，如图 8-104
所示。

图 8-104　选择磁盘类型

⑪　选择相应的 iSCSI 磁盘，单击"Next"按钮，出现当前的分区配置信息，如图 8-105
所示。

⑫　在下一步中需要给新的 Datastore 命名，如图 8-106 所示。

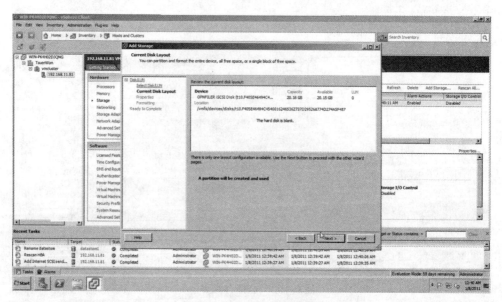

图 8-105　分区配置信息

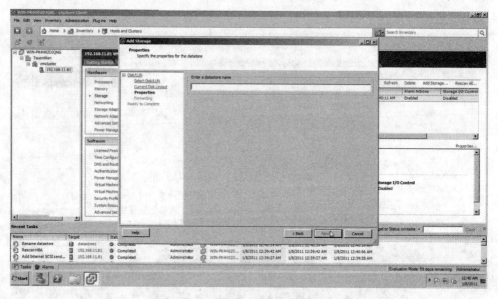

图 8-106　给新的 Datastore 命名

⑬ 设置格式化参数，如图 8-107 所示。

⑭ 最后显示配置总结，如图 8-108 所示。

⑮ 单击"Finish"按钮，几秒钟后就可以看到新的 Datastore "lun0"，如图 8-109 所示。

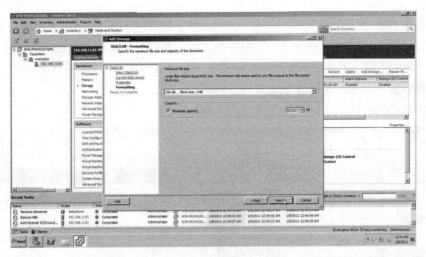

图 8-107 设置格式化参数

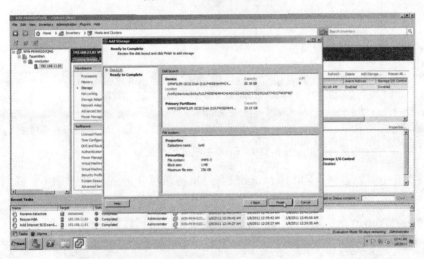

图 8-108 配置总结

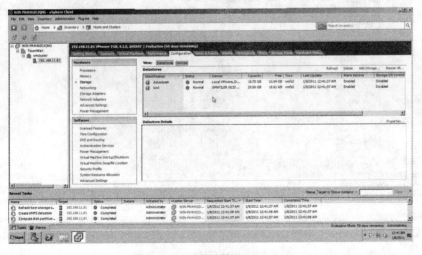

图 8-109 发现新的 Datastore

集群中的 ESX 主机，根据环境的需要经常会为它配置网卡捆绑（NIC Teaming）。使用这项技术的好处是增加了冗余和带宽，即网络不会因为某根网线或者某个链接的意外事故而中断，又可以使用多块网卡同时为操作系统中的单个网络接口收发数据，从而增加了带宽。

下面我们演示如何为 ESX 主机配置网卡捆绑。

① 切换到 ESX 主机的网络配置部分，如图 8-110 所示。

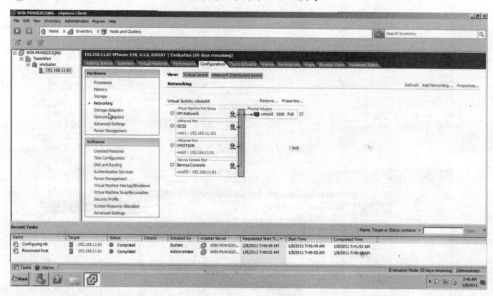

图 8-110　ESX 主机的网络配置

从图 8-110 中可以看出，VM Network 只有一块物理网卡 vmnic0 提供服务。我们的目标是向其中加入另一块物理网卡。

② 单击"Properties（属性）"链接，会出现虚拟网络属性对话框，如图 8-111 所示。

图 8-111　虚拟网络属性对话框

③ 单击"Network Adapters"选项卡，会看到当前的虚拟网卡列表，如图 8-112 所示。

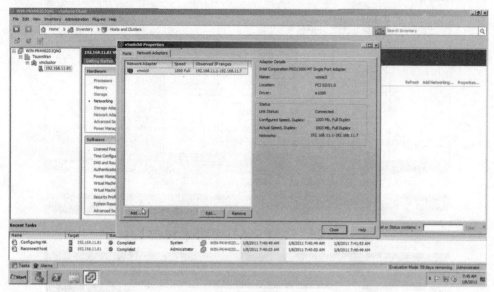

图 8-112　虚拟网卡列表

④ 单击"Add"按钮，会给出当前可用的其他物理网卡，如图 8-113 所示。

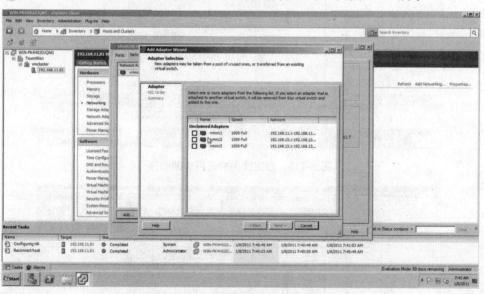

图 8-113　当前可用的其他物理网卡

⑤ 勾选要加入的物理网卡 vmnic1，如图 8-114 所示。

⑥ 单击"Next"按钮继续，接下来要指定使用物理网卡的顺序，列在上面的网卡具有较高的优先级，会优先被使用，如图 8-115 所示。

⑦ 单击"Next"按钮继续，出现总结界面，单击"Finish"按钮，如图 8-116 所示。

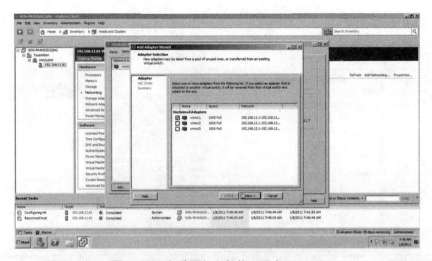

图 8-114　勾选要加入的物理网卡 vmnic1

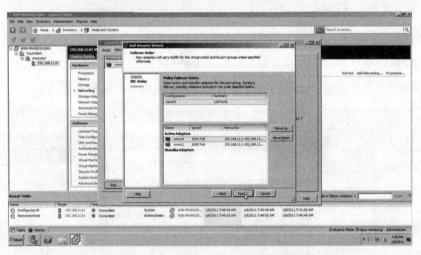

图 8-115　指定使用物理网卡的顺序

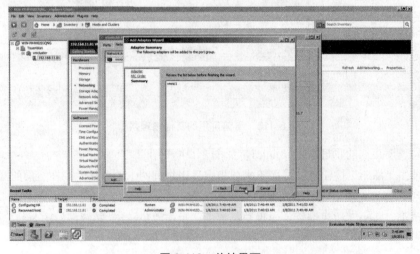

图 8-116　总结界面

⑧　回到网络配置拓扑图，可以看到此时网络中已经多了新加的网卡，如图 8-117 所示。
至此，网卡捆绑工作已经完成。

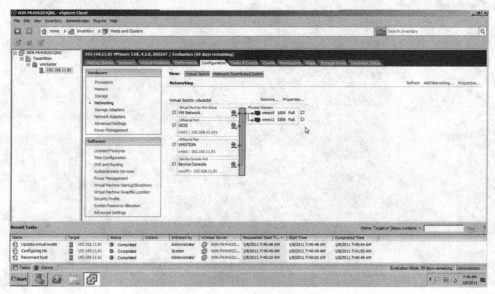

图 8-117　已经捆绑的网卡

8.7.3　在集群中克隆新的 ESX 主机

本节介绍如何在集群中克隆新的 ESX 主机。通过这种方法能够方便地添加所有需要的
主机。

①　打开已有 ESX 主机的控制台，如图 8-118 所示。

图 8-118　ESX 主机控制台

以 root 用户登录，并运行 poweroff 命令，如图 8-119 所示。

图 8-119 运行关机命令

② 接下来需要等待关机过程的完成，如图 8-120 所示。

图 8-120 等待关机过程完成

③ 打开实验环境中的虚拟机 ESX-A，如图 8-121 所示。

④ 在"VM"菜单中选择"Clone"选项，如图 8-122 所示。

⑤ 打开克隆向导的欢迎界面，如图 8-123 所示。

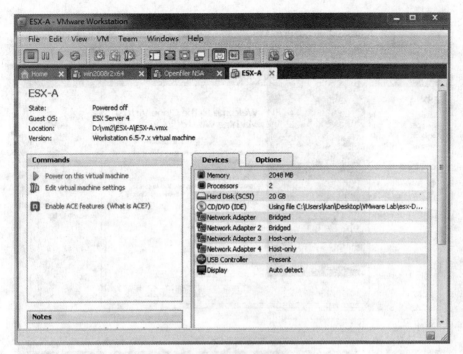

图 8-121　打开虚拟机

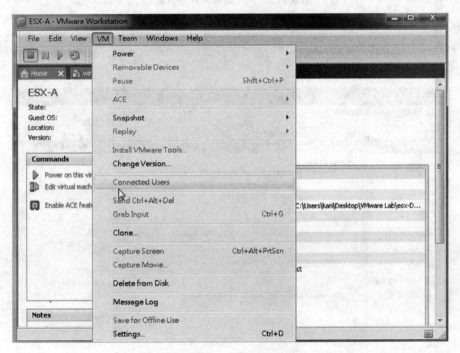

图 8-122　选择克隆选项

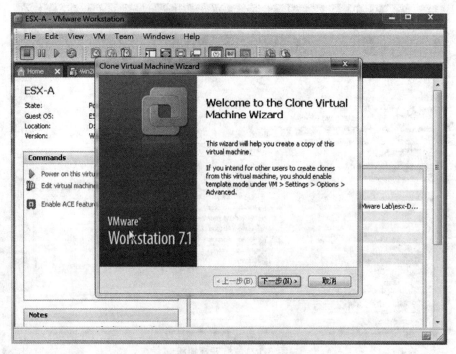

图 8-123　克隆向导的欢迎界面

⑥ 选择克隆的数据源为虚拟机当前的状态，如图 8-124 所示。

⑦ 选择克隆方式为 "Create a full clone"，以便做完整数据拷贝，建立独立的虚拟机，如图 8-125 所示。

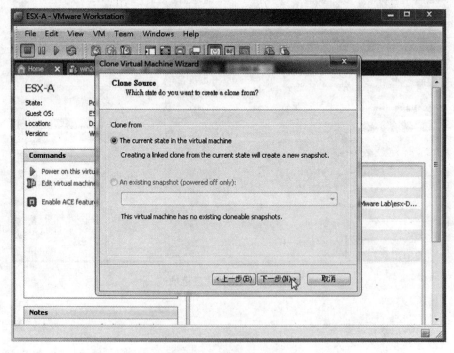

图 8-124　选择克隆的数据源

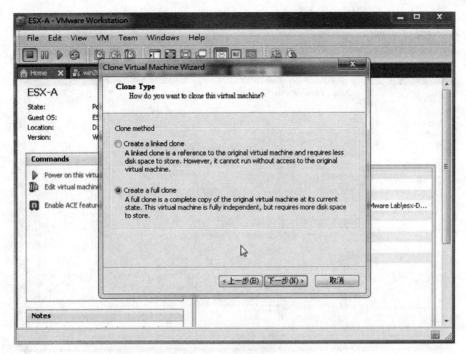

图 8-125 选择克隆方式

⑧ 给新的虚拟机命名为 ESX-B，如图 8-126 所示。

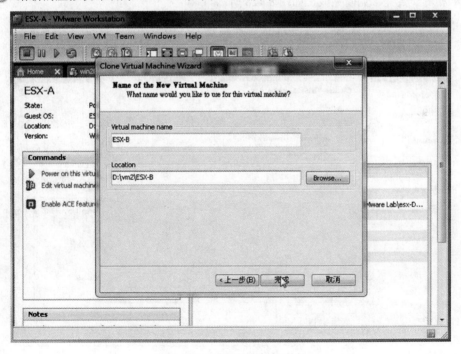

图 8-126 给新的虚拟机命名

⑨ 单击"完成"按钮，就会出现如图 8-127 所示的克隆进度条。

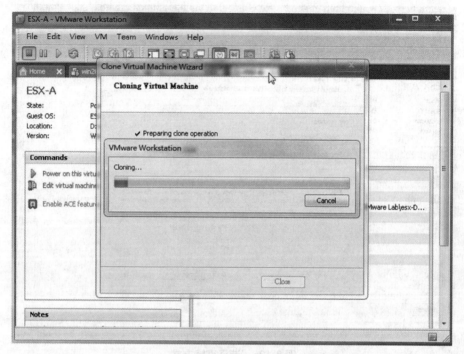

图 8-127　克隆进度条

⑩　稍等一会儿，克隆完成，如图 8-128 所示。

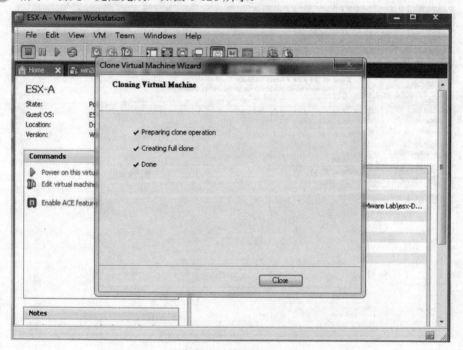

图 8-128　克隆完成

⑪　在实验环境下的 VMware Workstation 中我们可以看到新的虚拟机，如图 8-129 所示。

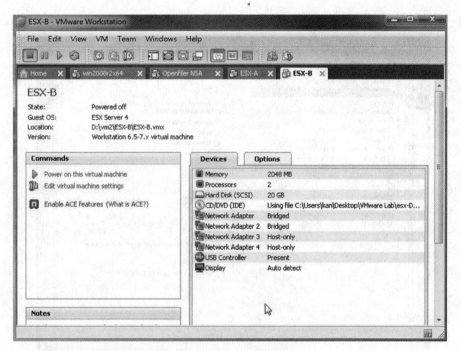

图 8-129　新的虚拟机

⑫　接下来我们需要修改新的虚拟机的一些配置，打开虚拟机设置对话框，将其中的配置修改为如图 8-130 所示。

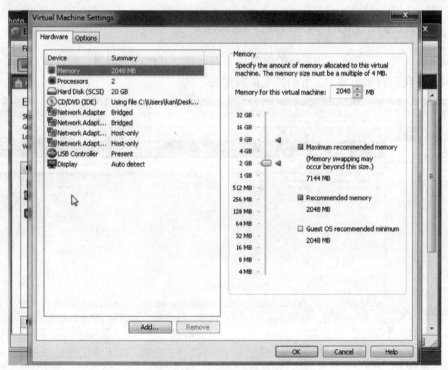

图 8-130　修改虚拟机的硬件配置

⑬ 再将"Options"选项卡中的配置修改为如图 8-131 所示。

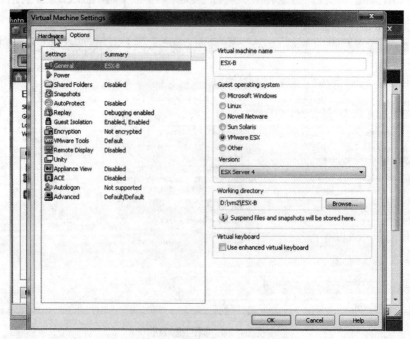

图 8-131　修改虚拟机的选项配置

至此，我们已经克隆了一台 ESX 主机，读者可以按照上面的方式将它添加到集群中。

8.7.4　使用 VMotion 实时迁移虚拟机

在 vCenter 中，可以将正在运行的虚拟机动态迁移至其他物理机器，所运行的服务不会被打断。例如，我们有如图 8-132 所示的虚拟机列表。

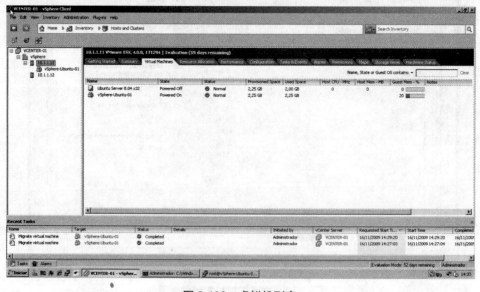

图 8-132　虚拟机列表

单击右键打开虚拟机控制台，并以 root 用户登录，如图 8-133 所示。

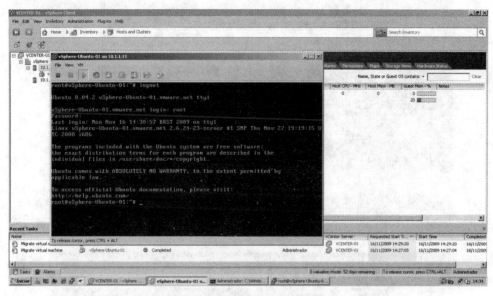

图 8-133　登录虚拟机控制台

运行 ifconfig 命令，查看该虚拟机提供服务的 IP 地址为 10.1.1.201，如图 8-134 所示。

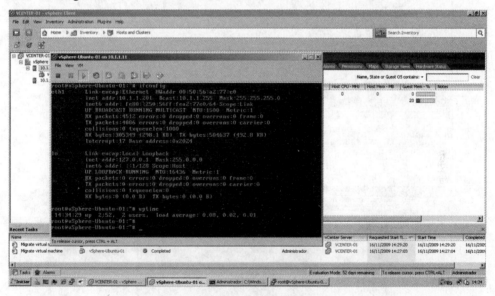

图 8-134　通过命令查看 IP 地址

我们从另一台机器登录该虚拟机的 SSH 服务，同时 ping 该地址，用于监视其网络服务运行情况，如图 8-135 所示。

从 vCenter 管理界面中，在该虚拟机上单击右键，选择"Migrate"选项，如图 8-136 所示。

出现迁移向导，选择迁移类型为"Change host"，如图 8-137 所示。单击"Next"按钮继续。

图 8-135　从其他机器监视网络运行情况

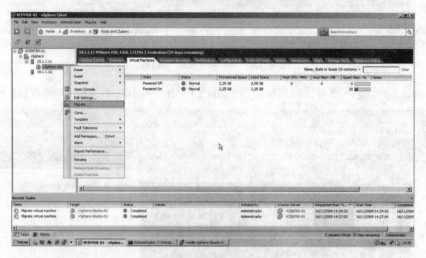

图 8-136　选择迁移

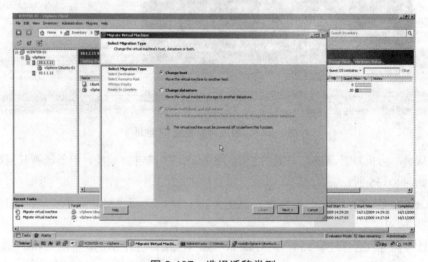

图 8-137　选择迁移类型

选择迁移的目的主机为 10.1.1.12，如图 8-138 所示，vCenter 会验证该主机是否满足迁移的条件，验证结束后会在下方显示 "Validation succeeded"，如图 8-139 所示。

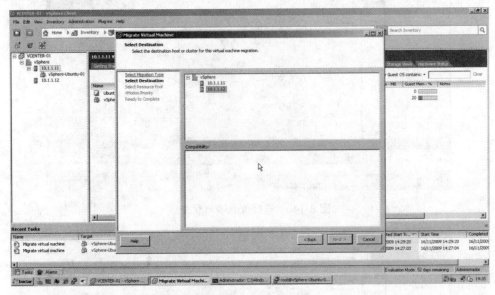

图 8-138 选择迁移目的地

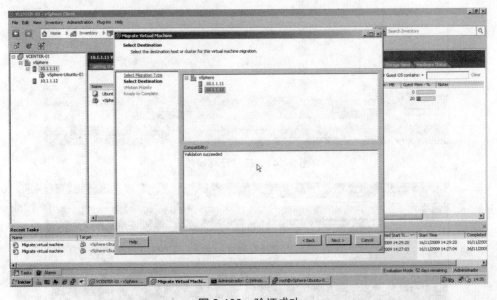

图 8-139 验证成功

单击 "Next" 按钮继续，下一步选择 VMotion 优先级，这会影响目的主机的资源分配，默认的选项是在 VMotion 开始前检测是否有合适的资源，如图 8-140 所示。

最后是对迁移操作进行确认，如图 8-141 所示。

接下来虚拟机就开始迁移，从 SSH 登录窗口和 ping 程序的窗口中，我们可以看到在迁移过程中服务并未中断，如图 8-142 所示。

图 8-140　选择 Vmotion 优先级

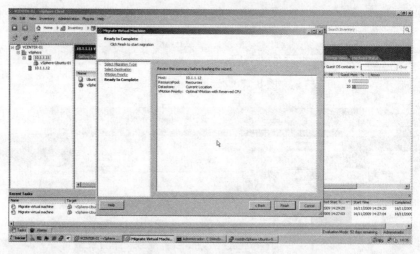

图 8-141　确认迁移操作

图 8-142　迁移过程中服务的情况

迁移结束后，可以看到在 vCenter 中虚拟机已经转移到了新的 ESX 主机中，如图 8-143 所示。

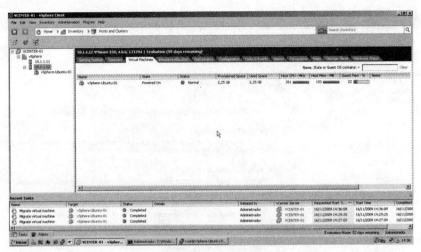

图 8-143　迁移结束

8.7.5　启用集群中的 DRS

使用 vCenter 客户端工具可以启用当前集群中的 DRS。对于 VMware Infrastructure 3 商业版，DRS 已经融合在里面；对于 VMware Infrastructure 标准版，DRS 是一个可选的附加项。无论使用哪个版本，我们都详细介绍一下启用 DRS 的步骤。

① 启动 vCenter 客户端并登录 vCenter 服务器。

② 在集群上单击右键，选择 "Edit Settings" 选项，打开集群的配置窗口。

③ 单击窗口左侧的 General 标签，会出现一个界面，可以对集群重命名，也可以启用或者关闭集群上的 HA 或者 DRS，如图 8-144 所示。

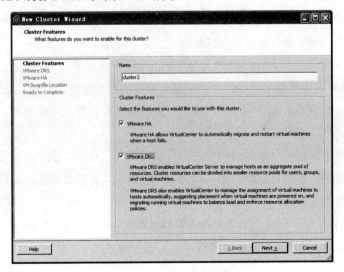

图 8-144　启用集群上的 DRS

④ 单击左侧列表中的"VMware DRS"项，会出现三个不同的 DRS 自动操作级别供选择，如图 8-145 所示。

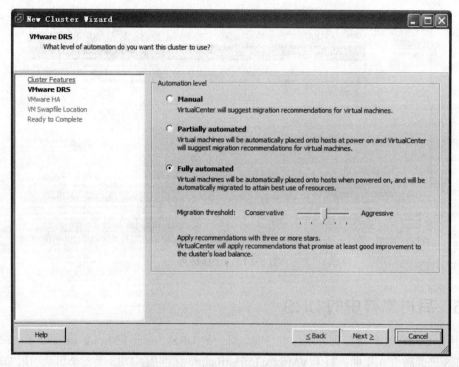

图 8-145　选择 DRS 自动操作级别

- **手动**——启动一个虚拟机后，DRS 会给出一个建议的主机列表以供迁移。如果虚拟机有一个较好的主机，DRS 也会建议通过手动 VMotion 进行虚拟机的迁移。
- **部分自动**——虚拟机启动以后，DRS 自动将其放置在它认为最合适的主机上。当集群变得不平衡时，DRS 会给出一个列表，列出建议放置的主机，与手动类似。
- **完全自动**——启动虚拟机以后，DRS 会自动将其放置在最合适的主机上。当集群变得不平衡时，DRS 会自动开始 VMotion 进程，不需要系统管理员，自动移动虚拟机。

自动选项中显示的迁移门槛可以设置为级别 1～5。1 最保守，5 最激进。

通常，当 DRS 认为性能可以有改善的时候，设定的自动化级别就高，发生的迁移更频繁。如果选择了较保守的级别，那么只有在 DRS 认为可以对集群负载平衡性有很大提高的时候，才会发生迁移。

在 DRS 环境中，也可以单独为每个虚拟机设置自动化级别，这个设定优先于在整个集群中设置的自动化级别。在特定的虚拟机中选择自动化级别，可以更好地按照自己的需求调整集群，如图 8-146 所示。

DRS 的另一个重要功能是在集群里为虚拟机设置规则，如图 8-147 所示。它和上面的自动化级别协同工作，影响 DRS 所制定的决策。

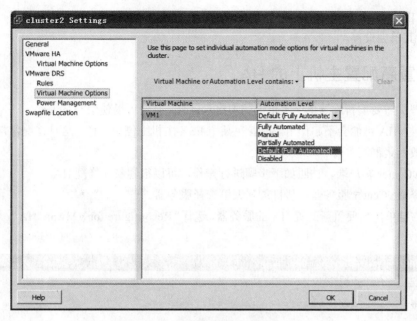

图 8-146　设置虚拟机自动化级别

图 8-147　设置虚拟机 DRS 规则

- Affinity 规则——当多个虚拟机应当在同一个物理主机上运行时，需要指定该规则。例如，多个虚拟机的系统需要经常通信，那么运行在同一个主机上会有更好的性能。
- 反 Affinity 规则——强制虚拟机在分离的主机上运行。如果两台服务器构成容错备份环境，则可以通过设置该规则强制它们在不同的物理机器上运行。

下面是使用 DRS 的一些小窍门。

- 从集群移除一个主机时，要将它放在维护模式下。
- 如果想使自动化级别处于手动级，也可以启用推荐的 Level4 或者 Level5。

● 可以让 DRS 自动控制大多数虚拟机，对于那些不希望 DRS 自动控制的虚拟机，可以对其单独设置。

8.7.6　重新配置主机上的 HA

当管理员需要重新配置单个主机上的 VMware HA 时，可以使用 vCenter。

有时候，HA 可能会不起作用，或者在某个 ESX 主机上停止工作。这种情况常常发生在更新后或者改变集群配置时。

使用 vCenter 客户端，按照如下步骤进行操作，可以很容易地修复 HA。

① 登录 vCenter 服务器，从目录列表里选择服务器。

② 右键单击想要重新配置 HA 的服务器，选择"Reconfigure for VMware HA"，如图 8-148 所示。

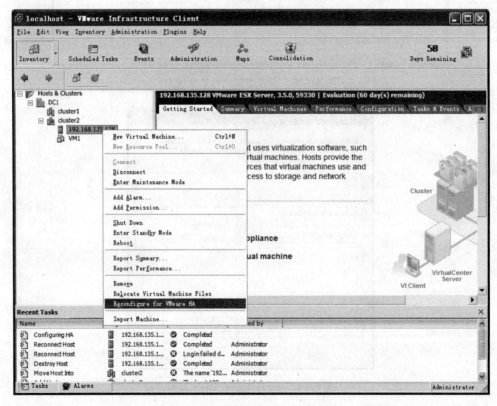

图 8-148　重新配置 VMware HA

重新配置的过程开始以后，需要用 1～2 分钟的时间，耗费时间的长短依赖于服务器的忙碌程度以及网络连接的质量。进程开始以后，在 vCenter 客户端窗口的底部有一个"Recent Tasks"窗口，其中显示的就是正在进行的重新配置状态。

重新配置进程有时候会失败，这时状态栏会显示"An error occurred during configuration of the HA Agent on the host"。如果发生了这种情况，只需要按照本节介绍的步骤重新开始配置就可以解决问题。

8.8 ●— 虚拟系统实用工具

本节将要讨论一些非常实用的工具，帮助你管理虚拟基础设施。

8.8.1　NewSID

NewSID 是一个免费工具，可以从 www.sysinternals.com 下载。如果你要克隆虚拟机模板，就需要运行此工具。运行时可以选择一个随机的 SID 或自己指定一个 SID，如图 8-149 所示。我们建议使用随机的 SID。

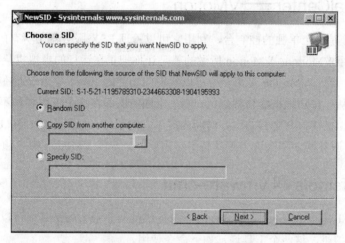

图 8-149　选择一个 SID

单击"Next"按钮，重命名计算机，如图 8-150 所示。

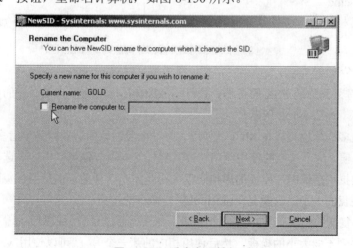

图 8-150　重命名计算机

单击"Next"按钮，选择应用新的 SID 后重启计算机，新的 SID 将被应用到虚拟机里，如图 8-151 所示。

图 8-151　应用新的 SID

虚拟机重启后，应该不会再遇到任何关于 SID 或者名称等问题了。

你也可以使用微软的 Sysprep 工具来完成同样的工作，但我们推荐使用 NewSID 工具。但是，如果要在虚拟中心创建克隆，就必须使用 Sysprep 工具。

8.8.2　VirtualCenter——VMotion

VirtualCenter 是一个单独的控制台，利用它可以管理 ESX 服务器上所有的虚拟机。

这里主要介绍 VMotion。VMotion 所做的就是让你把正在运行的虚拟机从一台物理的 ESX 服务器转移到另一台。VMotion 是第一个可以实现此功能的工具，笔者一直在使用它。可以将运行中的服务器从一台物理机器转移到另一台，上面的服务在这个过程中都不会中断。理论上这个工具允许虚拟机在百分之百的运行时间内提供它的服务。如果你计划在 ESX 服务器环境中部署多台 ESX 服务器，那么这个工具是绝对需要的。部署 VMotion 需要额外的费用。

8.8.3　vmkfstools 和 vmware-cmd

vmkfstools 和 vmware-cmd 是 VMware 本身提供的两个强大的工具，可以用于创建和管理 ESX 服务器和虚拟机。这两个工具通过如下命令使用。

- vmkfstools
- vmware-cmd

该命令及其相关选项可以从命令行运行，使用脚本手动启动，或者用 cron 在指定时间执行。

1. vmkfstools

用 PuTTY 登录到你的 ESX 服务器，执行 vmkfstools-help 命令，该命令的各种选项将显示出来，选项很多，如图 8-152 所示。

该命令的很多选项也可以在 MUI 里使用。第一个要讨论的选项就是笔者多次使用过的- X 或- extendfile 选项，这个选项的使用频率超过其他任何选项，你可以用这个选项扩大虚拟磁盘的大小。建立虚拟机模板时，模板的虚拟磁盘大小是完全一样的，但是当你克隆它们时，可能需要调整虚拟磁盘的大小。这就是 vmkfstools - X 命令的用途。

比如说，你复制的模板有 5GB 的虚拟磁盘，那么当要建立的虚拟服务器需要 10GB 时（你也可以建立一系列不同大小的模板，然后使用相应的那一个），就可以使用 vmkfstools 扩大虚拟磁盘的大小。

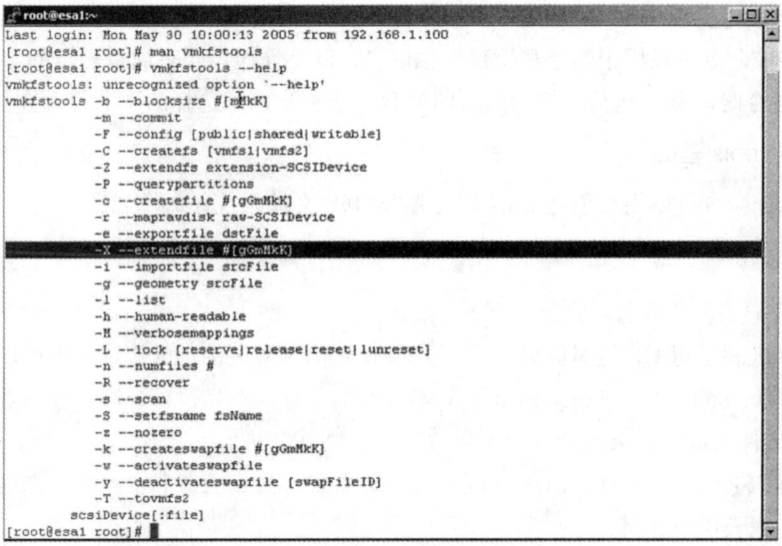

```
root@esa1:~
Last login: Mon May 30 10:00:13 2005 from 192.168.1.100
[root@esa1 root]# man vmkfstools
[root@esa1 root]# vmkfstools --help
vmkfstools: unrecognized option `--help'
vmkfstools -b --blocksize #[mMkK]
           -m --commit
           -F --config [public|shared|writable]
           -C --createfs [vmfs1|vmfs2]
           -Z --extendfs extension-SCSIDevice
           -P --querypartitions
           -c --createfile #[gGmMkK]
           -r --maprawdisk raw-SCSIDevice
           -e --exportfile dstFile
           -X --extendfile #[gGmMkK]
           -i --importfile srcFile
           -g --geometry srcFile
           -l --list
           -h --human-readable
           -M --verbosemappings
           -L --lock [reserve|release|reset|lunreset]
           -n --numfiles #
           -R --recover
           -s --scan
           -S --setfsname fsName
           -z --nozero
           -k --createswapfile #[gGmMkK]
           -w --activateswapfile
           -y --deactivateswapfile [swapFileID]
           -T --tovmfs2
        scsiDevice[:file]
[root@esa1 root]#
```

图 8-152　vmkfstools 命令选项

下面介绍一个例子。首先，我们用 cp 命令复制虚拟磁盘（也可以进入 MUI，选择管理文件并复制那里的文件），并将新的 VMDK 文件命名为 my_new_sqlserver.vmdk。

模板复制完成后，在被复制的模板所在的目录中输入“ls -lh”命令。注意图 8-153 中新的 VMDK 文件大小。

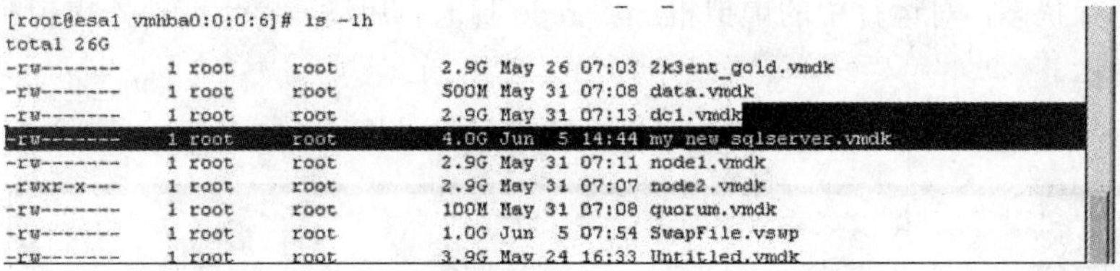

```
[root@esa1 vmhba0:0:0:6]# ls -lh
total 26G
-rw-------    1 root     root        2.9G May 26 07:03 2k3ent_gold.vmdk
-rw-------    1 root     root        500M May 31 07:08 data.vmdk
-rw-------    1 root     root        2.9G May 31 07:13 dc1.vmdk
-rw-------    1 root     root        4.0G Jun  5 14:44 my_new_sqlserver.vmdk
-rw-------    1 root     root        2.9G May 31 07:11 node1.vmdk
-rwxr-x---    1 root     root        2.9G May 31 07:07 node2.vmdk
-rw-------    1 root     root        100M May 31 07:08 quorum.vmdk
-rw-------    1 root     root        1.0G Jun  5 07:54 SwapFile.vswp
-rw-------    1 root     root        3.9G May 24 16:33 Untitled.vmdk
```

图 8-153　新的 VMDK 文件

输入命令：vmkfstools-X 10G my_new_sqlserver.vmdk，这个命令将 my_new_sqlserver.vmdk 增加到 10GB。再次输入“ls -lh”命令，输出如图 8-154 所示。

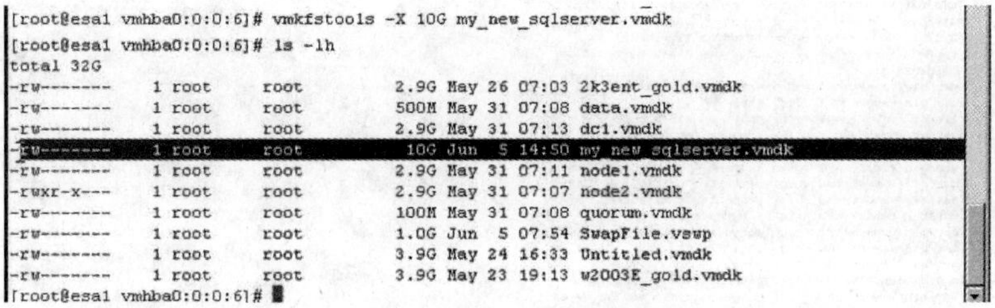

```
[root@esa1 vmhba0:0:0:6]# vmkfstools -X 10G my_new_sqlserver.vmdk
[root@esa1 vmhba0:0:0:6]# ls -lh
total 32G
-rw-------    1 root     root        2.9G May 26 07:03 2k3ent_gold.vmdk
-rw-------    1 root     root        500M May 31 07:08 data.vmdk
-rw-------    1 root     root        2.9G May 31 07:13 dc1.vmdk
-rw-------    1 root     root         10G Jun  5 14:50 my_new_sqlserver.vmdk
-rw-------    1 root     root        2.9G May 31 07:11 node1.vmdk
-rwxr-x---    1 root     root        2.9G May 31 07:07 node2.vmdk
-rw-------    1 root     root        100M May 31 07:08 quorum.vmdk
-rw-------    1 root     root        1.0G Jun  5 07:54 SwapFile.vswp
-rw-------    1 root     root        3.9G May 24 16:33 Untitled.vmdk
-rw-------    1 root     root        3.9G May 23 19:13 w2003E_gold.vmdk
[root@esa1 vmhba0:0:0:6]#
```

图 8-154　“ls -lh”命令输出

现在，虚拟磁盘的大小是 10GB。当这个虚拟机启动时，仍然只能看到它的原始大小，使用操作系统内的磁盘分区工具，可以轻松地将驱动重新分区到足够大小。

这种方法也可以用于配置虚拟机。如果需要增加现有硬盘的容量，又不能只简单地增加一个虚拟磁盘，就可以使用这种方法来做。

vmkfstools 命令可以用于创建和管理虚拟磁盘，以及管理包含有虚拟磁盘的 VMFS 文件系统。运行此命令时，有一些基本的和高级的参数（选项）可供选择。下面简单介绍几个。

2．vmkfstools 基础

vmkfstools 命令可以用来创建 ESX 服务器 VMFS 文件系统，命令如下：

```
vmkfstools -C myvm_s -b 2m -n 16 vmhba0:1:0:1
```

下面我们把该命令的选项介绍一下。

使用-C（大写字母 C，这里区分大小写）产生 VMFS 分区的创建选项，也可以使用这个选项的较长名字-createfs 来实现。myvm_s 是 VMFS 卷的名称，-b 设置块尺寸，-n 设置容纳于 VMFS 卷的 VMFS 文件数量。如果这个选项不包含其中，则其默认值为 256。

对识别 SCSI 设备、目标、LUN 和分区 ID 等命名，读者应该非常熟悉。在这个例子中，vmhba0:1:0:1 代表以下含义。

第一部分"vmhba0"是 ESX 服务器认可的第一个 SCSI 设备；第二个数字"1"是目标数量；第三个数字"0"是逻辑单元号（LUN）；第四个数字"1"是分区号码。如果这个数字设置为"0"，则意味着该分区就是整个磁盘，而在此例子中，"1"表示磁盘上的第一个分区。

3．vmware-cmd

vmware-cmd 是 VMware 提供的另一个非常强大的命令行工具。有了这个工具，你可以查询虚拟机的运行状态，对运行中的虚拟机应用 redo 日志，启动、停止或暂停虚拟机，还可以进行很多其他操作。

从 ESX 服务器输入 vmware-cmd 命令行，输出结果如图 8-155 所示。

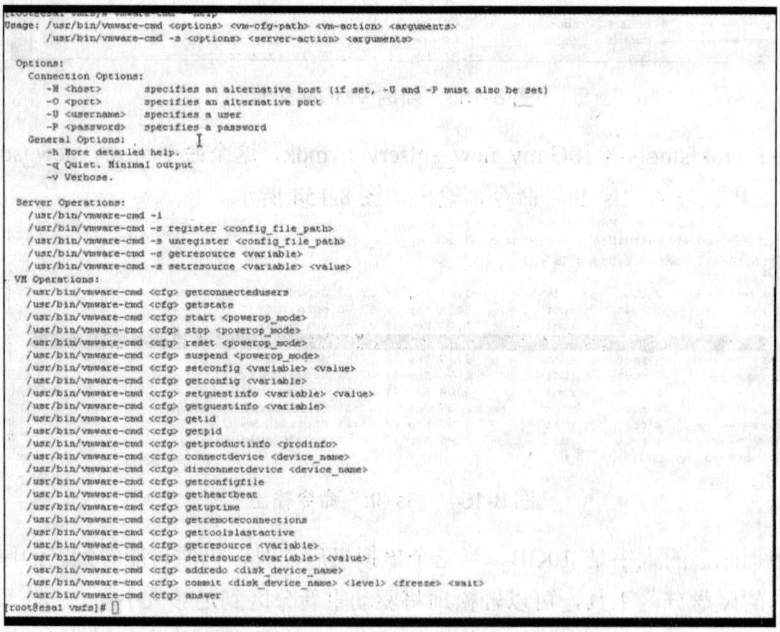

图 8-155 "vmware-cmd--help"命令输出结果

启动虚拟机的命令有许多选项，命令格式如下：

```
vmware-cmd /vmware/dc1/winNetEnterprise.vmx start
```

首先输入命令名字，后面是要运行的虚拟机的配置文件路径，然后添加参数，在这个例子中是启动参数。这样将启动虚拟机 dc1，如图 8-156 所示。

```
[root@esa1 dc1]# vmware-cmd /vmware/dc1/winNetEnterprise.vmx start
start() = 1
[root@esa1 dc1]#
```

图 8-156　"vmware-cmd <cfg> start" 的运行结果

请注意结果：start() = 1，表示该命令成功完成。如果再次运行该命令，则会收到错误信息，如图 8-157 所示。

```
[root@esa1 dc1]# vmware-cmd /vmware/dc1/winNetEnterprise.vmx start/vmware/dc1/winNetEnterprise.vmx start
Error executing the command "start/vmware/dc1/winNetEnterprise.vmx"

Run /usr/bin/vmware-cmd -h to see usage information.
[root@esa1 dc1]# vmware-cmd /vmware/dc1/winNetEnterprise.vmx start
VMControl error -8: Invalid operation for virtual machine's current state: The requested operation ("start") could not be comp
leted because it conflicted with the state of the virtual machine ("on") at the time the request was received.  This error oft
en occurs because the state of the virtual machine changed before it received the request.
[root@esa1 dc1]#
```

图 8-157　vmware-cmd 错误信息

错误信息对命令不能执行的原因给出了详细说明。

有一个强大的命令能够给正在运行的虚拟机添加 REDO 文件，这个命令就是 addredo。

给同样的虚拟机运行下面的命令：

```
vmware-cmd /vmware/dc1/winNetEnterprise.vmx addredo
```

这个命令给虚拟机添加了一个 REDO 文件，在该 REDO 文件中可以包括所有的虚拟机改变。在 VMFS 卷，应该可以看到类似于图 8-158 中所示的信息。

```
[root@esa1 myvmfs]# ls
2k3ent_gold.vmdk  dc1.vmdk          my_new_sqlserver.vmdk  node2.vmdk   SwapFile.vswp  w2003E_gold.vmdk
data.vmdk         dc1.vmdk.REDO  node1.vmdk              quorum.vmdk  Untitled.vmdk
[root@esa1 myvmfs]#
```

图 8-158　添加 REDO 文件

注意 dc1.vmdk.REDO，这个虚拟机的所有变化都被保存在此 REDO 文件中。

如果你申请或提交 REDO 文件到虚拟磁盘，则所做的更改将被永久写入到虚拟机。但是，如果你放弃更改，虚拟机将恢复到添加 REDO 文件之前的状态。输入以下命令可以提交文件：

```
vmware-cmd /vmware/dc1/winNetEnterprise.vmx commit scsi0:0 000
```

请注意附加的 scsi0:0，这个 scsi 的目标设备是虚拟机本身的 SCSI 硬盘。

小结

本章主要介绍了面向虚拟机的创建、迁移、管理和虚拟化等实用工具。通过本章的学习，读者应该能够了解虚拟机日常维护的基本任务和方法。

09 虚拟技术实例

本章将介绍一些虚拟化技术的实际应用场景，包括企业内部的虚拟化邮件系统 Zimbra、软件开发虚拟化协作系统 Git。通过对本章的学习，读者可以感受到在实际应用中，虚拟化平台是如何同现有的软件系统结合在一起的，也可以了解到如何灵活地应用现有的软件架构，在虚拟化环境中实现最大价值。

9.1 真实数据中心虚拟化——在虚拟机中安装 Zimbra

Zimbra 是一个开源的邮件系统方案，它整合了多个相关的开源软件项目（如 Postfix、MySQL、OpenLDAP 等），并提供了丰富友好的 Web 客户端界面。创建该项目的公司 Zimbra Inc. 于 2007 年 9 月被 Yahoo 收购。下面我们演示安装 Zimbra 邮件系统及其所需要的系统组件 DRBD。

9.1.1 DRBD 简介

DRBD 的全称是 Distributed Replicated Block Device，顾名思义，它通过网络将不同的存储设备连接起来，为集群提供冗余的高可用性存储服务。它可以看做是基于网络的 RAID 1 存储。它包括一个内核模块、几个存储管理工具和 shell 脚本。

基于集群中分布的本地存储块设备，DRBD 构建了一个统一的虚拟块设备（通常命名为 /dev/drbd$X$，其中 X 是设备编号）。针对主要节点（Primary Node）的写操作传递给底层块设备的同时也通知副节点（Secondary Node），然后副节点也会将数据写入其对应的底层块设备。所有对 DRBD 块设备的读操作都在本地完成。

DRBD 系统架构如图 9-1 所示。

当主节点出现故障时，集群管理进程会将副节点提升为主节点。切换过程完成以后，系统可能需要对 DRBD 块设备上的文件系统的完整性进行检查，或者重新写入 journal 数据。当先前的主节点恢复并经过数据同步后，系统可能会将它重新提升为主节点，或者保持现状。DRBD 采用较高效的同步方法，只有那些被改动过的数据块才需要同步，不需要同步整个设备上的数据。

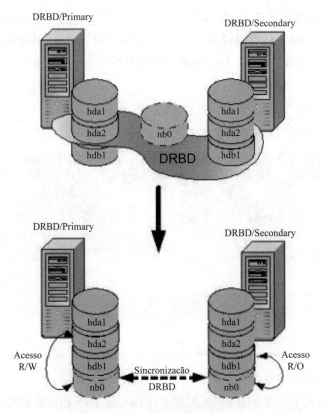

图 9-1 DRBD 系统架构图

尽管 DRBD 支持很多集群管理软件，但它经常和 Heartbeat 软件搭配部署。在后面我们将会看到，它也能和 VMware 或 KVM 等虚拟化技术搭配使用，也可以在 LVM 卷管理系统上工作。2007 年 1 月 DRBD 项目发布了 8.0 版本，开始支持负载均衡配置。该特性允许在分布式的锁管理器配合下，多个节点以共享存储模式同时读写某个 DRBD 设备。

Heartbeat 是 Linux-HA 项目的主要软件，后者为包括 Linux、FreeBSD、Solaris 和 Mac OS X 在内的主流类 UNIX 操作系统提供高可用（High Availability）集群解决方案。Heartbeat 是该方案中的关键 GPL 组件，提供集群管理功能，它的主要特性包括：

● 同时适合简单的和大规模的集群，集群节点数目无固定上限。
● 发生故障时资源能够自动重启或者移到其他节点。
● 从集群中移除有故障节点的保护机制
● 成熟完善的基于策略的资源管理，资源之间可设置依赖关系和限制条件。
● 策略可基于时间调整。
● 针对 Apache、DB2、Oracle、PostgreSQL 等的资源脚本。
● 用于配置、监控资源和节点的图形用户界面。

我们将在 VMware 虚拟机中安装 Debian Etch（4.0）操作系统。安装 Zimbra 服务后，为方便起见，我们将克隆一份该虚拟机作为另一个节点，并修改相应配置。在本方案中，两台服务器都为同一个 Zimbra 域 zimbra.yourdomain.com 提供服务。所以，在 Zimbra 和 DRBD 的安装过程中,我们会数次调整域名设置。最终将完成两个虚拟机 zimbra-1 和 zimbra-2 的配置,它们的 IP 地址分别为 192.168.1.11 和 192.168.1.12。对外服务的 zimbra.yourdomain.com 的虚拟 IP 地址为 192.168.1.10。在此方案中,Heartbeat 用来配置哪一个虚拟机提供在该虚拟网络接口上的 Zimbra 服务。

1. 配置 DNS

向 yourdomain.com 的 DNS 服务配置中增加以下信息:

```
zimbra IN A 192.168.1.10
zimbra MX 10 zimbra
zimbra-1 IN A 192.168.1.11
zimbra-1 MX 10 zimbra-1
zimbra-2 IN A 192.168.1.12
zimbra-2 MX 10 zimbra-2
```

 注意:

也要增加用于反向解析的 PTR 条目。

2. 手动分区安装 Debian

在 zimbra-1 虚拟机上,参考如下分区配置进行 Debian Etch 的标准安装。注意:本例中使用的虚拟机采用较低标准的配置,并非实际运行环境。

```
/boot /dev/sda1 100MB (primary) (bootable flag on)
/ /dev/sda5 3GB (logical) (ext3)
swap /dev/sda6 512MB (logical)
(unmounted) /dev/sda7 150MB (logical) (ext3) # this'll be the DRBD meta-disk
(unmounted) /dev/sda8 7GB (logical) (ext3) # this'll be the /opt partition
used by DRBD
```

 注意:

其中的 sda7 和 sda8 没有被挂载。Debian 安装程序会给出警告,忽略该提示并且继续安装。这两个分区将被 DRBD 使用,用来提供虚拟块设备/dev/drbd0,进而被 Heartbeat 挂载。

3. 删除 exim4 邮件处理程序

一般情况下,在 Debian 安装程序中,如果在标题为 tasksel 的步骤中选择了"Standard System",Debian 会默认安装 exim4。由于 Zimbra 安装会使用 Postfix 邮件程序,所以不需要 exim4。

```
apt-get remove --purge exim4 exim4-base exim4-config exim4-daemon-light
```

4．安装所需的软件包

下面的软件包是安装 Zimbra 所需的。

```
apt-get install ntp ntpdate libc6-i686 sudo libidn11 curl fetchmail libgmp3c2
libexpat1 libgetopt-mixed-perl libxml2 libstdc++6 libpcre3 libltdl3 ssh
drbd0.7-module-source drbd0.7-utils linux-headers-`uname -r`
```

在后面的步骤中我们会安装 DRBD

5．调整主机名

为了成功安装 Zimbra，我们必须使 zimbra-1 认为自己的真实域名为 zimbra.yourdomain.com。

```
echo zimbra.yourdomain.com > /etc/hostname
```

6．重启服务器

```
reboot
```

7．挂载/opt

我们现在暂时将/dev/sda8 挂载到/opt 目录，并在其中安装 Zimbra。

```
mount -t ext3 /dev/sda8 /opt
```

8．下载、解压并安装 Zimbra Collaboration Suite（Open Source edition）

在本例中我们使用 ZCS 5.09 Debian 版本。

```
cd /tmp/
wget "http://h.yimg.com/lo/downloads/5.0.9_GA/zcs-5.0.9_GA_2533.DEBIAN4.
0.20080815215219.tgz"
tar zxfv zcs-5.0.9_GA_2533.DEBIAN4.0.20080815215219.tgz
cd zcs-5.0.9_GA_2533.DEBIAN4.0.20080815215219
./install.sh -l
```

在安装过程中，Zimbra 会提醒 DNS MX 记录错误，因为该机器的域名 zimbra.yourdomain.com
的实际 MX 记录指向虚拟 IP 地址 192.168.1.10，并非 zimbra-1 的 IP 地址（192.168.1.11）。这是
我们故意设置的配置信息，所以忽略该警告，在"Change Domain"步骤中回答"No"保持我
们所需的域名配置。

9．删除 Zimbra 自启动脚本

这一步将删除 Zimbra 自启动脚本，因为 Heartbeat 软件将负责在需要的时候启动 Zimbra。

```
update-rc.d -f zimbra remove
```

或者在其他系统上使用如下几条命令：

```
rm /etc/rc2.d/S99zimbra
rm /etc/rc3.d/S99zimbra
rm /etc/rc4.d/S99zimbra
rm /etc/rc5.d/S99zimbra
```

10. 为 DRBD 改回主机名，修改/etc/hosts 文件

现在我们已经安装了 Zimbra，接下来为了使 DRBD 能够正常工作，将要修改主机名。注意：不能只修改/etc/hosts 文件（DRDB 会报告/etc/hostname 和/etc/hosts 不匹配）。

```
echo zimbra-1 > /etc/hostname
```

我们需要修改/etc/hosts 文件，通知 zimbra-1 它的域名也是 zimbra.yourdomain.com，以及 zimbra-2 的 IP 地址是 192.168.1.12（待安装），修改后的/etc/hosts 文件如下：

```
127.0.0.1 zimbra.yourdomain.com localhost.localdomain localhost
192.168.1.11 zimbra-1 zimbra.yourdomain.com
192.168.1.12 zimbra-2
# The following lines are desirable for IPv6 capable hosts
::1 ip6-localhost ip6-loopback
fe00::0 ip6-localnet
ff00::0 ip6-mcastprefix
ff02::1 ip6-allnodes
ff02::2 ip6-allrouters
ff02::3 ip6-allhosts
```

11. 关闭系统并克隆 zimbra-1

克隆 zimbra-1 的虚拟机映像文件，生成 zimbra-2。注意：需要修改克隆后的系统映像中的 IP 地址和主机名配置文件，设置为 zimbra-2、192.168.1.12。可以直接修改 /etc/network/interfaces 文件：

```
echo zimbra-2 > /etc/hostname
```

修改新虚拟机中的/etc/hosts 文件：

```
127.0.0.1 zimbra.yourdomain.com localhost.localdomain localhost
192.168.1.12 zimbra-2 zimbra.yourdomain.com
192.168.1.11 zimbra-1

# The following lines are desirable for IPv6 capable hosts
::1 ip6-localhost ip6-loopback
fe00::0 ip6-localnet
ff00::0 ip6-mcastprefix
ff02::1 ip6-allnodes
ff02::2 ip6-allrouters
ff02::3 ip6-allhosts
```

12. 重启两台服务器，安装并配置 DRBD

在 zimbra-1 和 zimbra-2 上分别执行以下操作：

```
cd /usr/src/
tar xvfz drbd0.7.tar.gz
cd modules/drbd/drbd
make
make install
mv /etc/drbd.conf /etc/drbd.conf.orig
```

创建新的配置文件 /etc/drbd.conf，内容如下：

```
resource r0 {
 protocol C;
 incon-degr-cmd "halt -f";
 startup {
 degr-wfc-timeout 120; # 2 minutes
 }
 disk {
 on-io-error detach;
 }
 net {
 }
 syncer {
 rate 10M;
 group 1;
 al-extents 257;
 }
 on zimbra-1 {
 device /dev/drbd0;
 disk /dev/sda8;
 address 192.168.1.11:7788;
 meta-disk /dev/sda7[0];
 }
 on zimbra-2 {
 device /dev/drbd0;
 disk /dev/sda8;
 address 192.168.1.12:7788;
 meta-disk /dev/sda7[0];
 }
}
```

13. 让 DRBD 开始同步

在 zimbra-1 和 zimbra-2 上分别执行以下命令：

```
modprobe drbd
drbdadm up all
```

如果报告大量关于主机名称的错误，请检查是否按照如上所述的步骤在两个虚拟机中进行了配置。

如果 drbdadm 命令没有错误，则接着只在 zimbra-1 上执行以下命令：

```
drbdadm -- --do-what-I-say primary all
drbdadm -- connect all
```

执行第二条命令可能会给出一些警告。为确认是否已经开始同步，请执行以下查看命令：

```
cat /proc/drbd
```

若显示如下类似信息，则表示同步已经开始。

```
version: 0.7.20 (api:77/proto:74)
SVN Revision: 1743 build by phil@mescal, 2005-01-31 12:22:07
 0: cs:SyncSource st:Primary/Secondary ld:Consistent
ns:13441632 nr:0 dw:0 dr:13467108 al:0 bm:2369 lo:0 pe:23 ua:226 ap:0
[==>.............] sync'ed: 3.1% (7000/7168)M
finish: 1:14:16 speed: 2,644 (2,204) K/sec
1: cs:Unconfigured
```

在同步结束前不要进行操作，DRBD 正在两个节点之间同步/dev/sda8。在笔者的配置中，7GB 的分区大概需要 1 个小时。继续查看/proc/drbd 文件，直到同步结束。

14. 安装并配置 Heartbeat

在 zimbra-1 和 zimbra-2 上执行以下命令：

```
apt-get install heartbeat
```

在运行 Heartbeat 前，需要在 zimbra-1 和 zimbra-2 创建三个配置文件：ha.cf、haresources 和 authkeys。

/etc/heartbeat/ha.cf：

```
logfacility local0
keepalive 2
deadtime 20 # timeout before the other server takes over
bcast eth0
node zimbra-1 zimbra-2 # our two zimbra VMs
auto_failback on # very important or auto failover won't happen
```

/etc/heartbeat/haresources：

```
zimbra-1 IPaddr::192.168.1.10/24/eth0 drbddisk::r0
Filesystem::/dev/drbd0::/opt::ext3 zimbra
```

 注意：

上面的一行只针对主节点 zimbra-1，在 zimbra-2 上创建该文件的时候不要将它修改为 zimbra-2。该行的最后一个字段为 "zimbra"，指定了 Heartbeat 所应启动的服务名称。

下面我们在两台机器上创建/etc/heartbeat/authkeys 文件，该文件需要 md5 字串，用来在 Heartbeat 进程之间认证。比如，可以使用如下工具生成密码的 md5 字串。

```
php 'echo md5("my password");
```

authkeys 文件如下：

```
auth 3
3 md5 yourrandommd5string
```

修改 authkeys 文件的保护权限：

```
chmod 600 /etc/heartbeat/authkeys
```

15. 重新启动

这时位于 zimbra-1 节点上的 Zimbra 服务应该已经正常启动。在 zimbra-1 上执行"df -h"命令可以看到/dev/drbd0 设备已经被挂载到/opt 目录。如果运行 ifconfig 命令，则可以看到网络接口 eth0:0 已经绑定了虚拟 IP 地址 192.168.1.10。这时可以通过地址 http://zimbra.yourdomain.com 或者 http://192.168.1.10 来访问 Zimbra 服务。

16. 测试错误恢复

现在尝试关闭 zimbra-1，如果在关机时运行"tail -f /var/log/messages"命令，将能看到 DRBD 和 Heartbeat 释放资源。在 zimbra-2 上查看同样的日志文件，可以看到它接管了虚拟 IP 地址，挂载了/dev/drdb0 并启动 Zimbra 服务。当服务启动完成后，http://zimbra.yourdomain.com 就又可以正常访问了。现在启动 zimbra-1，它将从 zimbra-2 那里接管服务。

9.1.2　Zimbra Appliance

Zimbra 也提供了 Zimbra Collaboration Suite Appliance，便于直接导入 vCenter。该套件提供了在 vCenter 中导入时用的配置向导，使得部署起来更加友好。下面我们就一步步地介绍整个过程。

① 首先在 vCenter 中选定要部署的虚拟机，然后在菜单中选择"Deploy OVF Template"（部署 OVF 模板），如图 9-2 所示。

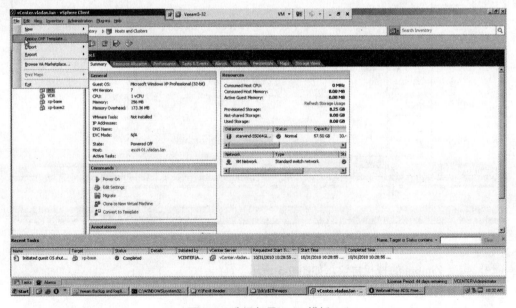

图 9-2　选择部署 OVF 模板

② 在弹出的对话框中输入模板的源文件地址，如图 9-3 所示。

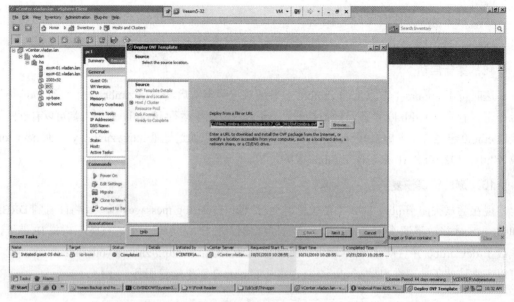

图 9-3　输入模板的源文件地址

③　单击"Next"按钮继续，可以看到该模板的具体信息，包括名称、版本、下载大小和磁盘占用情况，如图 9-4 所示。

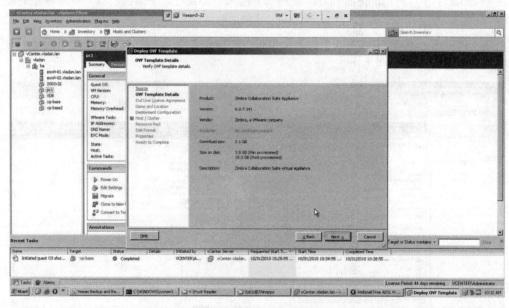

图 9-4　模板的基本信息

④　接受 Zimbra 的授权协议，如图 9-5 所示。

⑤　为新的虚拟机指定名字和位置，如图 9-6 所示。

⑥　选择部署的 Zimbra 配置选项，如图 9-7 所示。

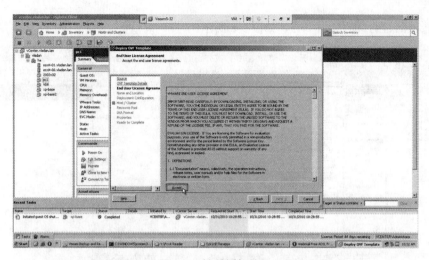

图 9-5 接受授权协议

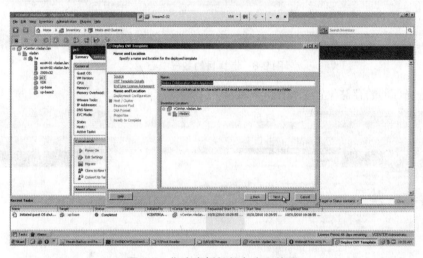

图 9-6 指定虚拟机的名字和位置

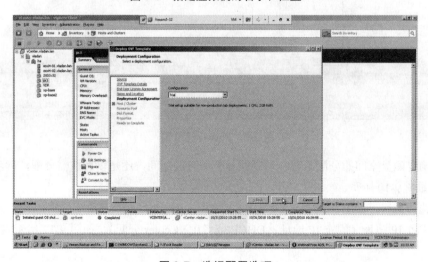

图 9-7 选择配置选项

⑦ 选择部署的目的数据中心，如图 9-8 所示。

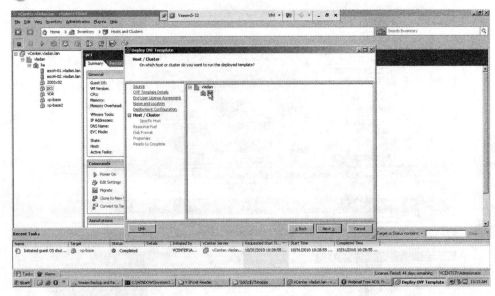

图 9-8　选择目的数据中心

⑧ 选择部署的存储位置，如图 9-9 所示。

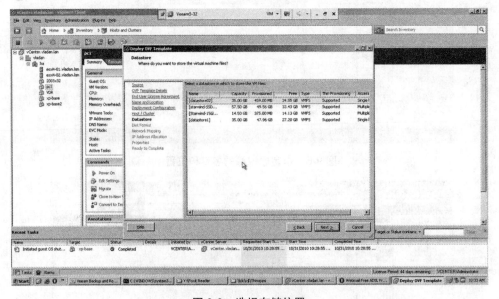

图 9-9　选择存储位置

⑨ 确定磁盘空间的分配策略，是立即分配所有的空间，还是以后按需分配，读者可以自行选择，如图 9-10 所示。

⑩ 选择网络，如图 9-11 所示。

⑪ 配置 IP 地址（固定 IP 地址、DHCP 或者由 vCenter 分配），如图 9-12 所示。

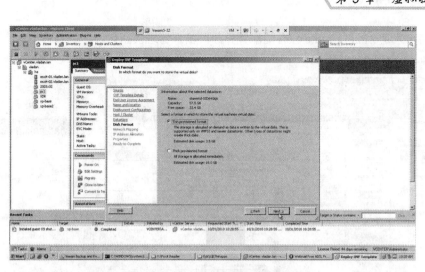

图 9-10　确定磁盘空间的分配策略

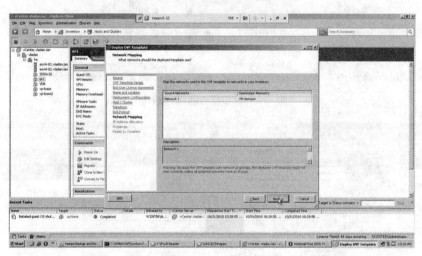

图 9-11　选择网络

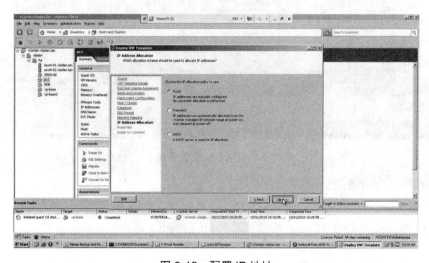

图 9-12　配置 IP 地址

⑫ 接下来是 Zimbra Suite 独有的配置界面，输入管理员密码、主机名称和网络配置等信息，如图 9-13 和图 9-14 所示。

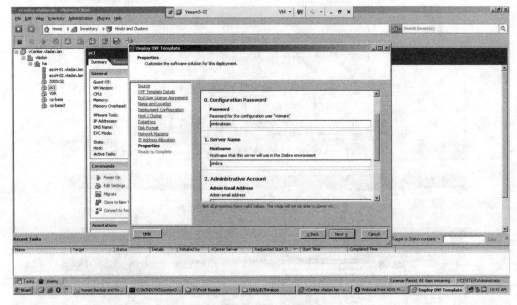

图 9-13　Zimbra 配置界面 1

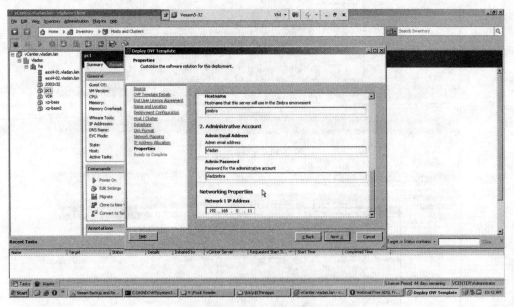

图 9-14　Zimbra 配置界面 2

⑬ 最后预览整个配置，如图 9-15 所示。

⑭ 单击"Finish"按钮后，就会从网络上下载安装，如图 9-16 所示。

⑮ 安装结束后可以在 vCenter 中立即看到新的 Zimbra 虚拟机，如图 9-17 所示。

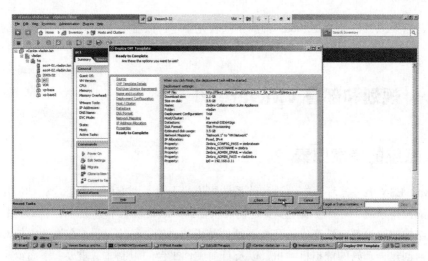

图 9-15 配置预览

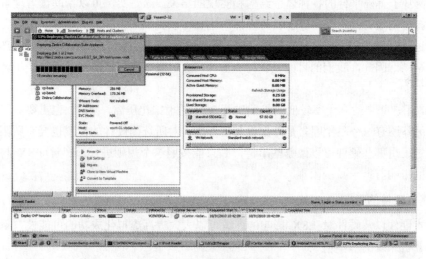

图 9-16 下载安装界面

图 9-17 新的 Zimbra 虚拟机

至此，该虚拟机机上的 Zimbra 就基本部署完毕了。读者可以开启它，用先前的管理员密码登录。

9.2 ━●规划和部署 VMware VI

9.2.1 系统的考虑因素

VMware ESX 服务器环境的设计和体系结构依赖于对不同方面的考虑，比如应用的类型、要虚拟化的操作系统、需要虚拟化多少台物理机器、要将虚拟化环境放置在什么硬件上，等等。任何虚拟结构的讨论都会演变成该环境下硬件使用的讨论。经验说明，在设计虚拟数据中心之前理解如何创建一个好的虚拟机主机，以及目前硬件平台的限制非常重要。下面给出一些用户实例，说明基于有限平台的各种体系结构和实现的结果。这些实例可以帮助读者理解选择不同硬件对虚拟结构设计的影响，理解各种硬件的选择可以提高虚拟化的成功率，理解各种结构不仅有助于进行单台 ESX 服务器的部署，对数十台或上百台由单个或多个数据中心部署的服务器也很有帮助。因此，我们的目的是探讨企业级 ESX 服务器部署的基础，第一步就是要弄懂相关的硬件。

例如，用户想要对利用率较低的机器进行 20:1 的虚拟化压缩，同时，也需要对网络需求进行压缩。另外还有一个限制因素是外部设备的性能，对所选用硬件的设置也会有所限制。这种情形就规定了用哪些硬件可以做哪些事情，并只能按照这个规则进行。理解 ESX 与硬件各个部分之间的影响有助于减少困难。

1．基本硬件的考虑

对基本硬件以及硬件对 ESX 影响的理解可以大大提高虚拟化成功的可能性。下面我们来看一下计算机系统的基本构成。

要设计一个企业版虚拟化环境，首要的一个关键因素就是所使用的处理器（特别是型号）、可用缓存和内存配置。这些因素都会影响 ESX 的主要工作方式。如果选择不好会导致系统运行缓慢，进而减少可以运行的虚拟机数量。因此，要多加注意处理器的选用和设计虚拟环境时的系统结构。

选择硬件一般是根据 VMware 硬件兼容性列表（HCL）进行的，一般用户都可以在 www.vmware.com/support/pubs/vi_pubs.html 上找到：

- ESX 服务器系统兼容性指导。
- ESX 服务器 I/O 兼容性指导。
- ESX 服务器 Storage/SAN 兼容性指导
- ESX 服务器备份软件兼容性指导。

2．处理器的考虑

由于不同型号的处理器会影响 ESX 性能，尤其是不匹配的处理器型号会导致 Vmotion 无法使用，因此需要对处理器的选择进行考虑。VMotion 允许通过专门的网络连接将运行中的

VM 从一个主机迁移到另一个主机。当整个过程进行到复制内存和运行从一个主机到另一个主机的注册脚本时，VMotion 会立刻冻结 VM。过后，会关闭原来主机上的 VM，启动新主机上的 VM。由于 VMotion 是在主机间复制许可和内存的，所以使用的处理器结构和芯片组就必须匹配。VMotion 的处理方法是：如果是从 Xeon 变到 AMD，或者从一个单核处理器变成双核处理器（甚至属于同一系列），就必须进行适当的屏蔽。如果迁移的虚拟机是 64 位的，由于没有方法对这种特性进行封装，就必须使用完全匹配的处理器。因此，处理器的结构和芯片组（或者指令设置）非常重要，并且由于机器可以从一代升级成另一代，所以最好是两台机器同时安装企业版以确保 VMotion 正常工作。如果要向 ESX 主机增加新硬件，则最好进行测试以确保 VMotion 正常工作。

最佳做法是将处理器和芯片组型号标准化。

另外，用户也要确认系统中所有的处理器速度和步进（stepping）参数匹配。

注意：

有很多公司支持同一个系统中不匹配的处理器速度和步进。ESX 的处理器都有相同的速度和步进。如果处理器步进不同，每家公司都会提供不同的处理器安装说明。例如，HP 要求最慢的处理器要放置在第一个处理器插槽里，其他的处理器插在剩下的插槽里。

除了性价比之外，ESX 服务器在双核（DC）处理器和单核（SC）处理器的授权方案上没有区别。双核处理器可以比单核处理器处理更多的 VM，但是成本更高，并且只有最近的 ESX 发行版支持。有时候，用户可以先从单核处理器的配置开始，在 ESX 的第一次升级时升级至双核处理器，这样可以保证硬件的投资。如果更看重性能，那么双核或者多核是很好的选择。不过，目前一般的选择还是会考虑到性价比。由于目前多数的双核处理器共享缓存机制，一个八核或者四核处理器的服务器与 7 个物理处理器的处理性能一样，而且一旦共享缓存取消，多核处理的效率就可以与真正的多路处理器匹敌。

3．缓存的考虑

在多个主机之间匹配二级缓存并不像处理器结构和芯片组的匹配那样重要，即使不匹配也不会影响 VMotion 的工作。但是二级缓存的大小对性能比较重要，因为它可以影响访问主内存的频率。二级缓存越大，ESX 服务器运行得越好。内存访问路径如图 9-18 所示。当主机中运行的处理器数目增多时，二级缓存就扮演了至关重要的角色。

若同一个主机上的多个虚拟机运行相同类型和版本的操作系统，那么 ESX 会在虚拟机之间共享部分内容相同的内存，例如代码段。它是虚拟机里构成操作系统的指令，而不是虚拟机独立的数据段。由于代码不会改变，虚拟机之间共享的代码段也就不会对虚拟机的安全性造成破坏。另外，从 Error: Reference source not found 可以看出，如果处理器要访问系统内存，它会先到 L1 缓存（通常在 MB 容量级别）查看缓存上是否有未激活的存储空间。这个步骤非常快，尽管对大多数处理器有所不同，但可以假定是在一个或者两个指令周期中进行的（检测速度在 ns 级别）。但是，如果一级缓存没有命中，下一步就是到二级缓存，这样一来就比一级缓存访问消耗更多的时间和指令。如果要访问的内存数据也不在二级缓存中，而是在系统内存的某个地方，就必须访问系统内存并将数据加载到二级缓存，这样处理器才能完成存取过程。通常会从系统内存顺带复制更多的数据来预测并加速未来可能的访问。当系统是非均匀存储器存取结构（NUMA）时，例如 AMD 处理器，如果要访问的存储器处于其他处理器对应的内存中时，存取过程就还要多一个步骤。距离越远，存取越耗时，CPU 之间的通信也会消耗存储器存取时间。

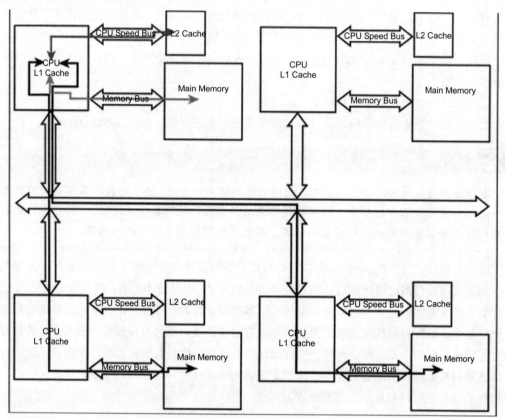

图 9-18　内存访问路径

假定我们用一个 3.06GHz 处理器，耗时包括下列几部分。

- 一级缓存，一个指令周期（~0.33ns）
- 二级缓存，两个指令周期，第一个周期在一级缓存中没有命中，另一个周期是访问二级缓存（~0.66ns），这两步是以 CPU 速率运行的。
- 系统内存以 333MHz 运行，这要比二级缓存慢得多（~3.0ns 访问时间）。
- 访问另一个处理器上的系统内存（NUMA）要比在同一个处理器上访问慢得多（30~45ns，具体时间依赖于距离）。

这意味着二级缓存对系统更有利，因此越大越好，这样处理器可以访问大块的邻近内存，对 VM 的性能很有帮助。这里的讨论并非认定了基于 NUMA 的结构就一定比常规类型的结构要慢，因为大多数基于 NUMA 结构的系统运行 ESX 服务器时并不需要经常到其他处理器上访问内存。我们建议读者调查一下自己所选用的系统中的二级缓存容量。

4．存储器的考虑

考虑过二级缓存之后，接下来就是考虑内存速度。笔者建议尽可能使用高速内存。内存容量和处理器的数量决定可以有多少个 VM 正常同时运行。在很多情况下，支持高速内存会伴随容量方面的损失。HP DL585 就是这样的例子，它可以支持 32GB 的高速内存，或者支持 64GB 的较低速内存。这时在虚拟机的数量和如何配置内存之间有一个平衡，不过通常最好的做法是高速和高容量。考虑到每个物理 CPU 虚拟的 CPU 最大数目是 8 个，在 4 处理器系统中，可以同时有 32 个虚拟机。如果每个虚拟机需要 1GB，就需要 33GB 的内存来运行。之所以多 1GB，是为了给控制台操作系统和 VM 内核使用。而 33GB 又不正好是一般系统的内存容量，所以一般都会过量使用内存。如果用上述方式过度使用内存，ESX 的性能会下降，所以，最好是给 64GB 的内存。但是理论上有同样数目插槽的双核处理器可以运行 64 个虚拟机，这也会过量使用内存。通常每个处理器 8 个虚拟机只是一个理论限制，在实际中很难达到。这种迫使机器达到运能上限的做法笔者并不建议，不同的配置建议的内存利用率区别很大。

最佳做法是配置大量的高速内存。但是内存的速度选择会受到容量的制约，虚拟机越多有可能必须使用越慢的存储器。

内存具体建议配置成什么样呢？这个问题取决于运行的 VM 具体细节。不过强烈建议内存设置为硬件可支持范围内的最大值，也就是 ESX 设置的上限 64GB（因为过量使用内存会对性能造成很大冲击）。成本效益最佳的解决方案是在计划容量之外增加适当的冗余。

5．I/O 卡的考虑

下一个要考虑的就是支持何种 I/O 卡。与其他的普通操作系统不同，ESX 只支持相对有限的 I/O 卡，例如（RAID）冗余阵列、SCSI 适配器、网卡（NIC）等。表 9-1 列出了这些设备和相关的驱动。

表 9-1　设备和相关的驱动

设备类型	设备驱动厂家	设备驱动名称	注　释
网络	Broadcom	bcm5700	
	Broadcom	bcm5721	
	Intel	e1000	四端口 MT 只在 ESX 2.5.2 及以上版本中支持
	Intel	e100	
	Nvidia	forcedeth	只在 ESX 3.0.2 及以上版本中支持
	3Com	3c90x	只在 ESX 2.5.x 及以下版本中支持
	AceNIC	Acenic	只在 ESX 2.5.x 及以下版本中支持
光纤通道	Emulex	Lpfcdd	双/单端口
	Qlogic	qla2x00	双/单端口
SCSI	Adaptec	aic7xxx	支持外部设备
	Adaptec	aic79xx	支持外部设备
	Adaptec	adp94xx	支持外部设备
	LSI Logic	ncr53c8xx	只在 ESX 2.5.x 及以下版本中支持

设备类型	设备驱动厂家	设备驱动名称	注　　释
	LSI Logic	sym53c8xx	只在 ESX 2.5.x 及以下版本中支持
	LSI Logic	mptscsi	
RAID 阵列	Adaptec	dpt_i2o	只在 ESX 2.5.x 及以下版本中支持
	HP	cpqarray	外部 SCSI 只针对硬盘阵列。只在 ESX 2.5.x 及以下版本中支持
	HP	cciss	外部 SCSI 只针对硬盘阵列
	Dell	aacraid	
	Dell	megaraid	
	IBM/Adaptec	ips	
	IBM/Adaptec	aacraid	
	Intel	gdth	只在 ESX v2.5.x 及以下版本中支持
	LSI	megaraid	
	Mylex	DAC960	
iSCSI	Qlogic 4010	qla4010	只在 ESX 3 版本中支持

如果考虑的设备有 ESX 的驱动支持，那么大多数情况在 ESX 下都能正常工作。但是如果设备要求最新的设备驱动，ESX 未必有这些最新的驱动，ESX 本身不支持当前的大多数新设备。它的设计特点就是稳定性，这经常会妨碍最新设备的使用。例如，SATA 设备就不是 ESX 2.5 版本的一部分，但是属于 3.5 版本。还有一种经常用到但是可能不支持的设备是 TCP Offload 引擎网卡（TOE 卡），关于这个设备对 ESX 的网络共享设计方面的好处目前还没有定论。

关于 I/O 卡的最佳做法是选用 ESX 硬件支持列表（HCL）中的硬件。尽管厂商可能会生产一种卡并自行对其检测，但如果不在 HCL 列表中，VMware 也不会支持其配置。

表 9-1 中特别提到的那些 VM 内核可以访问的设备，不一定是控制台操作系统（COS）为 ESX 3.0 之前的版本所安装的设备，有不少设备是 COS 有驱动而 VM 不能使用的。这里就有两个例子：一个是表中并未列出的网卡，实际上有 COS 驱动，例如 kingston 的某些网卡都属于这种；另一个是 IDE 驱动，在 ESX 3 以前的版本或者 ESX 3 版本的 SATA/IDE 上有可能可以安装 COS，但是这些设备不能支持虚拟机文件系统（VMFS），因此需要存储区域网络（SAN）或者外部存储器来访问这些虚拟机磁盘文件和每个 VM 的内核交换文件。

要运行 ESX，最少需要两个网卡（有时候用一个网卡也是有可能的，但是对正式运营环境来说不建议这样做）和一个 SCSI 存储设备。其中一个网卡用于服务控制台，另一个网卡给 VM 使用。尽管这两部分可能可以共享，这样就只需要一个网卡，但是 VMware 建议除非特殊情况，否则不要这么做（可能会导致性能和安全问题）。最好的做法是给所有的部分提供冗余，这样在网络或者光纤通道出故障时 VM 依然可以运行。要做到这一点，就需要考虑对网络和光纤通道配置更多的 I/O 设备。网卡配置最起码要 4 个端口，第一个端口给控制台，第二个和第三个组成端口组给 VM（提供冗余），第四个通过 VM 专用网络上的 VM 内核接口给 VMotion 使用。要想达到最优冗余和性能，建议用 6 个网卡端口。如果 VM 有另一个网络，就用 802.1q 虚拟 LAN（VLAN）标识或者添加一对网络端口作为冗余，添加一对光纤通道适配器可以为 SAN

光纤提供备份。

笔者建议的最佳做法是使用 4 个网卡端口分别保障性能、安全和冗余，最好为 ESX 3 以前的版本冗余提供两个光纤通道端口。对于 ESX 3 版本，建议为性能、安全和冗余提供 6 个网卡端口。如果给 VM 添加更多的网络，则要么用 802.1q VLAN 标识访问 VM 相关的已有网卡对，要么为 VM 添加一对新的网卡。

ESX 3 版本用 iSCSI 时，需要再给服务控制台添加一个网卡端口，保障性能、安全和冗余。ESX 3 版本通过 NAS 使用网络文件系统（NFS）时，为性能和冗余添加一对网卡端口。

对于 ESX 3 版本，可以使用 iSCSI 和 NAS，这与 ESX 2.5.x 及以前版本的设置不同。可以用分配给 VM 内核的网络连接访问 iSCSI 和基于 NFS 的 NAS，这与 VMotion 的工作方式或者通过光纤通道访问标准 VMFS-3 的方式类似。尽管 NAS 和 iSCSI 访问可以彼此共享对方的网络带宽，不过分开的话性能会更好。由于 COS 的许可原因，不管基于 NFS 的 NAS 是否在自己的网络上，iSCSI VM 内核设备都必须共享子网。对于 ESX 3 以前的版本，只能通过 COS 使用基于 NFS 的 NAS。

6. 硬盘空间的考虑

下一个问题就是讨论硬盘空间的规划。实际上，分配给系统的硬盘需要足够大的空间来存放控制台系统和 ESX，包括 COS 交换文件、虚拟交换文件的存储空间（用于 ESX 里过量使用的内存）、VM 硬盘文件、本地 ISO 镜像，以及灾难修复时虚拟机硬盘格式化（VMDK）文件的备份等。很显然，使用光纤通道或者 iSCSI 有助于存放这些系统的 VM 硬盘文件。如果是从 SAN 引导，对于 ESX 3 以前的版本，就必须在控制台和 ESX 之间共享光纤通道适配器。共享光纤通道适配器端口不是最优的选择，只是为了方便，所以笔者并不建议这样使用。将临时存储器（COS 交换文件）放在成本昂贵的 SAN 或者 iSCSI 存储上也不是好的选择，这里建议使用本地硬盘空间管理 OS 和 COS 交换文件。在 ESX 3 版本中 VMotion 要求每一个 VM 内核交换文件都要存放在远程共享存储设备上。一般建议在 RAID 1 里。操作系统、必要的文件系统、ISO 文件的本地存储，以及其他必要项目等镜像配置一共大约要 72GB。

对于 ESX 3 以前的版本，给 VM 内核交换文件分配的空间应该是机器上内存容量的两倍。如果该空间需求大于 64GB，则应该再使用一个 VM 内核交换文件。每个 VM 内核交换文件都应该位于自己的 VMFS 上。虚拟机可以存放在大于 64GB 的 VMFS 上，并可以与虚拟交换文件共存。如果 VMFS 分区上不存放 VM，则可以使用 RAID 0 或者无备份的 RAID 存储器。注意：在这种情况下如果这个 RAID 设备出了问题，则有可能 ESX 服务器就不能再过量使用内存了，并且那些当前正在过量使用的 VM 也会出错。应该使用最快的 RAID 级别，并且将 VMFS 上的虚拟交换文件放置在它自己的 RAID 上。RAID 5 对 VM 内核交换文件来说实际是一种浪费，对于 ESX 3 以前的版本，最好选择 RAID 1 或者 VMFS 分区存放 VM 内核交换文件。

对于 ESX 3 版本，没有必要分配单独的 VM 内核交换文件，这些已经都独立地包含在每个 VM 里了。

存放 VM 数据的任何 VMFS 都应该配置使用 RAID 5，以对数据提供最佳保护。关于灾难修复，一般都认为应该留有足够的空间，以保证在紧急情况下 VM 可以无须 SAN 或者 iSCSI 设备就能从主机运行。

笔者建议的最佳做法是：对于 ESX 3 以前的版本，尽可能预留本地硬盘空间保留 VM 内核交换文件（两倍于低内存系统的内存容量，或者与大内存系统的内存容量相当），留够必要的空间来保留 OS、本地 ISO 镜像、本地紧急 VM 备份，以及可能有的一些本地 VM。

9.2.2　应用实例：数据中心

下面的例子是真实的实例，所推荐的方案选择的是前面提到的最佳做法。

 实际案例：

在硬件的更新周期中，用户决定购买一些硬件进行取舍；但是不想花太多钱去购买 300 多个系统，因而决定买 ESX 服务器。而且，用户会通过一个详尽的内部流程来决定需要更新这300 多个系统的哪些部分。因为这些系统都符合官方文档的限制条件，因此我们相信都可以迁移到 ESX。已有的机器里有的是以前的机器升级的较新的机器（大约 20 台），但主要还都是二、三代的老机器，其处理器速率都不高于 900MHz。新的那些是 1.4GHz 到 3.06GHz 的 2U 机器。

用户希望利用已有的硬件，或者只需要购买很少的机器补充必要的差额，而用 ESX 运行300 多台机器的花费接近他们的硬件预算。另外还有 5 个数据中心，使用的是他们自己的 SAN基础架构。

根据最佳做法，可以使用 3.06GHz 主机，并可以确定是否足够运行所有的程序。不过，这个实例中所需要的不仅仅是运行 300 多个虚拟机所需的那些硬件，还有一些更重要的事情要做决定了哪些服务器最适合做 300 多个虚拟机的主机之后，还需要对运行环境做恰当的分析来确定这 300 多台服务器是否适合进行迁移。进行这些分析最常用的工具是 AOG Capacity Planner，它可以收集一、两个月内每种服务器的各种效用和性能参数，利用这些参数可以决定用什么服务器管理 VM 最合适。

这里的最佳做法是用 AOG Capacity Planner 或者类似的工具获取服务器的效用和性能参数信息。

完成评估以后，就可以更好地判断哪台机器可以迁移，而哪台不行。用户有一个严格的"每台机器只跑一种应用"的规则，这是一个强制实施的规则，这样就可以消除可能的应用冲突。当前基本架构的细节确定了以后，就可以确定已经在使用的必要硬件，以及进行简单的升级后可以再利用的硬件。每台机器可能都需要双端口网卡和光纤通道卡，并扩大内存和本地硬盘空间。要使运行的虚拟机数目达到要求，并且可以启用 VMotion，就至少需要所有的机器在每个位置上是配对的，并且如果方便最好每个位置再购买一台机器（因为没有可重复使用的主机），这样可以避免以后可能发生的机器失效问题。在进行第一次迁移之前，要从厂商那里借用一些临时机器，而他们自己的 SAN 提供的 LUN 允许使用临时机器进行从物理主机到虚拟机的迁移。这样物理主机被转换成 ESX 服务器，而刚刚迁移的 VM 可以脱离借来的主机运行。

9.2.3　在 VMware vSphere 上配置 NIC 组

下面介绍如何配置 NIC 组。一个 NIC 组可以共享所有或部分成员的物理网络与虚拟网络

之间的通信负载，以及提供在硬件故障或网络中断情况下的被动故障转移。NIC 组如图 9-19
所示。

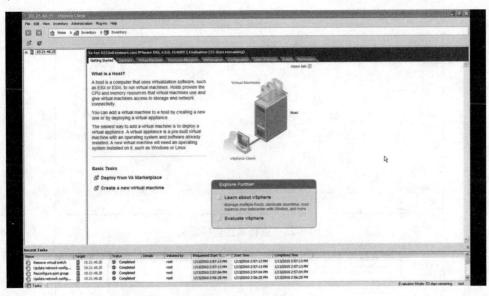

图 9-19　NIC 组

要使用 NIC 组，两个或多个网络适配器必须上行到一个虚拟交换机。 NIC 组的主要优点
如下。

● 增加了虚拟主机的网络能力。

● 组内任一个适配器出现被动故障事件时都可记录在案。

按照以下步骤，使用 vSphere/VMware Infrastructure 客户端配置 NIC 组。

① 突出显示主机，然后单击"Configuration"（配置）选项卡，如图 9-20 所示。

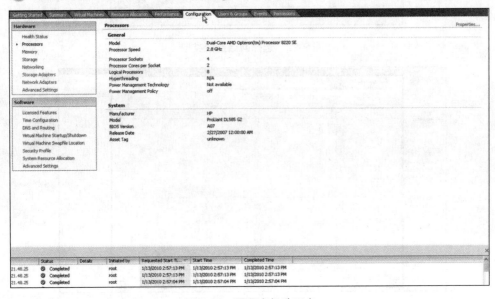

图 9-20　配置主机选项卡

② 单击"Networking"项，进行网络连接配置，如图 9-21 至图 9-27 所示。

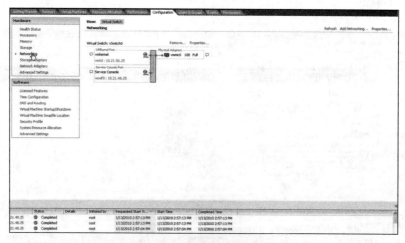

图 9-21　进行网络连接配置

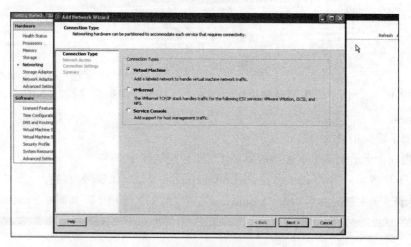

图 9-22　选择网络连接类型

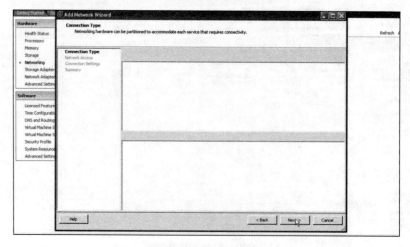

图 9-23　添加网络向导

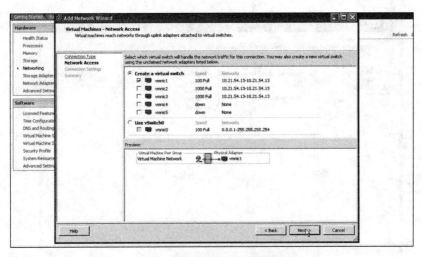

图 9-24　网络访问配置

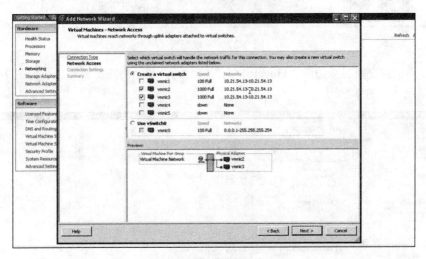

图 9-25　创建虚拟交换机

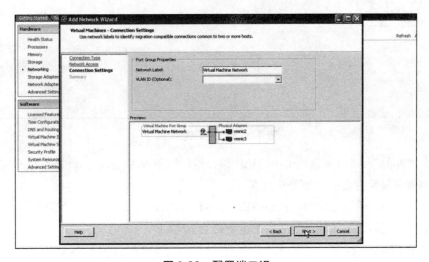

图 9-26　配置端口组

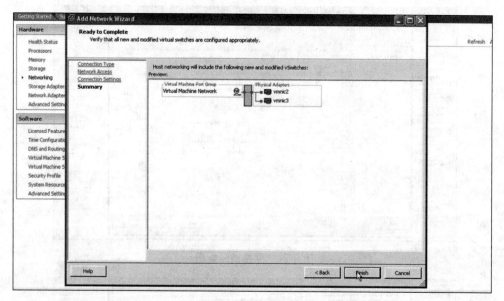

图 9-27　完成配置

③　单击虚拟交换机旁边的"Progerties…"（属性），显示网络配置列表，如图 9-28 所示。虚拟变换机属性如图 9-29 所示。

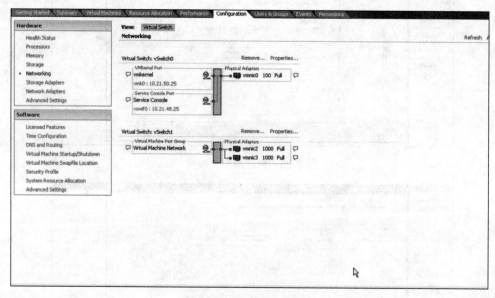

图 9-28　网络配置列表

④　在"Ports"（端口）选项卡中，选中端口组，如图 9-30 所示。单击"Add…"按钮，打开虚拟机网络属性对话框，如图 9-31 所示。

⑤　选择适当的网络适配器，然后单击"Next"按钮。

⑥　确认选定的适配器是已经激活的适配器。

⑦　单击"Next"按钮。

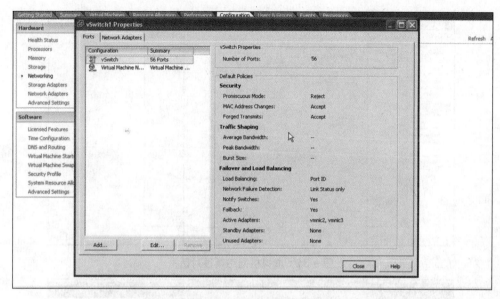

图 9-29　虚拟交换机属性

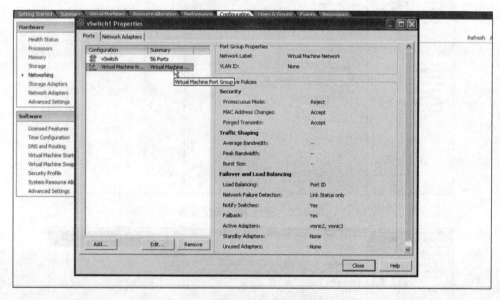

图 9-30　选中端口组

⑧ 单击"Finish"按钮。

⑨ 在"Ports"（端口）选项卡中，选中端口组，然后单击"Edit…"按钮。

⑩ 单击"NIC Teaming"选项卡，如图 9-32 所示。

⑪ 默认的负载均衡策略是"Route based on the originating virtual port ID"，如图 9-33 所示。如果物理交换机使用链路聚合，则必须使用"Route based on IP hash"负载均衡策略，如图 9-34 所示。

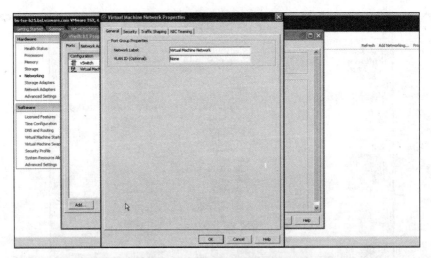

图 9-31　虚拟机网络属性对话框

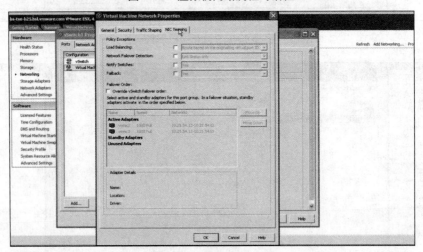

图 9-32　进行 NIC 绑定设置

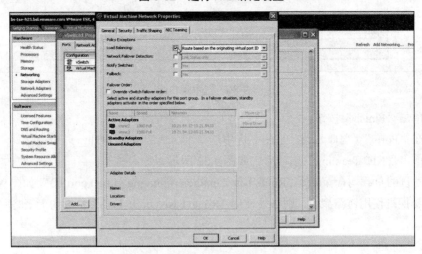

图 9-33　默认的负载均衡策略

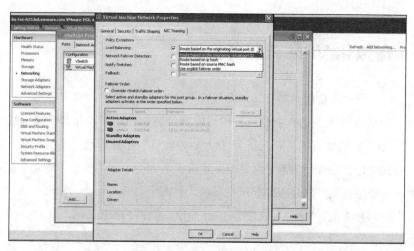

图 9-34 设置负载均衡策略

⑫ 虚拟交换机属性如图 9-35 所示。至此，完成了虚拟交换机配置，如图 9-36 所示。

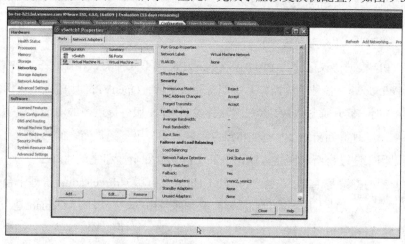

图 9-35 虚拟交换机属性

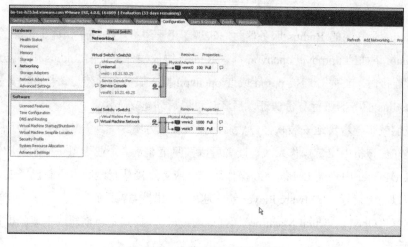

图 9-36 完成虚拟交换机配置

9.3 ● 虚拟化 VPN 云服务实例

本节我们将介绍如何使用虚拟化技术实现云中的 VPN 服务。VPN 云服务，即将分布在不同网络主机（包括虚拟化主机）上的各种网络资源封装整合起来，向客户提供统一、透明的 VPN 服务。被整合的网络资源主要包括 IP 地址、带宽等。用户在统一的身份认证机制下，便可透明地使用云中包含的任何资源。这种方案也极大地方便了服务提供者管理资源和用户，使其可以做到统一资源调配，划分资源和用户等级，并实现灵活的计费和管理方式。本节中介绍的方案基于虚拟私有主机（VPS），以及 Debian 操作系统和 FreeRadius、PPTP 及 OpenVPN 等开源软件。

目前，互联网中最新流行的主机托管服务是虚拟私有主机（VPS）。该服务利用虚拟化技术将物理主机划分为多个虚拟机，同时向不同的客户提供互联网托管服务。这种服务和传统的虚拟主机服务相比，给客户提供了极大的灵活性，客户甚至可以安装自己的操作系统和各种底层软件，也使得提供 VPN 服务变得可行。

常见的 VPN 根据协议区分为 PPTP 和 OpenVPN 等不同种类。相比之下，PPTP 使用更为广泛，包括 Windows、各种手机操作系统都有默认支持；OpenVPN 则配置更灵活，功能更全面。使用 VPN 时，客户通过 VPN 客户端软件拨叫 VPN 服务提供商的网址，成功后即被接入一个虚拟网络，同时得到新的 IP 地址和路由。客户端与服务提供商之间的通信有加密安全保证，因此可以用来绕过窃听和网络过滤，保证了信息的安全性和完整性。

本节中介绍的方案基于 Linux 操作系统（Debian 发行版）、FreeRadius 管理平台以及 PPTP、OpenVPN VPN 接入软件。接下来我们将逐一介绍系统中的这些组件。Debian 是众多 Linux 发行版中的一种，它完全由自由软件社区维护，具有稳定、软件包丰富等特点。需要特别说明的是，下面的实例中，安装及配置都是基于 Debian 操作系统的软件包，但在其他 Linux 发行版中的配置步骤也基本相同。

FreeRadius 是开源的 Radius 服务器，它实现了用于进行集中统一认证、记账的 Radius 网络协议。Linux 下面的 pptpd 和 openvpn 都有 Radius 协议插件，可由 Radius 服务器进行认证。客户端进行连接时，首先会连接 pptpd 或者 openvpn 接入服务器，然后该接入服务器将用户信息发送给 Radius 服务器进行身份认证，后者认可以后才建立连接。

下面我们就来一步步地安装软件，然后配置实现该方案。

首先是在虚拟机中安装操作系统，读者可以按照第 8 章 "企业虚拟化技术基础" 介绍的步骤在 VMware Player 中安装 Debian 5.0 操作系统，或者直接从互联网上下载已经安装好的虚拟机映像，可以马上运行。VMware Player 的欢迎界面如图 9-37 所示。

然后选择 "Open a Virtual Machine"（打开虚拟机），找到先前创建或下载的虚拟机映像，如图 9-38 所示。

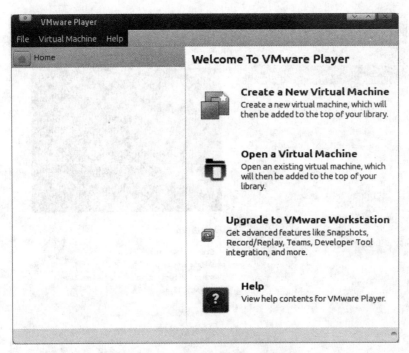

图 9-37　VMware Player 的欢迎界面

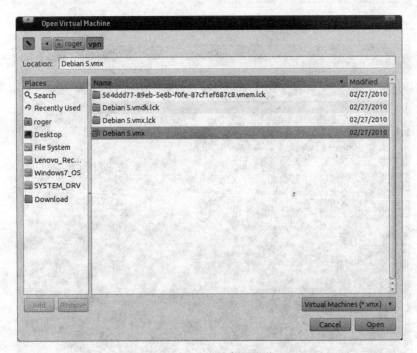

图 9-38　找到虚拟机映像

单击"Open"按钮后，虚拟机映像就被加载至 VMware Player 中，如图 9-39 所示。

单击"Play virtual machine"（运行虚拟机）按钮，Debian 操作系统便开始启动，图 9-40 显示了系统启动完成后的状态。

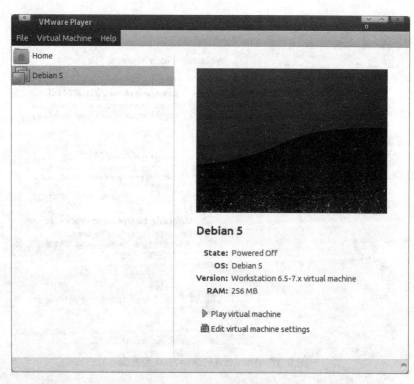

图 9-39　加载虚拟机映像

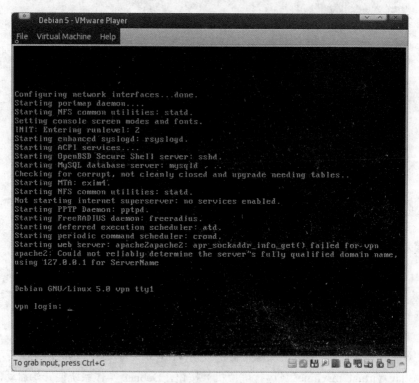

图 9-40　开始运行的虚拟机

接下来，以 root 身份登录该系统，安装如下软件包。

```
$ apt-get install freeradius pptpd openvpn
```

首先要编辑 pptpd 的配置文件，提供 VPN 服务。

```
$ sudo vi /etc/pptpd.conf
option /etc/ppp/pptpd-options
logwtmp
localip 192.168.100.1
remoteip 192.168.100.2-253
```

其中，remoteip 指定的 IP 地址段就是即将分配给 VPN 客户端的地址；localip 是服务器本地使用的 VPN 网络内的地址。

配置文件/etc/ppp/pptpd-options 的内容如下：

```
name pptpd
refuse-pap
refuse-chap
refuse-mschap
require-mschap-v2
require-mppe-128
proxyarp
nodefaultroute
lock
nobsdcomp
plugin radius.so
plugin radattr.so
```

需要注意的是最后两行，它们使得 PPTP 服务启用 Radius 协议支持功能。

然后编辑 FreeRadius 的配置文件，提供 Radius 服务。

```
$ sudo vi /etc/freeradius/radiusd.conf
prefix = /usr
exec_prefix = /usr
sysconfdir = /etc
localstatedir = /var
sbindir = ${exec_prefix}/sbin
logdir = /var/log/freeradius
raddbdir = /etc/freeradius
radacctdir = ${logdir}/radacct
confdir = ${raddbdir}
run_dir = ${localstatedir}/run/freeradius
db_dir = $(raddbdir)
libdir = /usr/lib/freeradius
pidfile = ${run_dir}/freeradius.pid
user = freerad
group = freerad
max_request_time = 30
```

```
cleanup_delay = 5
max_requests = 1024
listen {
        type = auth
        ipaddr = *
        port = 0
}
listen {
        ipaddr = *
        port = 0
        type = acct
}
hostname_lookups = no
allow_core_dumps = no
regular_expressions    = yes
extended_expressions   = yes
log {
        destination = files
        file = ${logdir}/radius.log
        syslog_facility = daemon
        stripped_names = no
        auth = no
        auth_badpass = no
        auth_goodpass = no
}
checkrad = ${sbindir}/checkrad
security {
        max_attributes = 200
        reject_delay = 1
        status_server = yes
}
proxy_requests  = yes
$INCLUDE proxy.conf
$INCLUDE clients.conf
snmp    = no
$INCLUDE snmp.conf
thread pool {
        start_servers = 5
        max_servers = 32
        min_spare_servers = 3
        max_spare_servers = 10
        max_requests_per_server = 0
}
modules {
        pap {
                auto_header = no
```

```
        }
        chap {
                authtype = CHAP
        }
        pam {
                pam_auth = radiusd
        }
        unix {
                radwtmp = ${logdir}/radwtmp
        }
$INCLUDE eap.conf
        mschap {
        }
        ldap {
                server = "ldap.your.domain"
                basedn = "o=My Org,c=UA"
                filter = "(uid=%{Stripped-User-Name:-%{User-Name}})"
                ldap_connections_number = 5
                timeout = 4
                timelimit = 3
                net_timeout = 1
                tls {
                        start_tls = no
                }
                dictionary_mapping = ${confdir}/ldap.attrmap
                edir_account_policy_check = no
        }
        realm IPASS {
                format = prefix
                delimiter = "/"
        }
        realm suffix {
                format = suffix
                delimiter = "@"
        }
        realm realmpercent {
                format = suffix
                delimiter = "%"
        }
        realm ntdomain {
                format = prefix
                delimiter = "\\"
        }
        checkval {
                item-name = Calling-Station-Id
                check-name = Calling-Station-Id
```

```
                data-type = string
        }

        preprocess {
                huntgroups = ${confdir}/huntgroups
                hints = ${confdir}/hints
                with_ascend_hack = no
                ascend_channels_per_line = 23
                with_ntdomain_hack = no
                with_specialix_jetstream_hack = no
                with_cisco_vsa_hack = no
        }
        files {
                usersfile = ${confdir}/users
                acctusersfile = ${confdir}/acct_users
                preproxy_usersfile = ${confdir}/preproxy_users
                compat = no
        }
        detail {
                detailfile = ${radacctdir}/%{Client-IP-Address}/detail-%Y%m%d
                detailperm = 0600
                header = "%t"
        }
        acct_unique {
                key = "User-Name, Acct-Session-Id, NAS-IP-Address, Client-IP-
Address, NAS-Port"
        }
        $INCLUDE sql.conf

        radutmp {
                filename = ${logdir}/radutmp
                username = %{User-Name}
                case_sensitive = yes
                check_with_nas = yes
                perm = 0600
                callerid = "yes"
        }
        radutmp sradutmp {
                filename = ${logdir}/sradutmp
                perm = 0644
                callerid = "no"
        }
        attr_filter attr_filter.post-proxy {
                attrsfile = ${confdir}/attrs
        }
        attr_filter attr_filter.pre-proxy {
```

```
            attrsfile = ${confdir}/attrs.pre-proxy
}
attr_filter attr_filter.access_reject {
        key = %{User-Name}
        attrsfile = ${confdir}/attrs.access_reject
}
attr_filter attr_filter.accounting_response {
        key = %{User-Name}
        attrsfile = ${confdir}/attrs.accounting_response
}
counter daily {
        filename = ${db_dir}/db.daily
        key = User-Name
        count-attribute = Acct-Session-Time
        reset = daily
        counter-name = Daily-Session-Time
        check-name = Max-Daily-Session
        reply-name = Session-Timeout
        allowed-servicetype = Framed-User
        cache-size = 5000
}
always fail {
        rcode = fail
}
always reject {
        rcode = reject
}
always noop {
        rcode = noop
}
always handled {
        rcode = handled
}
always updated {
        rcode = updated
}
always notfound {
        rcode = notfound
}
always ok {
        rcode = ok
        simulcount = 0
        mpp = no
}
expr {
}
```

```
        digest {
        }
        expiration {
                reply-message = "Password Has Expired\r\n"
        }
        logintime {
                reply-message = "You are calling outside your allowed timespan\r\n"
                minimum-timeout = 60
        }
        exec {
                wait = yes
                input_pairs = request
                shell_escape = yes
                output = none
        }
        exec echo {
                wait = yes
                program = "/bin/echo %{User-Name}"
                input_pairs = request
                output_pairs = reply
                shell_escape = yes
        }
        ippool main_pool {
                range-start = 192.168.100.2
                range-stop = 192.168.103.254
                netmask = 255.255.255.0
                cache-size = 800
                session-db = ${db_dir}/db.ippool
                ip-index = ${db_dir}/db.ipindex
                override = no
                maximum-timeout = 0
        }
        policy {
                filename = ${confdir}/policy.txt
        }
}
instantiate {
        exec
        expr
        expiration
        logintime
}
$INCLUDE policy.conf
$INCLUDE sites-enabled/
```

其中还引用了 FreeRadius 的 SQL 模块的配置文件/etc/freeradius/sql.conf，以及站点配置文件/etc/freeradius/sites-enabled/default。

```
$ sudo vi /etc/freeradius/sql.conf
sql {
        database = "mysql"
        driver = "rlm_sql_${database}"
        server = "localhost"
        login = "root"
        password = "password"
        radius_db = "radius"
        acct_table1 = "radacct"
        acct_table2 = "radacct"
        postauth_table = "radpostauth"
        authcheck_table = "radcheck"
        authreply_table = "radreply"
        groupcheck_table = "radgroupcheck"
        groupreply_table = "radgroupreply"
        usergroup_table = "radusergroup"
        deletestalesessions = yes
        sqltrace = no
        sqltracefile = ${logdir}/sqltrace.sql
        num_sql_socks = 5
        connect_failure_retry_delay = 60
        lifetime = 0
        max_queries = 0
        readclients = yes
        nas_table = "nas"
        $INCLUDE sql/${database}/dialup.conf
}
```

读者需要将配置文件中的用户名和密码用自己的替换。

```
$ sudo vi /etc/freeradius/sites-enabled/default
authorize {
        preprocess
        chap
        mschap
        suffix
        sql
        expiration
        logintime
}
authenticate {
        Auth-Type PAP {
                pap
        }
        Auth-Type CHAP {
                chap
```

```
        }
        Auth-Type MS-CHAP {
              mschap
        }
}
preacct {
        preprocess
        acct_unique
        suffix
}
accounting {
        detail
        radutmp
        sql
        attr_filter.accounting_response
}
session {
        radutmp
        sql
}
post-auth {
        sql
        exec
        Post-Auth-Type REJECT {
              attr_filter.access_reject
        }
}
```

另外，我们还需要创建 FreeRadius 所需的数据库表，运行：

```
$ mysql -uroot -prootpass radius < /etc/freeradius/sql/mysql/schema.sql
```

该数据库中的表结构如图 9-41 所示，其中 RADCHECK 表中存放 VPN 用户的用户名和密码。

下面我们向 RADCHECK 表中插入测试账户。

```
$ mysql -uroot -p radius
mysql> insert into RADCHECK values('tester', 'Cleartext-Password', ':=',
'1234');
mysql> insert into RADCHECK values('user0', 'Cleartext-Password', ':=',
'1234');
mysql> select * from radcheck;
+----+----------+--------------------+----+-------+
| id | username | attribute          | op | value |
+----+----------+--------------------+----+-------+
|  1 | tester   | Cleartext-Password | := | 1234  |
|  3 | user0    | Cleartext-Password | := | 1234  |
+----+----------+--------------------+----+-------+
```

```
2 rows in set (0.00 sec)

mysql>
```

FreeRadius

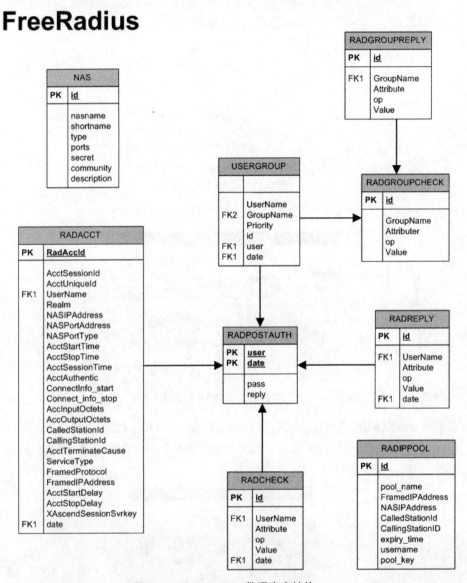

图 9-41　FreeRadius 数据库表结构

上述配置完成后，用下列命令运行 FreeRadius、pptpd 服务。

```
$ /etc/init.d/freeradius start
$ /etc/init.d/pptpd start
```

读者可以在系统日志文件/var/log/syslog 中看到它们启动的相关信息。

接下来，我们就可以在 Linux 或者 Windows 等客户端连接 VPN 服务了。这里以 Linux 中的 PPTP 客户端为例。首先右键单击系统托盘中的网络图标，从弹出的快捷菜单中选择"配置

VPN",系统会弹出 VPN 配置对话框,如图 9-42 所示。

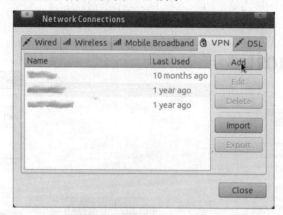

图 9-42　VPN 配置对话框

单击"Add(添加)"按钮,选择 VPN 类型为 PPTP,如图 9-43 所示。

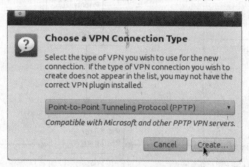

图 9-43　选择 VPN 类型

单击"Create(创建)"按钮,会弹出如图 9-44 所示的编辑 VPN 配置对话框,在"Gateway"框中输入 VPN 服务器的地址,即虚拟机分配到的网络地址;用户名和密码填写我们先前在 RADCHECK 表中添加的用户记录。

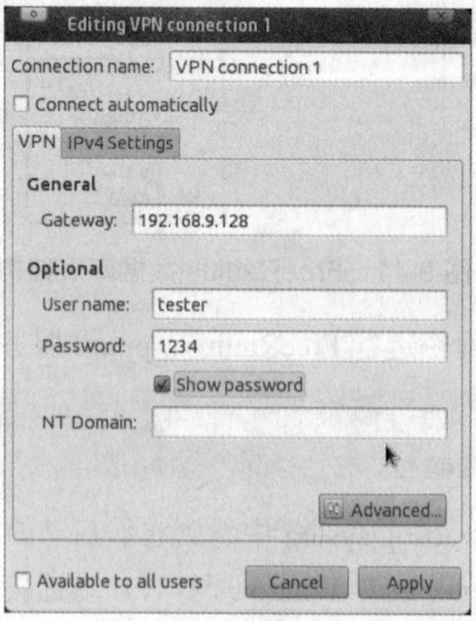

图 9-44　编辑 VPN 配置对话框

单击"Advanced"按钮，在如图 9-45 所示的 PPTP 高级选项中配置 PPTP 协议。

图 9-45　PPTP 高级选项

此处要配合服务器设置，选择 MPPE 加密方式，然后单击"OK"按钮，就可以进行连接了。
读者也可以选择以命令行方式配置 PPTP 客户端，需要编辑下列文件。

在/etc/ppp/chap-secrets 文件中添加用户名和密码：

```
$ sudo vi /etc/ppp/chap-secrets
# Secrets for authentication using CHAP
# client        server  secret                  IP addresses

tester PPTP 1234 *
```

其中的 PPTP 是远端的名称，在下面的配置文件中也会出现。读者可以以其他方式命名，
但要注意在不同的配置文件中应保持一致。另外，还需要编辑/etc/ppp/peers/test 文件：

```
$ sudo vi /etc/ppp/peers/test
pty "pptp 192.168.9.128 --nolaunchpppd"
name tester
remotename PPTP
require-mppe-128
file /etc/ppp/options.pptp
ipparam test
```

和/etc/ppp/options.pptp 文件：

```
$ sudo vi /etc/ppp/options.pptp
lock
noauth
refuse-pap
refuse-eap
refuse-chap
```

```
refuse-mschap
nobsdcomp
nodeflate
require-mppe-128
```

然后就可以在命令行用如下命令来连接 VPN 了。

```
$ sudo pppd call test
```

VPN 连接成功建立时，可以在服务器的系统日志/var/log/syslog 中看到如下所示的记录，其中 192.168.100.2 就是客户端分配到的 IP 地址。

```
   Nov 15 15:18:24 vpn pptpd[3213]: CTRL: Client 192.168.9.1 control connection
started
   Nov 15 15:18:25 vpn pptpd[3213]: CTRL: Starting call (launching pppd, opening
GRE)
   Nov 15 15:18:25 vpn pppd[3215]: Plugin radius.so loaded.
   Nov 15 15:18:25 vpn pppd[3215]: RADIUS plugin initialized.
   Nov 15 15:18:25 vpn pppd[3215]: Plugin radattr.so loaded.
   Nov 15 15:18:25 vpn pppd[3215]: RADATTR plugin initialized.
   Nov 15 15:18:25 vpn pppd[3215]: Plugin /usr/lib/pptpd/pptpd-logwtmp.so
loaded.
   Nov 15 15:18:25 vpn pppd[3215]: pppd 2.4.4 started by root, uid 0
   Nov 15 15:18:25 vpn pppd[3215]: Using interface ppp0
   Nov 15 15:18:25 vpn pppd[3215]: Connect: ppp0 <--> /dev/pts/2
   Nov 15 15:18:25 vpn pptpd[3213]: GRE: Bad checksum from pppd.
   Nov 15 15:18:25 vpn kernel: [ 6205.899692] padlock: VIA PadLock Hash Engine
not detected.
   Nov 15 15:18:25 vpn modprobe: WARNING: Error inserting padlock_sha (/lib/
modules/2.6.26-2-686/kernel/drivers/crypto/padlock-sha.ko): No such device
   Nov 15 15:18:25 vpn kernel: [ 6205.918851] PPP MPPE Compression module
registered
   Nov 15 15:18:25 vpn pppd[3215]: MPPE 128-bit stateless compression enabled
   Nov 15 15:18:25 vpn pppd[3215]: Cannot determine ethernet address for proxy ARP
   Nov 15 15:18:25 vpn pppd[3215]: local  IP address 192.168.100.1
   Nov 15 15:18:25 vpn pppd[3215]: remote IP address 192.168.100.2
```

在客户端可以用如下命令查看对应的 VPN 网络接口状态。

```
/sbin/ifconfig ppp0
ppp0      Link encap:Point-to-Point Protocol
          inet addr:192.168.100.2  P-t-P:192.168.100.1  Mask:255.255.255.255
          UP POINTOPOINT RUNNING NOARP MULTICAST  MTU:1496  Metric:1
          RX packets:5 errors:0 dropped:0 overruns:0 frame:0
          TX packets:5 errors:0 dropped:0 overruns:0 carrier:0
          collisions:0 txqueuelen:3
          RX bytes:62 (62.0 B)  TX bytes:68 (68.0 B)
```

至此，我们已经成功地基于虚拟化技术实现了集中资源调配的 VPN 服务。

9.4 ● VCP 认证和考试

VMware 认证资格（VCP）可以让读者获得深入的和业界认可的知识。VCP 认证计划是专门为那些专业个人、最终用户以及 VMware 合作伙伴设立的项目，以便他们能够展示自己在虚拟化领域的专业知识，在职业生涯中获得提升。

VCP 认证考试比大多数基准认证要困难，因为它需要跨平台的知识。比如需要一些 SAN（存储区域网络）的知识，有助于了解将不同的存储系统连接到 VMware；也需要一些 Linux 知识，了解服务控制台；还需要网络拓扑结构知识，这对掌握虚拟交换机也是必需的。这种广泛的专业领域要求增加了认证的价值。拥有 VCP 认证的个人将能够在大型环境中工作，因为他们对许多技术都有理解。

VCP 认证的内容中包括虚拟中心软件（Virtual Center）、VCB（VMware 整合备份）和 VI3（虚拟基础设施）。VMware 规定，候选人应通过正式的培训计划的课程，并通过课程测试。该课程被称为 "Virtual Infrastructure 3: Install and Configure"（虚拟架构 3：安装和配置）。如果读者已经上过其他课程，例如 "Deploy, Secure and Analyze"（部署、安全检验和分析），也可能具备参加 VCP 认证考试的资格，不过需要和 VMware 联系来确认。

VCP 认证考试本身是第三方授权中心 Pearson VUE 组织进行的，Pearson VUE 在世界各地有 3500 多处授权测试中心。如果读者要参加考试，需要在 http://www.pearsonvue.com 网站登记。考试将持续 90 分钟，有 75 个问题，得分高于 70 分为通过。在母语非英语的国家将额外提供 30 分钟的时间。如果考试没有通过，那么可以尝试再考。重考之间必须等待 7 天以上，每次重考需要再次支付考试费用。考试通过的考生不得再参加考试。

9.5 ● Git 与服务器架设

软件开发人员使用版本管理系统来跟踪一组不断变化的文件。每个文件的每个历史版本都能够在系统中保存下来，需要的时候可以从系统中取出。对于软件开发人员来说，版本管理系统非常有用，几乎每个人都会使用到。有了版本管理系统，可以将整个工程的所有文件恢复到某个指定的版本，也可以帮助整个团队协调开发工作，同步不同开发者对文件的改动。

使用版本管理系统的好处还有，如果你搞砸了或者丢失了文件，则可以很容易恢复。此外，拥有这些功能所付出的代价非常小。

经典的版本管理系统如 CVS、Subversion 和 Perforce 等由一台集中的服务器和多个客户端软件组成，即集中式版本控制系统（见图 9-46）。服务器包含所有版本的文件，客户端取出（checkout）所需要的文件。多年来，这一直是版本管理系统的标准工作方式。这种方式有一些优点，例如，管理员可以很好地控制谁可以做什么。但是这种集中方式有越来越严重的缺点，最明显的是单点故障，如果该服务器停机一小时，那么在该时段所有人都无法工作。如果硬盘上的中央数据库损坏而没有适当的备份，那么所有的历史数据都会丢失。另外，每个开发者需要联网才能工作。

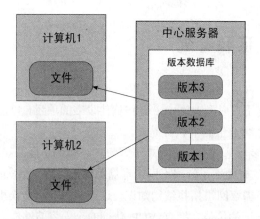

图 9-46　集中式版本管理系统示意图

　　而分布式版本管理系统（DVCS，见图 9-47）的优点是，例如在 Git、Mercurial、Bazaar
或 Darcs 中，每个开发者都拥有一个完整的项目历史仓库。换句话说，每个节点都是等同的。
因此，如果任何服务器宕机了，任何一个客户端仓库的数据都可以用来恢复。开发者在工作时
也不需要联网。

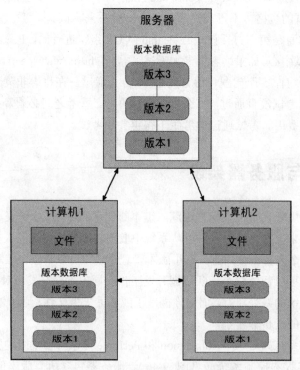

图 9-47　分布式版本管理系统示意图

　　Git 的诞生是和 Linux 内核开发项目紧密相连的。1991—2002 年间，开发者之间通过补丁
文件和源代码包来追踪代码改动。从 2002 年开始使用名为 BitKeeper 的商业分布式版本管理工
具，该工具免费提供给内核开发者使用。2005 年，开发 BitKeeper 的商业公司和内核开发社区
之间的关系破裂，该工具不再免费提供给内核开发者使用。当时，Linux 内核项目领导人 Linus

无法找到一个满足需要的类似管理工具，因此决定开发一个自己的工具。内核开发者对新系统的一些目标如下。

- 速度。
- 简单的设计。
- 大力支持并行分支。
- 完全分布式。
- 能够高效地处理诸如 Linux 内核的大项目（速度和数据大小）。

自 2005 年诞生以来，Git 已经发展得非常成熟并易于使用，也保留了最初的优点。它运行速度非常快，能够高效管理非常大的项目，并有一个强大的分支管理系统。

9.5.1　Git 基础

如果读者使用过其他的版本管理系统，例如 CVS、Subversion、Perforce，Bazaar 等，会发现它们的使用方式大体相同。Git 的使用方式和它们也大致类似，不同的是，Git 管理版本数据的方式非常独特。对此有所了解，对于理解 Git、熟练应用 Git 的高级功能，以及处理实际工作中发生的各种情况都很有帮助。

在普通的版本管理系统中，从概念上讲，它们的存储系统可以看作是一个基于文件更改的列表。Git 不以这种方式维护数据，相反，Git 中的数据更像是小型文件系统的快照。每当对项目提交更改时，项目中的每个文件的状态都会被记录下来，作为整个项目的快照，然后这个快照作为整个项目的新版本被保存下来。当然，为了节省存储空间，没有改动的那些文件的内容不会被重复保存。

Git 的大多数操作只需要本地文件和资源更改，所以它一般不需要从网络上的另一台计算机获取所需要的信息。如果你已经习惯了其他版本管理系统的网络延迟，那么 Git 在这方面会让你觉得它的速度有得天独厚的优势。因为整个项目的历史就在你的本地磁盘里，几乎大部分操作都是瞬间完成的。这也意味着读者可以在各种条件下使用 Git，例如，在飞机、火车等不方便联网的地方，或者无法通过 VPN 连接到工作网络的时候，仍然可以操作项目仓库。

另外，和其他系统不同的是，在项目仓库和工作目录之外，Git 有另一个存储空间，称为索引（index）或者临时区域（stage）。项目仓库保存历史信息，工作目录是项目文件在磁盘上的目录树，文件的编辑更改都在工作目录中完成。在更改被提交到项目仓库之前，需要将它们添加到索引中，索引中的内容最后会形成一个项目快照提交到仓库中。仓库中的每个版本称为一次提交（commit），并且有一个唯一的 hash id 作为它的标识。

Git 的基本工作流程如下。

① 你修改工作目录中的文件。

② 将文件提交到临时区域（索引）。

③ 做一次提交（commit），该提交中包括临时区域中的文件，并在 Git 仓库目录里面存储对应整个项目的快照。

对于某个特定文件来说，如果它和仓库里面保存的版本相同，那么它的状态称为"已提交"（committed）；若它被改动过，并且已经被加到临时区域中，那么它的状态称为"staged"；若它仅仅在工作目录中被改动过，那么它的状态称为"被更改"（modified）。

9.5.2　安装 Git

在使用 Git 前做的第一件事情是安装它。大部分 Linux 发行版都已经提供了相应的软件包，直接安装即可。例如，在 Fedora 下用户可以使用如下命令。

```
$ yum install git-core
```

Debian 或者 Ubuntu 用户可以使用如下命令。

```
$ apt-get install git-core
```

Windows 用户从下面的网址下载 EXE 文件安装即可。

```
http://code.google.com/p/msysgit
```

另一种选择是通过源代码编译安装。首先需要安装编译 Git 所需的开发库。

Fedora：

```
$ yum install curl-devel expat-devel gettext-devel openssl-devel zlib-devel
```

Debian：

```
$ apt-get install libcurl4-gnutls-dev libexpat1-dev gettext libz-dev
```

从下面网址下载 Git 的源代码。

```
http://git-scm.com/download
```

然后编译和安装。

```
$ tar -zxf git-1.6.0.5.tar.gz
$ cd git-1.6.0.5
$ make prefix=/usr/local all
$ sudo make prefix=/usr/local install
```

9.5.3　配置 Git

现在已经在系统里安装好了 Git，下面进行一些配置，这些配置一般只需要做一次就够了，以后 Git 升级的时候这些配置依然生效。一般来说，Git 的配置保存在下面几个地方。

- /etc/gitconfig 文件：这个文件中的配置对每个系统用户和他们的所有仓库都生效。如果使用 git config 命令的--system 选项，那么实际上操作的就是这个文件。
- ~/.gitconfig 文件：这是用户自己的 Git 配置。如果使用 git config 的--global 选项，那么操作的就是这个文件。
- Git 仓库中的配置文件（.git/config）：该配置文件只应用于所在的仓库。如果 git config 命令不带任何选项，那么操作的就是这个配置文件。

这三个配置文件的优先级是：Git 仓库配置文件优先于用户配置文件，用户配置文件优先于系统配置文件。

首先应该配置用户的身份信息，即用户的名字和 E-mail 地址。

```
$ git config --global user.name "John Doe"
$ git config --global user.email johndoe@example.com
```

这个信息非常重要，因为每一次提交都包含作者身份信息。注意：这里使用了--global 选项。如果读者想在不同的项目仓库中使用不同的名字，则可以去掉这个选项，并在项目仓库所在的目录下运行该命令。

然后需要配置默认的编辑器。编辑器会在向仓库做提交时被 Git 调用，以便用户输入注释信息。一般情况下，Git 会使用系统默认的编辑器（vi 或者 vim）。下面的命令可以将编辑器改为 nano。

```
$ git config --global core.editor nano
```

还有一个可能需要配置的是代码比较工具，例如运行下面的命令后，Git 就会在需要比较代码或者解决合并冲突时调用 vimdiff。

```
git config --global merge.tool vimdiff
```

其他可选的工具有：kdiff3、tkdiff、meld、xxdiff、emerge、vimdiff、gvimdiff、ecmerge 和 opendiff 等。

下面的命令可以列出所有的配置以供检查。

```
git config --list
```

9.5.4 获取 Git 仓库

一般有两个途径可以获取 Git 仓库：一是从磁盘上现有的项目文件创建新的 Git 仓库；二是从另一台机器上复制一份已有的 Git 仓库。

从已有的文件初始化新的 Git 仓库的方法是，在项目的顶级目录下运行如下命令：

```
$ git init
```

这会在该目录下创建一个名为.git 的新文件夹，用来保存所有的仓库数据。然后向该仓库中添加项目的所有文件，并且提交第一个初始版本。假定项目只包括多个.c 文件和一个 README 文件，那么只要运行如下命令：

```
$ git add *.c
$ git add README
$ git commit -m 'initial project version'
```

通过这些命令，就可以为自己的项目创建 Git 仓库。关于每条命令的含义，我们将在后续的章节中具体解释。

下载已有的 Git 仓库可以用克隆命令，例如：

```
$ git clone git://github.com/git/git.git
```

其中，git://github.com/git/git.git 是已有仓库的网址（URL）。如果读者熟悉 Subversion 等版本管理系统，则会想到类似的用来取出代码的 checkout 命令。不过，克隆和 checkout 命令的一个重要区别是：克隆命令将仓库的所有数据，包括修改历史等都复制到本地；而 checkout 命令则是取出某个版本。如果服务器上的数据丢失或者损坏，则仍然可以从任何一个客户端恢复数据。

在上面的命令中，默认下载生成的目录被命名为 git，即 URL 的最后一部分。如果读者想自己对目录命名，则可以在 URL 后面增加一个目录名参数，例如：

```
$ git clone git://github.com/git/git.git mygit
```

将仓库复制到 mygit 目录中。

Git 有不同的传输协议可以使用，前面的例子使用的都是 Git 协议，读者也会碰到使用 http 协议或者 ssh 协议。我们会在后面的章节中具体介绍。

9.5.5 更改 Git 项目

现在已经有了一个本地的仓库和一份工作副本（working copy）。下面介绍工作副本被修改后如何将更改提交到仓库中。

每个工作目录中的文件一定处于两种状态之一：已跟踪（tracked）和未知（untracked）。已跟踪的文件是那些已被 Git 系统记录在仓库中的文件，这些文件可能处于这样几种状态：未修改（unmodified），意味着该文件在工作目录中的内容和仓库中对应的内容一致；已修改（modified），该文件在工作目录中已经被修改；已进入索引（staged），该文件的改动已经进入索引区域，但未提交到仓库。其他未进入过 Git 仓库的文件都是未知（untracked）文件，Git 不会主动理会这些文件，除非将它们纳入 Git 管理中。

在仓库刚刚建立以后，目录中所有的文件都处于未修改状态，经过修改以后进入已修改状态，然后通过"git add"命令将更改添加到索引中；当所有修改的文件都添加完毕后，将整个修改后项目的状态提交到仓库。

9.5.6 检查文件状态

"git status"命令是用来检查文件状态的主要工具。如果在克隆后直接运行此命令，则应该会看到类似如下的输出。

```
$ git status
# On branch master nothing to commit (working directory clean)
```

这意味着工作目录的状态是干净的，换句话说，没有被跟踪并且被修改的文件。Git 也没有看到任何未跟踪的文件，否则会被列在这里。最后，该命令告诉你处于默认的 master 分支上。比如说，我们在项目文件夹中添加了一个新的 README 文件，如果该文件之前不存在，那么再次运行"git status"命令，则会看到如下的输出。

```
$ vim README
$ git status
# On branch master
# Untracked files:
# (use "git add <file>..." to include in what will be committed)
#
# README
nothing added to commit but untracked files present (use "git add" to track)
```

可以看到新的 README 文件未被跟踪，并被列在"未跟踪文件"列表里。未跟踪状态意味着 Git 发现工作目录里面有在最近的快照中不曾包括的新文件，如果你不明确告诉 Git 要将它包括进来，那么以后 Git 也不会处理它。这样做是为了防止不小心把产生的二进制文件也加到项目仓库中。如果我们确实要添加 README 文件，那么请看下面一节。

9.5.7 跟踪新文件

我们使用"git add"命令开始跟踪新文件。例如，对应上面的 README 例子，运行如下命令：

```
$ git add README
```

此时如果再次运行"git status"命令查看状态，就可以看到 README 文件现在已被 Git 跟踪并且已经被添加到索引中。

```
$ git status
# On branch master
# Changes to be committed:
# (use "git reset HEAD <file>..." to unstage)
#
# new file: README
#
```

从上面的输出可以看到，该文件处于索引区域中，因为它被列在"将被提交的改动"中。如果在这时提交，那么该文件在运行"git add"命令的时候对应的内容将被提交到 Git 仓库中。该命令接受的参数是文件名或者目录名，如果是目录名，那么该命令将递归地添加该目录中的所有文件。

9.5.8 集结（staging）修改过的文件

如果我们修改一个已经被 Git 管理的文件 benchmark.sh，然后再次运行"git status"命令，则会看到如下输出。

```
$ git status
# On branch master
# Changes to be committed:
# (use "git reset HEAD <file>..." to unstage)
#
# new file: README
#
# Changed but not updated:
# (use "git add <file>..." to update what will be committed)
#
# modified: benchmarks.sh
#
```

"Changed but not updated"部分列出了刚刚修改的 benchmarks.sh 文件，这意味着它已经被修改，但是没有被添加到索引区域（或临时区域，stage）中。为了做到这一点，和添加新文件一样运行"git add"命令，这样改动过后的文件内容就会被加入到索引区域中。再次运行"git status"命令，得到的输出结果如下。

```
$ git add benchmarks.sh
$ git status
# On branch master
# Changes to be committed:
# (use "git reset HEAD <file>..." to unstage)
#
# new file: README
# modified: benchmarks.sh
#
```

上面列出的两个文件都将在下次提交时进入仓库。如果恰巧在此时我们又修改了 benchmarks.sh 文件，运行"git status"命令则会显示下面"奇怪"的结果。

```
$ vim benchmarks.sh
$ git status
# On branch master
# Changes to be committed:
# (use "git reset HEAD <file>..." to unstage)
#
# new file: README
# modified: benchmarks.sh
#
# Changed but not updated:
# (use "git add <file>..." to update what will be committed)
#
# modified: benchmarks.sh
#
```

注意：

此时 benchmarks.sh 同时出现在"将要提交的更改"（Changes to be committed）和"已修改但未更新"（Changed but not updated）两部分中。这是因为索引区域中的内容还是最后一次改动前的版本，即运行"git add"命令时的内容。如果想要将最近的内容更新到索引中，则需要再次运行"git add"命令。

9.5.9 忽略文件

版本管理系统的用户经常会碰到这样的情况：不想让系统管理生成的临时文件。这些临时文件通常是自动生成的，例如日志文件或编译源代码产生的文件。在这种情况下，可以创建一个命名为.gitignore 的文件，在里面写明需要忽略的文件名模式列表。示例如下：

```
$ cat .gitignore
*.[oa]
*~
```

该文件的第一行告诉 Git 忽略任何以.o 结尾的目标代码或者以.a 结尾的库文件。第二行告诉 Git 忽略所有名字以波浪符号结束的文件，这是由文本编辑器例如 Emacs 生成的临时文件。一般来说，用户需要在开始时就写好.gitignore 文件，以免不需要的文件被意外地提交到仓库中。

在.gitignore 中可以使用的文件名模式如下。

- 空行或以"#"开始的行会被忽略。
- 标准的 glob 模式。
- 用以"/"符号结束的模式来匹配目录。
- 以叹号开始的模式表示否定。

glob 模式的大概规则是：星号（*）匹配零个或多个字符；[abc]匹配方括号中列出的单个字符；一个问号（?）匹配单个字符。关于 glob 模式的具体信息可以参考 bash 文档。

下面是一个具体的例子。

```
# 本行是注释，会被忽略
*.a # 不管理名字以.a 结束的文件
!lib.a # 强制管理 lib.a 文件
/TODO # 只忽略项目根目录下面的 TODO 文件
build/ # 忽略所有 build 目录中的文件
```

9.5.10　查看改动

如果想查看工作目录或者索引中具体的更改，"git status"命令的输出结果是不够的。此时可以使用"git diff"命令，该命令会明确列出哪些行增加了，哪些行被删除或者改动了，它的输出格式和 patch 文件一样。比如说，现在 README 文件经过改动并被加入到索引中，benchmarks.sh 文件只在工作目录中被改动过，那么"git status"命令的输出会是这样的。

```
$ git status
# On branch master
# Changes to be committed:
# (use "git reset HEAD <file>..." to unstage)
#
# new file: README
#
# Changed but not updated:
# (use "git add <file>..." to update what will be committed)
#
# modified: benchmarks.sh
#
```

"git diff" 命令的输出则如下所示。

```
$ git diff
diff --git a/benchmarks.sh b/benchmarks.sh
index 3cb747f..da65585 100644
--- a/benchmarks.sh
+++ b/benchmarks.sh
@@ -36,6 +36,10 @@ driver()
for i in *.load
do

+ run_load $i
+
done
```

如果要查看索引区域中的改动，使用"git diff --cached"命令，它会显示下次"git commit"命令提交的内容。

9.5.11　提交修改

在前面的章节中，通过"git add"命令已经把自己的改动提交到索引区域中。现在，可以将自己的修改正式提交到仓库了。请记住，在工作目录中新创建或者修改的任何文件，在还没有被"git add"命令加入到索引区域前，都不会进入仓库。要将更改提交到仓库，最简单的方法是使用"git commit"命令。

```
$git commit
```

运行该命令后，Git 会启动默认编辑器（由$EDITOR 环境变量指定），以便输入这次更改的注释信息。

```
# Please enter the commit message for your changes. Lines starting
# with '#' will be ignored, and an empty message aborts the commit.
# On branch master
# Changes to be committed:
# (use "git reset HEAD <file>..." to unstage)
#
# new file: README
# modified: benchmarks.sh
~
~
~
".git/COMMIT_EDITMSG" 10L, 283C
```

可以看到，默认的提交信息中包含了"git status"命令的最新输出。当退出编辑器后，Git 便会在仓库中创建新的提交，并附带编辑后的提交信息（注释行会被忽略）。

也可以采用另一种指定提交信息的方式，即使用 commit 命令的-m 选项。

```
$ git commit -m "fix bug #145"
[master]: created 463dc4f: "Fix benchmarks for speed"
```

```
2 files changed, 3 insertions(+), 0 deletions(-)
create mode 100644 README
```

通过以上步骤，就创建了一次提交（commit）。可以看到输出信息中有一些这次提交的基本信息：这次提交所在的分支（master）、对应的 SHA1 校验 ID（463dc4f）、有多少改动的文件，以及行数的统计信息。

需要注意的是，这次提交记录的是用户在索引区域的信息，所有没添加到索引区域的更改都不会进入这次提交。在快照记录中设置了临时区域，每当用户执行一个提交时，它都会记录整个项目文件的状态。

9.5.12 删除文件

要从 Git 删除一个文件，必须从 Git 跟踪的文件中删除它，然后提交。"git rm"命令可以完成这一操作，并且删除工作目录中的文件。如果仅仅简单地把文件从工作目录中删除，那么对 Git 来说，该文件并未被删除，只是处于"已更改，但未更新"状态。

9.5.13 移动文件

Git 和许多其他的版本管理系统不一样的地方是，它并不明确地跟踪文件移动。它很智能，如果你在 Git 中移动了文件，则会在提交的时候被发现。尽管如此，Git 还是提供了"git mv"命令。总之，如果想重命名文件，则可以运行如下命令。

```
$ git mv README.txt README
$ git status
# On branch master
# Your branch is ahead of 'origin/master' by 1 commit.
#
# Changes to be committed:
# (use "git reset HEAD <file>..." to unstage)
#
# renamed: README.txt -> README
#
```

实际上，由于 Git 能够自动比较文件内容，检测到文件名字改动，所以上述操作和下面的操作是等同的。

```
$ mv README.txt README
$ git rm README.txt
$ git add README
```

9.5.14 查看历史

当创建了几个提交以后，可能想回头看看仓库里面的历史记录。这时就会用到 Git 中基本、最常用的"git log"命令。

首先取得本节将会使用的示例项目。

```
$ git clone git://github.com/schacon/simplegit-progit.git
```

然后在该项目中运行"git log"命令，会得到类似下面的输出。

```
$ git log
commit ca82a6dff817ec66f44342007202690a93763949
Author: Scott Chacon <schacon@gee-mail.com>
Date: Mon Mar 17 21:52:11 2008 -0700
changed the version number
commit 085bb3bcb608e1e8451d4b2432f8ecbe6306e7e7
Author: Scott Chacon <schacon@gee-mail.com>
Date: Sat Mar 15 16:40:33 2008 -0700
removed unnecessary test code
commit a11bef06a3f659402fe7563abf99ad00de2209e6
Author: Scott Chacon <schacon@gee-mail.com>
Date: Sat Mar 15 10:31:28 2008 -0700
first commit
```

在默认情况下，不带参数时，"git log"命令会按时间逆序列出仓库中的提交历史记录。也就是说，最近一次的提交会列在第一位。如上所示，此命令列出了每一次提交的 SHA1 校验 ID、作者的姓名和电子邮件、提交的日期，以及提交的注释信息。

"git log"命令支持非常多的选项。在这里，我们将介绍最常用的一些选项。

其中一个比较有用的选项是-p，它会列出每一次提交的具体更改。-2 选项指定只列出最后两个项目。

```
$ git log -p -2
commit ca82a6dff817ec66f44342007202690a93763949
Author: Scott Chacon <schacon@gee-mail.com>
Date:   Mon Mar 17 21:52:11 2008 -0700

    changed the version number

diff --git a/Rakefile b/Rakefile
index a874b73..8f94139 100644
--- a/Rakefile
+++ b/Rakefile
@@ -5,7 +5,7 @@ require 'rake/gempackagetask'
 spec = Gem::Specification.new do |s|
-    s.version   =   "0.1.0"
+    s.version   =   "0.1.1"
     s.author    =   "Scott Chacon"


commit 085bb3bcb608e1e8451d4b2432f8ecbe6306e7e7
Author: Scott Chacon <schacon@gee-mail.com>
Date:   Sat Mar 15 16:40:33 2008 -0700
```

```
    removed unnecessary test code

diff --git a/lib/simplegit.rb b/lib/simplegit.rb
index a0a60ae..47c6340 100644
--- a/lib/simplegit.rb
+++ b/lib/simplegit.rb
@@ -18,8 +18,3 @@ class SimpleGit
     end

 end
-
-if $0 == __FILE__
-  git = SimpleGit.new
-  puts git.show
-end
\ No newline at end of file
```

如果想快速浏览每次提交都更改过哪些文件，则可以使用--stat 选项，它的输出如下。

```
$ git log --stat
commit ca82a6dff817ec66f44342007202690a93763949
Author: Scott Chacon <schacon@gee-mail.com>
Date:   Mon Mar 17 21:52:11 2008 -0700

    changed the version number

 Rakefile |    2 +-
 1 files changed, 1 insertions(+), 1 deletions(-)


commit 085bb3bcb608e1e8451d4b2432f8ecbe6306e7e7
Author: Scott Chacon <schacon@gee-mail.com>
Date:   Sat Mar 15 16:40:33 2008 -0700

    removed unnecessary test code

 lib/simplegit.rb |    5 -----
 1 files changed, 0 insertions(+), 5 deletions(-)


commit a11bef06a3f659402fe7563abf99ad00de2209e6
Author: Scott Chacon <schacon@gee-mail.com>
Date:   Sat Mar 15 10:31:28 2008 -0700

    first commit

 README           |    6 ++++++
 Rakefile         |   23 +++++++++++++++++++++++
 lib/simplegit.rb |   25 +++++++++++++++++++++++++
 3 files changed, 54 insertions(+), 0 deletions(-)
```

正如上面所示，--stat 选项显示每次提交中的修改清单，有多少文件被改变，这些文件中有多少行被添加和删除。另外，在最后会显示一个摘要。

另一个真正有用的选项是--pretty，这个选项会更改日志输出的默认格式。Git 预定义了一些常用的格式选项。例如，"oneline" 选项将每次提交只用一行输出，这个选项在查看大量的提交时很有用。此外，也可以使用 short、full 和 fuller 选项或多或少地显示对应信息。

```
$ git log --pretty=oneline
ca82a6dff817ec66f44342007202690a93763949 changed the version number
085bb3bcb608e1e8451d4b2432f8ecbe6306e7e7 removed unnecessary test code
a11bef06a3f659402fe7563abf99ad00de2209e6 first commit
```

还有一个很有趣的选项是 format，它允许用户指定自己的日志输出格式。当用户想通过其他脚本解析 Git 的输出时，这个选项就特别有用。

```
$ git log --pretty=format:"%h - %an, %ar : %s"
ca82a6d - Scott Chacon, 11 months ago : changed the version number
085bb3b - Scott Chacon, 11 months ago : removed unnecessary test code
a11bef0 - Scott Chacon, 11 months ago : first commit
```

9.5.15　服务器上的 Git

如果掌握了上面的内容，应该能够完成 Git 的大部分日常任务。但是，如果要和其他人合作，就需要在网络上建立一个远程 Git 仓库。远程仓库通常是一个空白仓库——这种 Git 仓库不包含工作目录，因为没有人会在服务器上工作。空白仓库只包括.git 目录中的内容。虽然开发者可以在他们个人的机器之间同步仓库，但是拥有一个在线的共同仓库是非常有用的。在这种模式下，各人都和在线的中间仓库同步。我们将此仓库称为 "Git 服务器" 仓库。Git 服务器通常占用的资源非常少，所以比较适合安装在虚拟化服务器中。

设立 Git 服务器很简单。首先需要选择服务器所支持的协议。Git 可以通过 4 种协议来传输数据：本地协议、SSH、Git 协议和 HTTP 协议。这里介绍它们的特点以及适用场景。除了 HTTP 协议外，其他协议都需要服务器上安装 Git 软件。

1. 本地协议

本地协议是最基本的协议，因为远程仓库就在磁盘的另一个目录中。如果开发团队有 NFS 之类的共享文件系统，或者大家都登录到同一台服务器工作，那么本地协议可能是经常会使用到的协议。登录到同一台机器的情况有安全隐患，因为所有的代码库拷贝都保存在同一台计算机上，当灾难性损坏发生时损失的可能性更大。如果环境中有共享文件系统，那么可以对本地仓库进行 clone、push 和 pull 操作，只需使用路径作为 URL 即可。例如：

```
$ git clone /opt/git/project.git
```

或者

```
$ git clone file:///opt/git/project.git
```

在这两种方式下，Git 的操作略有不同。如果只是指定路径，不使用 URL，Git 会尝试使用硬链接（hard link）或者直接拷贝文件；如果使用以 file:// 开头的 URL，Git 则会调用它通常用来传输网络数据的底层工具，这样就不如前一种方式更有效率了。

基于文件的仓库的好处是：比较简单，它使用现有的文件和网络访问权限。如果团队内部已经有共享文件系统，那么基于它建立一个 Git 仓库是很容易的。只需在共享目录中放置仓库，并且设置适当的读写权限就可以了。本地协议也非常适用于从别人那里快速拷贝仓库，例如，如果想快速地从 John 那里获得最新的代码，运行类似的命令"git pull /home/john/project"往往是最快的方法。

这种协议的缺点是，共享文件夹一般比较难以建立，特别是在使用移动的笔记本电脑的时候，对应的网络情况会比较复杂。使用网络共享也未必是速度最快的方式，例如，使用 NFS 共享未必比通过 SSH 协议快。总之，只有当访问文件数据的速度较快的时候，使用本地协议才会比较快。

2. SSH 协议

对 Git 来说，也许最常见的传输协议是 SSH。这是因为在大多数服务器上，默认都会有 SSH，如果没有也很容易安装。SSH 也是唯一的轻松支持读和写的网络协议，另外两个网络协议（HTTP 和 GIT）通常是只读的。SSH 也支持身份验证。

要通过 SSH 克隆 Git 仓库，可以指定这样的 URL：

```
$ git clone ssh://user@server:project.git
```

或者

```
$ git clone user@server:project.git
```

当不指明协议时，Git 会默认使用 SSH 协议。

使用 SSH 协议的好处有很多。首先，如果需要网络验证，则只能用 SSH 协议。其次，SSH 比较容易安装，SSH 服务进程很普遍，许多系统管理员都有相关经验，并且许多操作系统默认都有安装。第三，通过 SSH 协议访问也是比较安全的，所有的数据在网络上都以加密方式传输。最后，SSH 也比较高效，数据在传输之前会经过压缩。

SSH 协议的缺点是不能配置匿名访问，通过 SSH 协议访问的用户必须能够登录你的机器，这不利于在大范围的开源项目中使用 SSH 协议。

3. Git 协议

Git 协议需要专门的服务程序，该程序在 Git 软件包里面提供了。它侦听一个专门的端口（9418），提供的服务类似于 SSH 协议，但没有认证机制。如果把仓库通过 Git 协议共享，则必须创建一个名为 git-export-daemon-ok 的文件；否则 Git 服务进程不会向外界暴露这个仓库。除此之外，Git 协议就没有其他安全机制了，要么所有人都能克隆该仓库，要么所有人都不能，这意味着不能通过此协议上传。从技术上来说，上传也是可以配置的，如果那样所有人就都可以上传了，所以上传一般都是关闭的。

Git 协议的传输速度是最快的，如果在互联网上提供非常大的项目下载，一般都会用 Git 协议。它使用和 SSH 协议相同的数据传输机制，但没有加密和认证的开销。

Git 协议的缺点是缺乏认证机制。一般来说，项目的开发不会只采用 Git 协议，而是对一些有提交权限的人提供 SSH 协议，对其他人则提供只读的 Git 协议。Git 协议的安装及配置相对较难，它必须运行自己的守护服务进程，而且还需要开放访问端口 9418，这不是标准的端口，所以可能需要配置防火墙。

4．HTTP 协议

现在介绍一下 HTTP 协议。通过 HTTP 或 HTTPS 协议访问 Git 的优点是它设置简单。基本上所要做的就是把.git 目录下的仓库放在 Web 服务器的目录下，并设立 post-update 脚本，然后 Web 服务器的访问者就都可以克隆这个仓库了。设置 HTTP 协议的例子如下：

```
$ cd /var/www/htdocs/
$ git clone --bare /path/to/git_project gitproject.git
$ cd gitproject.git
$ mv hooks/post-update.sample hooks/post-update
$ chmod a+x hooks/post-update
```

HTTP 协议的好处也是很容易设置。如果已经有 Web 服务器了，那么完成设置只需几条命令和几分钟时间。HTTP 协议只耗费很少的系统资源，因为它通常只使用静态 HTTP 请求，一个正常的 Apache 服务器平均每秒可以处理数千个文件。HTTP 协议的另外一个好处是，它是常用协议，公司防火墙通常会开放此端口。

HTTP 协议的缺点是，它相对比较低效。需要在网络上传输的数据比较多，所以克隆一个仓库的时间通常会比其他协议长些。

9.5.16　在服务器端设立 Git 仓库

一般在服务器端设立的 Git 仓库都是空白（bare）仓库，即没有工作目录的仓库。用户可以使用如下命令从一般的仓库创建空白仓库。

```
$ git clone --bare my_project my_project.git
Initialized empty Git repository in /opt/projects/my_project.git/
```

my_project.git 目录就是新创建的空白仓库，只要将它复制到服务器上即可。

```
$ scp -r my_project.git user@git.example.com:/opt/git
```

这样其他人就可以从服务器端通过 SSH 协议克隆了。

```
$ git clone user@git.example.com:/opt/git/my_project.git
```

9.5.17　安装 Git Daemon

如前所述，如果要支持服务器端 Git 协议，就要安装专门的服务器软件。Git Daemon 是 Git 官方发行的服务器软件，下面我们将演示如何运行 Git Daemon。

基本上，只需要以命令行方式运行这个守护进程命令就行

```
$ git daemon --reuseaddr --base-path=/opt/git/ /opt/git/
```

--reuseaddr 选项允许服务器在启动时无须等待旧连接结束。--base-path 选项允许其他人在

克隆时无须指定完整路径。如果服务器运行在防火墙后面，则需要打开 9418 端口。

以可以以守护进程方式运行这个命令。例如在 Ubuntu 里，可以在文件

```
/etc/event.d/local-git-daemon 中写入：

start on startup
stop on shutdown
exec /usr/bin/git daemon \
--user=git --group=git \
--reuseaddr \
--base-path=/opt/git/ \
/opt/git/
respawn
```

小结

本章我们介绍了 Git 的基本用法，包括如何下载 Git 仓库、设立自己的 Git 项目、如何提交和查看改动。同时，也介绍了如何在服务器端架设 Git 服务，以及 4 种 Git 协议的优点和缺点。

10 云计算理论

从虚拟化 到云计算

云计算是近年来的热门技术话题。实际上，云计算和虚拟化技术之间存在密切的联系。本章首先介绍云计算的基本模型和概念，然后结合 VMware 软件方案，阐述如何使用 VMware 搭建云计算环境。通过对本章的学习，读者能够体会到什么是云计算，并且了解云计算的实质和具体实现方案。

云计算是一种可以随时启用的方便的计算模型，可以按需访问可配置的共享计算资源池，比如网络、服务器、存储、应用程序和服务，这些资源可以快速供应和发布，无须很多的管理成本，也无须和服务提供商进行过多沟通。

10.1 云计算的基本特征

- 按需自助式服务：用户可以按照自己的需要，无须与每个服务提供商沟通，即可自行使用计算能力，如服务器的时间和网络存储等。
- 广泛的网络接入：所有的计算能力都可以通过网络用标准的访问机制获取。标准的访问机制由各种客户平台（如手机、笔记本电脑和 PDA 等）发起。
- 资源池：供应商的计算资源汇集在一起通过多租户模型为多个用户提供服务，动态分配或根据用户的需求重新分配物理和虚拟资源。因此，用户一般无法控制或并不了解提供资源方的准确位置，但可以指定一个较高层次的位置（如国家、州或数据中心）。资源包括存储、处理器、内存、网络带宽和虚拟机。
- 快速、灵活：可以快速、灵活地部署计算能力，在某些情况下能自动快速地扩展，并迅速部署。对用户来说，似乎在任何时候都可以无限购买任意数量的计算能力。
- 可测量服务：云系统通过对一些服务的监控（如存储、处理器、带宽和活跃账户）能够自动控制并优化资源的使用。可以对资源的使用进行监测、控制和报告，对供应商和用户来说，服务优化都拥有透明度。

基于以上 5 个基本特征，由此组成了 3 种服务模型和 4 种部署模式。

10.2　云计算的服务模式

云服务模型有如下 3 种。

（1）云软件服务（SaaS）

该服务可以让用户使用供应商运行在云基础设施上的应用程序，这些应用程序可以通过各种客户端设备经由瘦客户端接口访问，比如通过网络浏览器（如基于 Web 的电子邮件）进行访问。用户并不管理或控制底层的云基础设施，包括网络、服务器、操作系统、存储，甚至应用的性能。不过，在特定的情况下某些特定的用户可以对应用进行配置。

（2）云平台服务（PaaS）

该服务为用户提供一个平台，用户可以在云基础设施上用供应商提供的编程语言和工具部署自己创建的或购买的应用程序。用户一样不管理或控制底层的云基础设施，包括网络、服务器、操作系统、存储，但可以控制部署的应用程序，以及相应的应用托管环境配置。例如，Google Application Engine 就是云平台服务的典型例子。

（3）云基础设施服务（IaaS）

该服务可以提供给用户诸如处理器、存储、网络和其他基本的计算资源，利用这些资源，用户可以部署和运行任意软件，包括操作系统和应用等。用户并不管理或控制底层的云基础设施，但拥有对操作系统、存储、部署应用程序的控制，并可以部分控制某些网络组件（如主机防火墙）。亚马逊 EC2 云计算服务便是该类服务的典型例子，我们会在后面的章节有详细的介绍。

云服务分类示意图如图 10-1 所示。

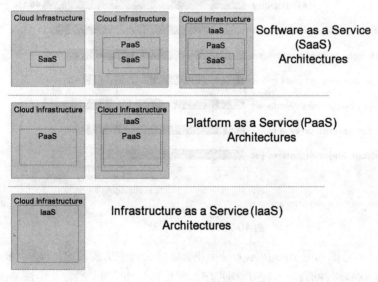

图 10-1　云服务分类示意图

在以上云计算特征和云服务分类的基础上，存在以下 4 种云服务部署模式。

（1）私有云

云基础设施专为某个组织运作。它可能由组织方管理，也可能由第三方管理。

（2）社区云

云基础设施由几个组织共享，支持某个特定的社区，该社区有共同关注的问题，例如任务、安全要求、政策和遵守约定等。它可能由组织方管理，也可能由第三方管理。

（3）公共云

云基础设施提供给一般大众或一个大产业集团使用，由出售云服务的组织拥有这些设施的所有权。

（4）混合云

云基础设施由两个或两个以上的云（私有云、社区云或公共云）构成。这些云依然保持其独特性，但受标准化或专利技术的约束，其数据和应用程序具有可移植性，例如两个云之间的负载均衡。

云计算服务的相对安全性是一个有争议的问题，因此可能会延缓它的流行速度。特别是云计算在很大程度上是为那些对外部管理周边安全有顾虑的私人和公共部门提供基础服务的。但这是云计算的基本特征，为促进私人或公共的外部管理提供服务。这对于愿意优先提供安全服务的云计算服务提供商来说，有巨大的激励作用。

图 10-2 列出了云计算的挑战。

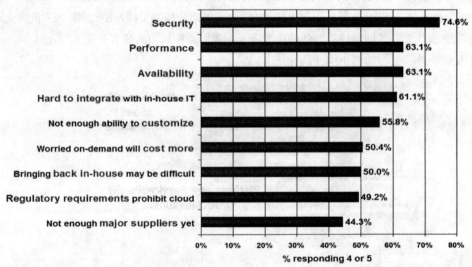

图 10-2　云计算的挑战

云计算架构（示意图如图 10-3 所示）是指在云计算交付中所涉及的软件系统的系统架构，涉及多个云组件。这些组件通过一定的应用程序编程接口互相沟通，通常是通过 Web 服务和三层架构。这种情形类似于 UNIX 哲学，即有多个程序，每个程序只管做好一件事，彼此间通过通用接口一起工作。系统的复杂性以及由此产生的系统比单块系统更易于管理。

云计算架构中最重要的两个组件是前端和后端。前端即客户端或用户所见的系统，这部分包括客户端的网络（或计算机），以及用户访问云上的应用界面，如 Web 浏览器；后端是"云"

本身，包括各种电脑、服务器和数据存储设备。

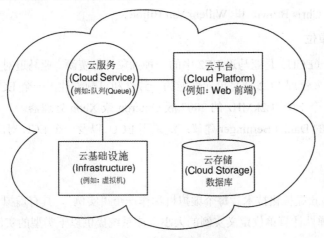

图 10-3　云计算架构示意图

10.3 — 亚马逊弹性云计算

亚马逊弹性云计算（EC2）是 Amazon.com 云计算平台——亚马逊网络服务（AWS）的核心部分。在 EC2 上，用户可以租用虚拟计算机运行自己的应用程序。EC2 通过网络提供可扩展的应用部署，用户通过引导亚马逊机器创建虚拟机，亚马逊称之为"实例"，该实例包含用户所需的所有软件。

用户可以根据需要创建、启动和终止服务器实例，并按使用时间支付费用，因此它被称为"弹性"。EC2 可以让用户控制执行服务器主机的地理位置，这可以优化延迟并有高层次的冗余。例如，要最大限度地减少停机时间，用户可以在多个时区设置相互独立的服务器，这样一台服务器失败时可以启动其他备份服务器。

1. 历史

2006 年 8 月 25 日，亚马逊发布了有限数量的 EC2 公测版，用户以先到先得的方式获取 EC2。2007 年 10 月 16 日，亚马逊添加了两个新的实例类型（大型和超大型）。2008 年 5 月 29 日，又加入两种类型——High-CPU Medium 和 High-CPU Extra Large。目前可用的实例类型共有 9 种。

2008 年 3 月 27 日，亚马逊添加了 3 个新功能，包括静态 IP 地址、有效区域、用户可选择的内核。2008 年 8 月 20 日，增加了一个自云计算服务启动之初一直缺失的基本功能——弹性块存储（EBS），该功能可提供永久存储。

2008 年 10 月 23 日，亚马逊 EC2 测试版全面上线。同一天，亚马逊还发布了以下功能：EC2 服务质量协议（SLA）、EC2 上的微软 Windows 测试版、EC2 上的微软 SQL 服务器测试版，并计划开发 AWS 管理组件，以及负载均衡、自动缩放和云监控服务。这些功能于 2009 年 5 月 18 日补充完整。

亚马逊 EC2 主要由位于南非开普敦的一个研发团队开发完成，该团队由 Chris Pinkham 领导。Pinkham 主要开发了初步的 EC2 体系结构，并建立了这个小组，组织完成了该项目的开发。该小组成员还包括 Chris Brown 和 Willem Van Biljon。

2. 弹性计算单位

弹性计算单位（ECU）是亚马逊 EC2 中的一种抽象计算资源。亚马逊对 ECU 有如下注释：用一些基准和测试来管理 EC2 计算单元性能的一致性和可预测性，一个 EC2 计算单元提供的 CPU 容量相当于一个 1.0～1.2kMHz 的 2007 版 Opteron 或 Xeon 处理器。

goCipher 软件的 Daniel Berninger 建议广泛采用 ECU，以及一个 ECU 对应 400 Passmark 性能指标的映射。

3. 虚拟机

EC2 上使用 Xen 虚拟化技术。每个虚拟机称作一个"实例"，具有虚拟专用服务器功能。Amazon.com 基于弹性计算单位定义实例的大小。该系统提供以下类型的实例。

（1）标准实例

亚马逊 EC2 网站列出了以下可用的标准实例。

- 微型实例
  - ➢ 633MB 内存。
  - ➢ （最多）两个 EC2 计算单元（1 虚拟内核上 2 个 EC2 计算单元）。
  - ➢ 32 位或 64 位平台。
- 小型实例 - 默认
  - ➢ 1.7GB 内存。
  - ➢ 1 个 EC2 计算单元（1 个虚拟内核上 1 个 EC2 计算单元）。
  - ➢ 160GB 存储空间（150GB 加 10GB 的根分区）。
  - ➢ 32 位平台。
  - ➢ I/O 性能：中等。
  - ➢ API 名称：m1.small。
- 大型实例
  - ➢ 7.5GB 内存。
  - ➢ 4 个 EC2 计算单元（2 个虚拟内核，每个内核上 2 个 EC2 计算单元）。
  - ➢ 850GB 存储空间（2×420GB 加 10GB 的根分区）。
  - ➢ 64 位平台。
  - ➢ I/O 性能：高。
  - ➢ API 名称：m1.large。
- 特大实例
  - ➢ 15GB 内存。
  - ➢ 8 个 EC2 计算单元（4 个虚拟内核，每个内核上 2 个 EC2 计算单元）。
  - ➢ 1690GB 存储空间（4×420GB 加 10GB 的根分区）。
  - ➢ 64 位平台。

> ➢ I/O 性能：高。

> ➢ API 名称：m1.xlarge。

（2）高内存实例

该系列实例为高吞吐量应用提供大内存，包括数据库和应用程序的内存缓存等。

- 高内存超大实例

  > ➢ 17.1GB 内存。

  > ➢ 6.5 个 EC2 计算单位（2 个虚拟内核，每个内核上 3.2 5 个 EC2 计算单元）。

  > ➢ 420GB 存储空间。

  > ➢ 64 位平台。

  > ➢ I/O 性能：中等。

  > ➢ API 名称：m2.xlarge。

- 高内存双特大实例

  > ➢ 34.2GB 内存。

  > ➢ 13 个 EC2 计算单元（4 个虚拟内核，每个内核上 3.25 个 EC2 计算单元）。

  > ➢ 850GB 存储空间。

  > ➢ 64 位平台。

  > ➢ I/O 性能：高。

  > ➢ API 名称：m2.2xlarge。

- 高内存四路特大实例

  > ➢ 68.4GB 内存。

  > ➢ 26 个 EC2 计算单元（8 个虚拟内核，每个内核上 3.25 个 EC2 计算单元）。

  > ➢ 1690GB 存储空间。

  > ➢ 64 位平台。

  > ➢ I/O 性能：高。

  > ➢ API 名称：m2.4xlarge。

（3）高 CPU 实例

这个系列实例相比较存储器（RAM）有更多的 CPU 资源，非常适合计算密集型应用。

- 高 CPU 特大实例

  > ➢ 7GB 内存。

  > ➢ 20 个 EC2 计算单元（8 个虚拟内核，每个内核上 2.5 个 EC2 计算单元）。

  > ➢ 1690GB 存储空间。

  > ➢ 64 位平台。

  > ➢ I/O 性能：高。

  > ➢ API 名称：c1.xlarge。

（4）集群计算实例

- 四重特大集群计算实例

  > ➢ 18GB 内存。

> ➢ 33.5 个 EC2 计算单位（2 个英特尔至强 X5570，四核"Nehalem"架构）。
> ➢ 1690GB 存储空间。
> ➢ 64 位平台。
> ➢ I/O 性能：很高（10 千兆位以太网）。
> ➢ API 名称：cc1.4xlarge。

（5）价格

亚马逊主要通过两种方式对客户收费。

● 按小时对运行的虚拟机收费。
● 按数据流量收费。

额外费用：

● 已分配但未使用的弹性 IP 地址。
● 使用亚马逊弹性块存储（EBS）的存储空间。
● 在虚拟机上采用弹性负载均衡分配负载的附加费用。
● 使用 Amazon 的 CloudWatch 服务监测虚拟机。
● 使用亚马逊的弹性负载均衡的选择之间分配虚拟机负载。
● 还有可能针对配合 EC2 使用的其他亚马逊网络服务收费。

对运行的虚拟机按小时收费是根据分配到本机的资源（CPU 内核、内存和存储），以及预装的包括微软 Windows 在内的软件的注册许可费。只需很小一笔费用就可以将虚拟机关闭并保存下来，无须再承担按小时收费。

用户可以轻松地创建/重新启动虚拟机，也可以终止一个实例，以后需要时再重新创建一个，不过这样可能会丢失未备份的本地数据。

亚马逊没有每月最低费用或账户维护费。

（6）免费服务

截至 2010 年 12 月，亚马逊为新账户提供了一系列的免费资源，可以免费设计运行一个月的微型服务器，并且无须在开户第一个月就使用掉。

（7）保留实例

EC2 服务的保留实例功能可以为用户保留一年或三年的实例。保留实例会产生相关费用，不过对操作实例收取的费用远低于相应的无保留情况下的费用。

4．功能和特点

（1）操作系统

2006 年 8 月 EC2 服务推出后，提供了 Linux、Sun 的 OpenSolaris 以及 Solaris Express Community Edition。2008 年 10 月，EC2 可用系统列表里增加了 Windows Server 2003 和 Windows Server 2008 操作系统。2010 年 12 月 FreeBSD 可以使用，截至 2011 年 3 月 NetBSD AMIs 也可以使用了。

（2）永久存储

EC2 实例基于它的启动设备可以选择两种类型的存储——可以使用"实例卷"（原来只有这一种选择），也可以选择 EBS 卷。

实例卷存储方式是临时性的，可以用于重启 EC2 实例，但实例终止时，这些存储都会丢失。

EBS 卷存储是永久性的，类似于服务器上的硬盘驱动器。更准确地说，是在亚马逊的磁盘阵列上备份的操作系统里的块设备，该操作系统可以免费使用该设备。一般是加载文件系统后，这个卷当做一个硬盘驱动使用，还可以通过合并两个或更多的 EBS 卷来创建 RAID 阵列。RAID可以增加速度和/或 EBS 的可靠性。存储卷的大小从 1GB 到 1TB 不等，用户可以自行设置管理。卷存储支持快照，该功能在 GUI 工具或 API 里。可以往正在运行的实例上附加 EBS 卷，也可以随时分离。

简单存储服务（S3）是一个存储系统，EC2 实例可以访问其中的数据，已认证的调用者也可以直接通过网络读取。所有的通信网络都通过 HTTP 进行。亚马逊不收取 EC2 实例彼此之间的通信流量费，也不对同一地区 S3 存储之间的通信收费。访问存储在不同地区的 S3 数据则要按照亚马逊的正常费率计费。

S3 存储是每月按 GB 收费的。应用程序通过 API 访问 S3。例如，Apache Hadoop 针对 S3的特别支持：在 MapReduce 作业中，用文件系统支持读取和写入到 S3 存储。也有针对 Linux版的 S3 文件系统，是安装在 EC2 镜像上的 S3 文件存储，使用时如同 S3 本地存储一样。但是由于 S3 并非一个完整的 POSIX 文件系统，有些方面则有可能与在本地磁盘上有所不同（例如，无锁定支持）。

（3）弹性的 IP 地址

亚马逊的 Elastic IP 地址功能与传统数据中心的静态 IP 地址类似，只有一个关键的不同——用户无须网络管理员的帮助就可以将编程弹性 IP 地址映射到任何虚拟机实例上，而且也不必等候 DNS 即可设定。因此弹性 IP 地址其实隶属于账户，而非虚拟机实例。除非用户删除，否则可以一直存在。尚未提供 IPv6 功能。

（4）亚马逊 CloudWatch

亚马逊 CloudWatch 是一个 Web 服务，为亚马逊 EC2 用户提供资源利用率的实时监控，如CPU、磁盘和网络等。CloudWatch 不提供任何内存、磁盘空间或平均负荷的指标。亚马逊的工程师说，这是由于如果提供就需要在用户虚拟机上安装软件——这一点他们希望能够避免。数据通过 AWS 的管理控制台进行汇总并提供给用户。如果用户希望用监控软件监测 EC2 的资源，也可以通过命令行工具和网络 API 进行访问。

亚马逊 CloudWatch 收集的指标能通过自动缩放功能动态添加或删除 EC2 实例。对用户按照监测实例的数量收费。

（5）自动缩放

EC2 的自动缩放功能可以根据网站流量自动调整计算能力。

10.4 云计算应用步骤

① 首先需要登录到"AWS 管理控制台"。如果你还没有账户，则需要注册一个亚马逊账户，注册账户的过程非常容易，有向导可以引导你完成整个过程。登录后会看到如图 10-4 所示界面。

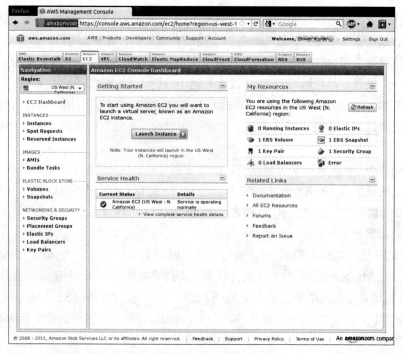

图 10-4　EC2 账户主界面

在这里，我们可以管理和操作虚拟机实例、虚拟机模板（AMI）、认证密钥对和安全组设置，也可以改变数据中心所在的区域（Region），在界面左侧的下拉列表中设置，本例保留默认的美国东部区域。对中国大陆的用户来说，使用日本的数据中心网络延迟会小一些。

② 在亚马逊的数据中心里启动第一个虚拟机。单击界面中间的"Launch Instance"（启动实例）按钮，我们将使用 Ubuntu 的虚拟机模板，该模板是众多 EC2 社区提供的模板之一，如图 10-5 所示。你可以在"社区 AMI"中搜索自己需要的模板。注意：虚拟机模板和区域是相关的。找到了正确的 AMI 后，单击"Select"按钮进行下一步。

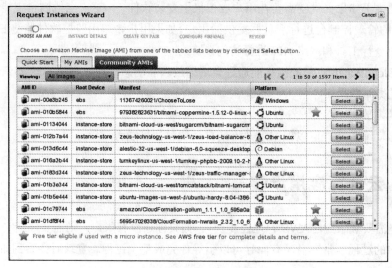

图 10-5　虚拟机模板列表

③ 选择硬件设置，如图 10-6 所示。

● 实例数（Number of Instances）：选择用该模板启动多少个虚拟机，在这里我们指定"1"个即可。

● 可用性区（Availability Zone）：对于每一个地区有几个数据中心，在这里便可以做出选择，我们保留默认的"No Preference"（没有特殊要求）。

● 实例类型（Instance Type）：选择使用的硬件，"m1.small，1.7GB"是最便宜和最小的，因此我们使用这个配置。单击"Continue"按钮进行下一步。

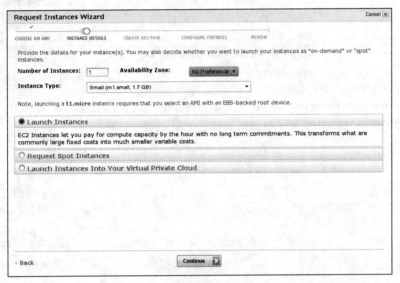

图 10-6　选择硬件设置

④ 进行高级设置，如图 10-7 所示。例如选择启动的内核和 RAM disk 等，在这里均选择"Use Default"（使用默认），然后单击"Continue"按钮。

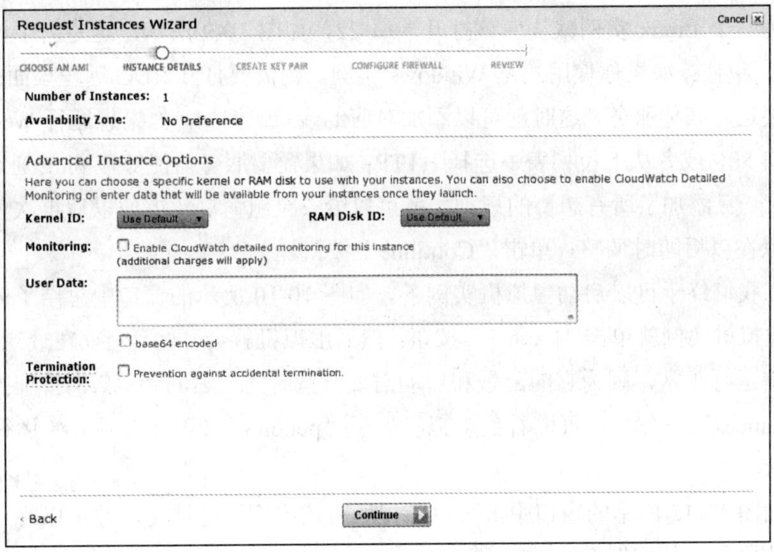

图 10-7　高级设置

⑤ 建立新的密钥对。密钥对可以让我们安全地连接到自己的虚拟机。一个密钥对由两个文件组成，其中一个是公钥，将由 AMI 部署在服务器上；另一个是私钥，由我们自己保存。如图 10-8 所示，在输入框中输入新建密钥对的名称，然后单击"Create & Download your Key Pair"（创建和下载你的密钥对）按钮，会打开一个 PEM 文件下载窗口，将这个文件下载到安全的地方，在登录服务器时要用到。如果要创建其他的实例，则可以再次使用这个密钥对，会节省一些时间。

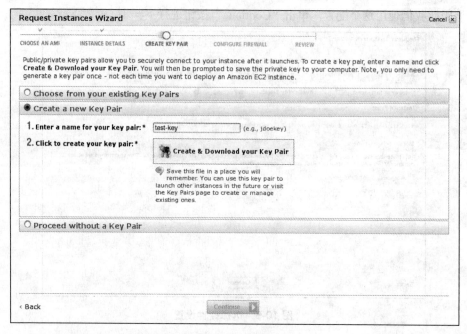

图 10-8　建立新的密钥对

⑥ 若已经下载了密钥文件，就应该被引导到下一个窗口，即为虚拟机实例设置防火墙规则窗口。作为一个 Linux 实例默认应该打开端口 22，如图 10-9 所示，这是为了使我们可以通过 SSH 登录。记住：如果你使用的是 Windows 实例，则需要打开 RDC 远程桌面的端口 3389。你可能还需要运行其他服务，这时就可以添加对应的端口。例如，如果想运行 Web 服务器，则需要添加端口 80，或者从下拉列表中选择 HTTP；如果需要服务器能够被 ping 通，则需要选择 ICMP 协议。一旦添加了所有想要的规则，就可以给安全组命名，方便以后再次使用它。安全组的规则可以在以后随时调整。单击"Continue"按钮。

⑦ 现在我们终于可以启动虚拟机实例了。如图 10-10 所示的窗口中总结了前面的所有配置。要运行虚拟机实例就单击"Launch"按钮，然后虚拟机就会开始运行。在登录虚拟机之前，需要确保实例运行正常，因为它的部署和启动需要一些时间。返回到 AWS 管理控制台，单击左边的"Instances"（实例），可以看到虚拟机处于"pending"（正在准备开始运行）状态，如图 10-11 所示。

⑧ 在如图 10-12 所示的窗口中，可以监视所有的实例运行情况，并可以终止它们。现在你应该看到刚刚创建的实例已经运行。

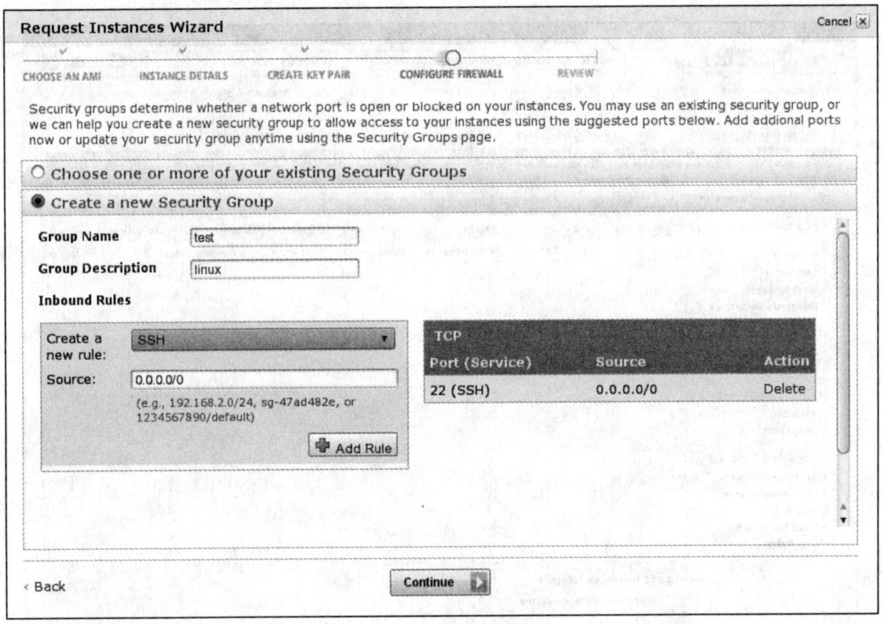

图 10-9　设置防火墙规则

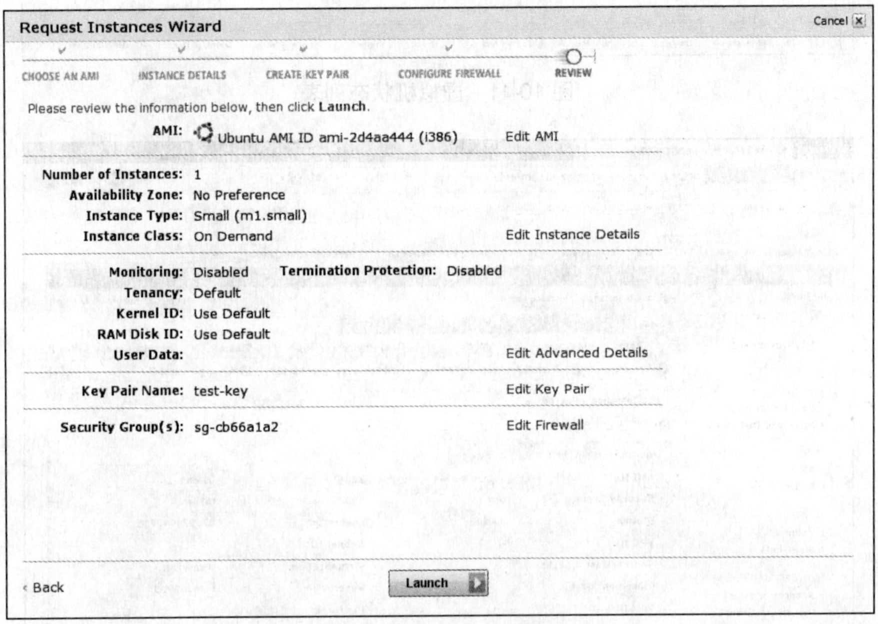

图 10-10　虚拟机配置总结

　　首先要找到实例地址。单击实例，然后向下滚动到窗口的底部，会找到一个名为"Public（公共）DNS"的域，记下这个地址。

　　然后就可以通过 SSH 登录了。如果你使用的是 Linux，那么只需要输入如下命令：

```
$ ssh -i <先前下载的 PEM 文件路径> root@<Public DNS 地址>
```

就可以登录了（不需要密码），如图 10-13 所示。

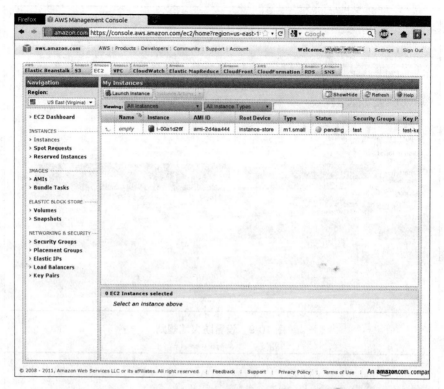

图 10-11　虚拟机状态列表

图 10-12　虚拟机详细信息

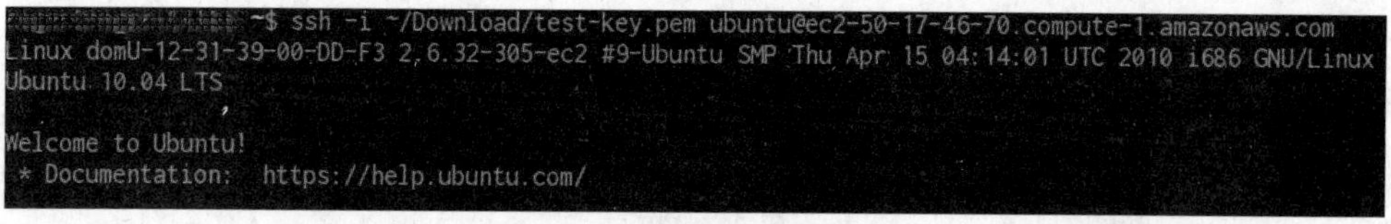

```
              ~$ ssh -i ~/Download/test-key.pem ubuntu@ec2-50-17-46-70.compute-1.amazonaws.com
Linux domU-12-31-39-00-DD-F3 2.6.32-305-ec2 #9-Ubuntu SMP Thu Apr 15 04:14:01 UTC 2010 i686 GNU/Linux
Ubuntu 10.04 LTS

Welcome to Ubuntu!
 * Documentation:  https://help.ubuntu.com/
```

图 10-13　虚拟机登录界面

如果你使用的是 Windows，则需要使用 SSH 软件例如 PuTTY 来登录。首先我们需要把 PEM 私钥文件转换成 PuTTY 能够识别的格式。要做到这一点，需要使用 PuTTYgen 工具，可以从下面的网址下载：

http://www.chiark.greenend.org.uk/~sgtatham/putty/download.html

⑨　如图 10-14 所示，单击窗口中间的"Load"（加载）按钮，选择在第 5 步中下载的 PEM 文件，然后单击"OK"按钮。（有时需要更改文件类型为"所有文件"才能看到 PEM 文件。）

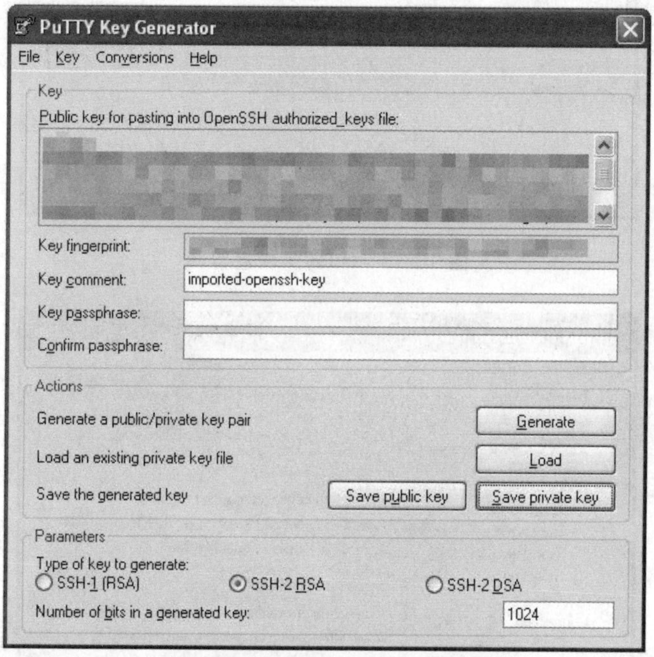

图 10-14　PuTTY gen 工具界面

在"Key passphrase"框中填入密码用来保护私钥文件（可以设置为空），然后单击"Save Private Key"（保存私钥）按钮，选择转换后的私钥文件的位置。

上面的操作只需要做这一次，以后只要使用转换后的私钥文件即可。在登录到实例时，可以使用刚才生成的 PPK 文件。

⑩　确认实例已经运行后，就可以登录了。打开 PuTTY，输入实例的公共 DNS 地址（见第 8 步），将它填入"Host Name"框中，如图 10-15 所示。

现在需要指定先前转换的 PPK 文件用于认证。在窗口左侧使滚动条向下滚动并选择"SSH"，再选择"Auth"，在"Private key file for authentication"框中输入 PPK 文件的位置，然

后单击 "Open" 按钮建立连接,如图 10-16 所示。随后可能弹出一个关于主机身份信息的对话框,单击 "Yes" 按钮即可。

图 10-15　PuTTY 配置界面

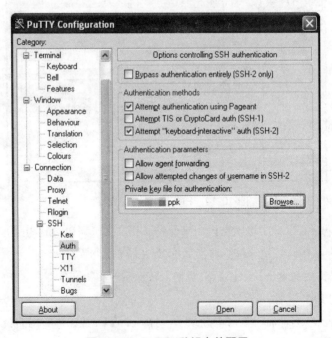

图 10-16　PuTTy 私钥文件配置

⑪ 输入用户名(root 或者 ubuntu),以及先前用于保护私钥文件的密码,登录虚拟机,如图 10-17 所示。

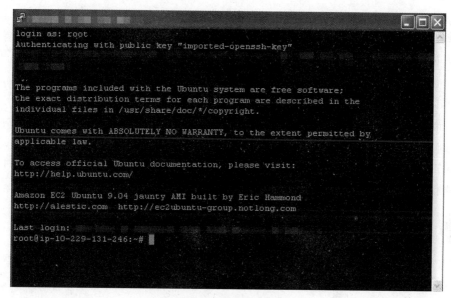

图 10-17 成功登录虚拟机

做完实验后,一定别忘了终止虚拟机,否则将会继续被亚马逊收费。只需回到"AWS 管理控制台",然后选择"Instance"(实例),并选择具体的实例,单击"终止"按钮即可。

10.5 —• 向 EC2 中导入虚拟机

利用 VM Import(导入)功能可以把有的 VMware 虚拟机映像(VMDK 文件)导入亚马逊 EC2 中,既可以导入包含引导操作系统映像的"系统盘",也可以导入不用于启动的数据盘。这项新功能为迁移和灾难恢复开启了新的通道。例如,我们可以使用 VM 导入功能将公司内部的数据中心迁移到亚马逊 EC2 上。

EC2 现在支持导入 32 位和 64 位的 Windows Server 2008 SP2 系统(支持标准版、企业版和数据中心版)。它正在努力增加对 Windows 其他版本的支持,包括 Windows Server 2003 和 Windows Server 2008 R2 支持。它也正在开发 Linux 发行版的直接导入支持,包括 CentOS、红帽和 SUSE。甚至可以将系统导入到虚拟专用亚马逊云(VPC)中。

导入操作可以通过 VM Import API 或命令行工具进行。在导入操作前,需要花一些时间准备映像,然后上传。例如,需要确保已经启用远程桌面访问、禁用防病毒或入侵检测软件(在导入过程完成后可以重新启用它们),也需要检查系统中部署的其他安全措施,以便能够和虚拟环境兼容。

可以使用 ec2-import-instance 命令来启动系统盘的导入过程。需要在命令参数中指定所需的亚马逊 EC2 实例的类型、参数(安全组、可用性区、VPC 等)和一个 Amazon S3 bucket 的名字,当然还有磁盘映像的文件名。该命令将提供一个任务 ID,在导入过程中会用到。

ec2-upload-disk-image 命令用来上传给定任务 ID 的文件。在上传过程中,读者可以得到相关的统计数据。该工具会把要上传的文件分割成多个部分以提高上传效率,并在上传失败后会自动重试。

上传完成后，导入过程的下一步自动发生在云端，所花费的时间取决于上传的映像大小。可以使用 ec2-describe-conversion-tasks 命令查看这一步的进度。

上传并转换完成后，就会看到一个新的 EC2 实例，并处于"停止"状态。接下来，就可以使用 ec2-delete-disk-image 命令来做清理工作。

ec2-import-volume 命令和 ec2-upload-disk-image 命令用来导入数据盘。上传后得到的结果是一个亚马逊 EBS 磁盘，可以将它添加在可用性区内的所有正在运行的 EC2 实例上。

转换工具没有额外的费用；上传带宽、S3 存储、EBS 存储和亚马逊 EC2 的运行时间都以通常费率收费。当导入并运行 Windows 服务器时，将支付 Windows 实例的标准价格。

10.6 EC2 原理

1．管理程序和 Dom0

亚马逊 EC2 可能是最大的 Xen 部署设施之一。据说亚马逊使用的 Xen 是经过大量修改和改编的版本，但确切的版本信息不得而知。Dom0 是 Xen 的管理域，可以基于 Linux、NetBSD 或 OpenSolaris 系统。就目前所了解的信息存储设置，可能是基于 Linux 的，但所使用的内核版本号无从知道。亚马逊似乎对 Red Hat Linux 偏爱有加，因此 Dom0 也有可能是 RedHat Linux。

2．Storage 存储

亚马逊 EC2 上使用两种不同的存储类型。其中一种是作为实例存储的本地存储，众所周知，这种存储是不可持久的，实例终止后数据就会丢失；另一种就是称为弹性块存储（EBS）的持久存储，这种存储基于网络，可以连接到正在运行的实例上或者作为持久性启动存储。用户可以使用"xenstore-ls"从 XenStore 中读取域的配置信息。

3．实例存储

实例存储在虚拟机上分为 3 个分区：用于根目录的 sda1、用于额外存储空间（/mnt）的 sda2，以及交换分区用的 sda3。通常来说，这些虚拟块设备后端是基于回环设备和 LVM 逻辑卷的。与回环设备相比，逻辑卷的性能和可靠性更好。

4．弹性块存储

弹性块存储（EBS）可能是基于 SAN 的系统，使用输出到节点的 iSCSI 卷，EBS 后端设备具有这样的参数形式：params="/ dev/gnbd**"，由此可以推断出使用了 Red Hat 的 GNBD 技术。

5．网络

EC2 的网络设置比较特别。亚马逊使用了基于路由的 Xen 网络设置，并且使用 DHCP 分配私有 IP 地址给虚拟机。虚拟机只有一个专用 IP 地址接口，因此 EC2 使用 NAT 将外部 IP 地址转换成内部地址。

在链路层上也使用了类似 NAT 的技术，所有输入/输出的数据包的 MAC 地址都是 EF:FF:FF:FF:FF:FF。系统还会防止 IP 欺骗和 ARP 攻击，也就是说，在虚拟机的 L2/L3 层地上，对 Dom0 的每个虚拟接口都进行了过滤。此外，EC2 的安全组也实施了类似的方案。

6. 域命名

用户可以通过 XenStore 决定虚拟机名称，比如类似亚马逊 EC2 上 domain ="dom_32504936" 之类的名称。由于域名样本有限，命名形式一般是后缀递增数字。假设该域名在整个 EC2 的存续周期里都是独一无二的，那就意味着亚马逊在 EC2 上启动了 3250 万个虚拟机。间隔 24 小时左右启动的两个实例，其域名后缀数字之间的区别是 82000 的话，就意味着在这段时间内启动了大约 8.2 万个虚拟机（假设后缀是递增的）。

10.7 vCloud 云计算平台

10.7.1 简介

1. 最高效、灵活和可扩展的云基础设施

作为虚拟化领域成熟的领导者，VMware 用其 VMware vCloud 解决方案为用户提供了前所未有的效率、灵活性和可扩展性。Gartner 公司列出云服务是最近企业采购的热门，而列表中相关的前 5 个服务中有 4 个都是以 VMware 的 vCloud 技术为基础运行的。VMware 与其他行业的领导企业通力合作，帮助这些企业利用现有资本享受云计算的好处，并能保留资本控制权。

VMware vCloud 的解决方案引入了新的抽象的类似于 VMware vSphere 可用性的技术，在数据中心层面上进行虚拟化。通过集中多个 VMware vSphere 集群之间的资源，VMware vCloud 解决方案降低了基础设施的资本和运营成本。其 IT 服务是完全封装以后交付的，便携单元 vApp 可以通过一个开放的 API 操作，并能利用 VMware vCloud 的兼容性扩展部署到任何云上。最终用户的消费由基于角色访问的政策控制，该政策与组织结构挂钩，并通过虚拟网络技术使类似的虚拟机环境同时部署。

VMware 的抽象政策驱动方法使得云基础设施提供了其他方案所没有的能力。资源管理政策允许资源超出保留基线过量地使用，从而提高了共享基础设施的利用率。资源池和虚拟分布式网络配置能减少提供服务所需的硬件数量，还能启用分布式资源调度和 VMware vMotion 之类的自适应情报。软件控制能够进行强制隔离，从而最大限度地减少了用户驱动或系统驱动故障出现的概率。这些独特的能力使得 VMware vCloud 能够提供最高效、灵活和可扩展的云基础设施。

2. 提供基础设施作为安全服务

VMware vCloud Director 将多个集群的基础设施资源汇集到基于策略的虚拟数据中心。VMware vCloud Director 整合现有的 VMware vSphere 部署和扩展功能，如：VMware 分布式资源调度（DRS）和 VMware vNetwork 分布式交换机，提供跨多个集群的弹性计算、存储和网络接口。这些弹性分层虚拟数据中心无须重复配置资源就能够使其供应 IT 服务。通过将基础设施能力逻辑整合成虚拟数据中心，IT 组织可以在基础设施的交付和支持它的底层硬件之间完全抽象地更有效管理资源。

利用 VMware 解决方案，能够按照趋势不断地进行监测，虚拟基础设施非常安全。VMware vShield App 使安全信任区政策适用于 VMware vCenter 集群，支持 VMware vCloud 保护和控制虚拟机 IT 治理组的流量。VMware vCenter 的配置管理器也能对虚拟环境进行连续监测，以检测不符合环境的潜在事故和故障。

3．启用混合云服务的可移植性

VMware vCloud Director 充分利用开放式标准，包括 VMware vCloud API 和开放虚拟化格式（OVF），能够进行横跨云的工作负载包装和迁移。通过封装多虚拟机服务和相关的 vApp 网络政策，VMware vCloud Director 可以让一个云上的最终用户与另一个云轻松共享服务，IT 部门还可以在云之间轻松地迁移服务。这种在内部的私有云之间，以及私有云和公共云之间迁移 vApp 的独特能力，使企业能够实现混合云的统一标准化优势。

自定义消息允许从 VMware vCloud Director 给其他系统发送输出通知，如请求审批工作流程之类的，这样数据中心现有的系统可以触发 vApp 操作。所有这些功能可以让企业根据自己独特的业务需求定制云基础设施，在企业混合云上自由地选择部署 IT 服务。

VMware 混合云方案如图 10-18 所示。

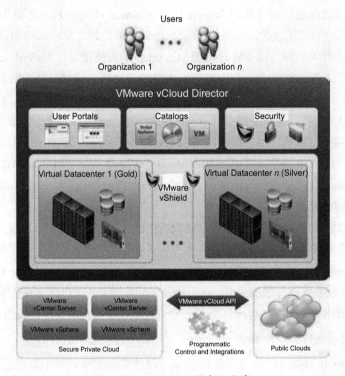

图 10-18　VMware 混合云方案

10.7.2　在第一台服务器上安装 VMware vCloud Director 软件

VMware vCloud Director 安装程序会验证目标主机是否满足所有的先决条件，提示用户接受许可条款，然后在主机上安装 VMware vCloud Director 软件。

VMware vCloud Director 软件分发成一个 Linux 可执行文件，执行该文件需要超级用户（root）权限。在目标主机上安装此软件后，会有一个选项来运行配置脚本，使用户能够自定义集群的网络和数据库连接细节。

 注：

目标主机以及连接到主机的网络必须满足 VMware vCloud Director 1.0 的安装要求。

下面介绍在第一台服务器上安装 VMware vCloud Director 软件的步骤。

① 用 root 账户登录到目标主机，如图 10-19 所示。

图 10-19　以 root 账户登录到目标主机

 注意：

VMware vCloud Director 需要 Red Hat 企业版 Linux 5（64bit）更新到 5.4 或者 5.5 版本，还需要有配置好可用的 Oracle 数据库。每个 VMware vCloud Director 需要两个 IP 地址，这样服务器就可以支持两个不同的 SSL 连接。查看 IP 地址如图 10-20 所示。具体的 IP 地址显示位置如图 10-21 所示。

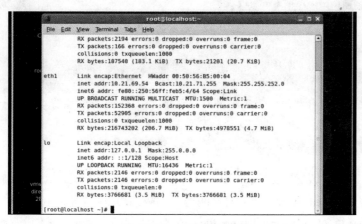

图 10-20　查看 IP 地址

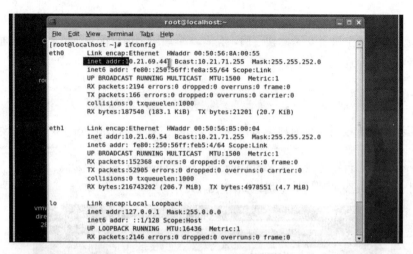

图 10-21　具体的 IP 地址显示位置

② 将安装文件下载到目标主机上。如果购买的软件是 CD 或其他媒介，则将安装文件复制到所有目标主机可以访问的位置。

③ 确认安装文件是可执行文件，如图 10-22 所示。

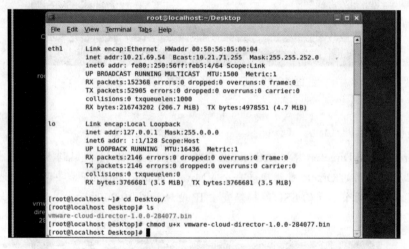

图 10-22　设置文件属性

 注意：

安装文件要求有执行权限。为了确保有此权限，以 Shell 或终端窗口打开一个控制台，运行以下命令：

```
# chmod u+x installation-file
```

installation-file 是 VMware vCloud Director 安装文件的完整路径。

④ 在控制台、Shell 或终端窗口中执行安装文件，如图 10-23 和图 10-24 所示。执行安装文件要输入完整的路径名（例如./ installation_file）。安装文件包括一个安装脚本以及嵌入式 RPM 包。

安装程序会验证主机是否满足所有的先决条件,然后才显示 VMware vCloud Director 许可协议。

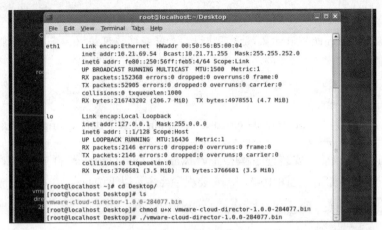

图 10-23 运行安装命令

图 10-24 安装程序自解压

⑤ 仔细阅读许可协议。输入 y,然后按 Enter 键接受许可协议,如图 10-25 所示。

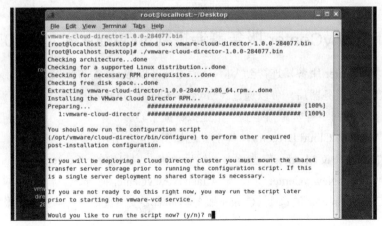

图 10-25 接受许可协议

注：

输入 n，然后按 Enter 键表示拒绝许可协议。如果拒绝许可协议，安装就不能继续进行。

 注：

要运行配置脚本，在/opt/Vmware/cloud-directoe/bin 目录下执行 configure 命令即可。

⑥ 接受许可协议后，安装程序解压缩 VMware vCloud Director 的 RPM 程序包，然后安装软件。软件安装完成后（见图 10-26），安装程序会显示以下消息：

```
Would you like to run the script now? (y/n)?
```

要马上运行配置脚本，就输入 y，然后按 Enter 键；否则，输入 n，然后按 Enter 键退出 Shell 界面。

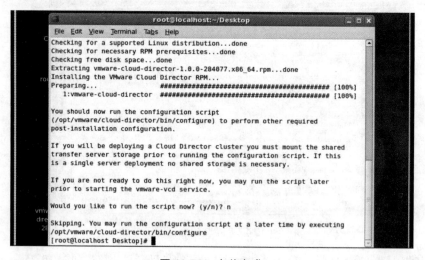

图 10-26　安装完成

10.7.3　如何将 vCenter 服务器连接到 VMware vCloud Director

下面介绍将 vCenter 服务器连接到 VMware vCloud Director 的步骤。

连接到 vCenter 服务器后，可以通过 VMware vCloud Director 使用其可用资源。可以将其资源池、数据存储和网络等资源指定到一个虚拟数据中心。

① 打开 Vmware Cloud Divector，其主界面如图 10-27 所示。

● 单击"Manage & Monitor"选项卡，然后单击左窗口中的 vCenters。

● 单击"Attach New vCenter"，启动 Attach New vCenter 向导。

添加到 vCloud Director 的每个 vCenter 服务器都需要安装配置一个 vShield 服务器，并保证其可用。

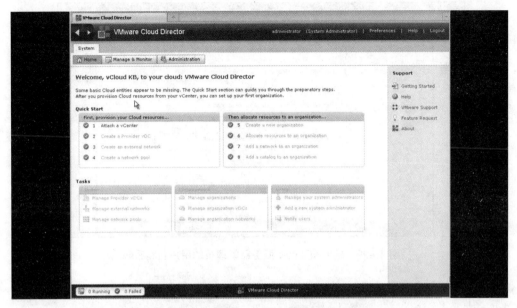

图 10-27　VMware vCloud Director 主界面

(2) 提供 vCenter 服务器连接，并显示信息，如图 10-28 所示。

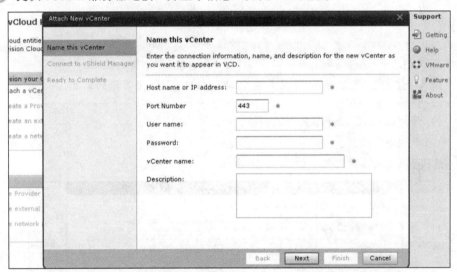

图 10-28　vCenter 基本信息

- 输入 vCenter 服务器的主机名或 IP 地址。
- 选择 vCenter 服务器使用的端口号。

 注:

默认的端口号是 443。

- 输入 vCenter 服务器管理员的用户名和密码，如图 10-29 所示。

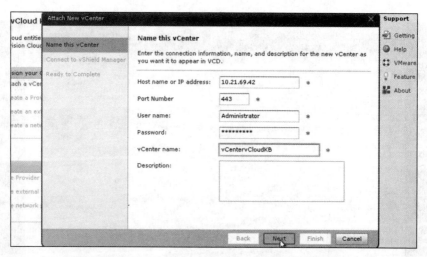

图 10-29 输入 vCenter 服务器管理员的用户名和密码

注：

该用户账户必须有 vCenter 管理员权限。

● 键入 vCenter 服务器名称。

注：

这里输入的名称将成为 vCenter 服务器在 vCloud Director 上显示的名称。

● （可选）输入 vCenter 服务器的描述。
● 单击 "Next" 按钮。

③ 连接到 vShield 管理器，如图 10-30 所示。

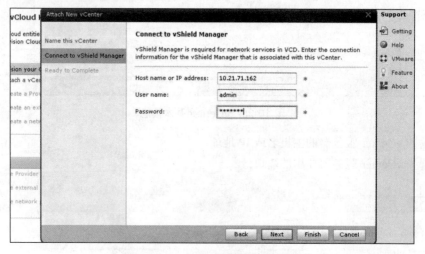

图 10-30 连接到 vShield 管理器

注：

VMware vCloud Director 要求 vShield 管理器提供网络服务。连接到 VMware vCloud Director 的每个 vCenter 服务器都需要 vShield 管理器。

- 输入连接到 vCenter 服务器的 vShield 管理器所使用的主机名或 IP 地址。
- 键入用户名和密码，连接到 vShield 管理器。默认的用户名是 admin，默认的密码是 default。可以在 vShield 管理器用户界面中更改这些默认设置。
- 单击"Next"按钮。

④ 确认设置，如图 10-31 所示。

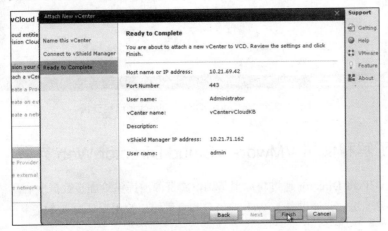

图 10-31　确认设置

- 检查 vCenter 服务器和 vShield 管理器的设置。
- （可选）如有需要，单击"Back"按钮修改设置。
- 单击"Finish"按钮，接受设置，连接 vCenter 服务器。

现在，VMware vCloud Director 连接到新的 vCenter 服务器，并为虚拟数据中心提供资源，如图 10-32 和图 10-33 所示。

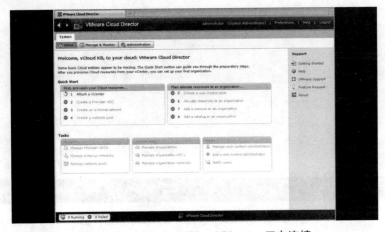

图 10-32　VMware vCloud Director 正在连接

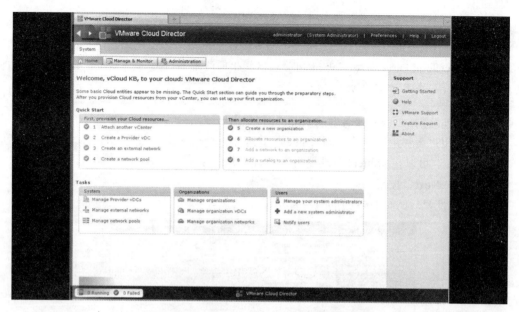

图 10-33　VMware vCloud Director 已经连接

10.7.4　了解和使用 VMware vCloud Director Web 界面

VMware vCloud Director 通过将虚拟基础设施资源池提供给虚拟数据中心，从而构建出安全、多租户的私有云，并通过基于 Web 的门户和编程接口给用户体验一个完全自动化的、基于目录的服务。

VMware vCloud Director 欢迎界面如图 10-34 所示。云计算组织列表如图 10-35 所示。

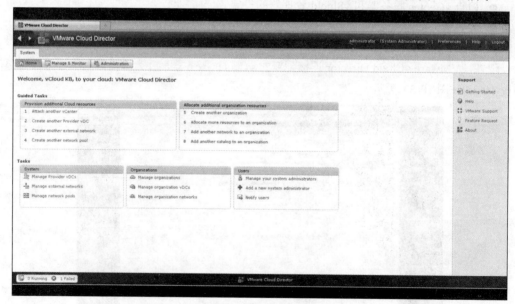

图 10-34　VMware vCloud Director 欢迎界面

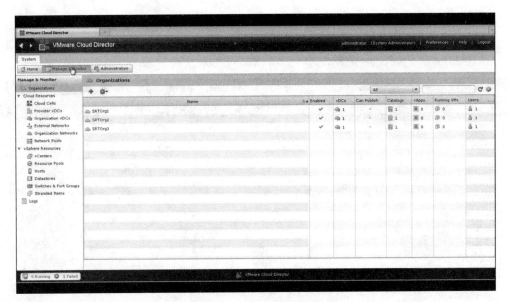

图 10-35　云计算组织列表

下面详细介绍 VMware vCloud Director 的各个组件。

1. vSphere 资源

VMware vCloud Director 依赖 vSphere 上的资源提供 CPU 和内存来运行虚拟机。此外，vSphere 数据存储为虚拟机操作提供虚拟机文件和其他必要文件的存储。

VMware vCloud Director 还利用 vNetwork 分布式交换机和 vSphere 的端口组支持虚拟机网络。用户可以使用这些基本的 vSphere 资源来创建云资源。

vCenter 列表如图 10-36 所示。

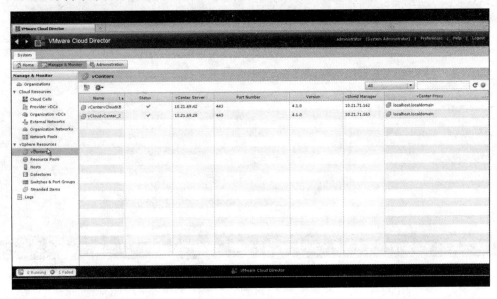

图 10-36　vCenter 列表

图 10-37 展示了 vCenter 的操作选项，可以在 vCloud 中对 vCenter 进行各种操作。

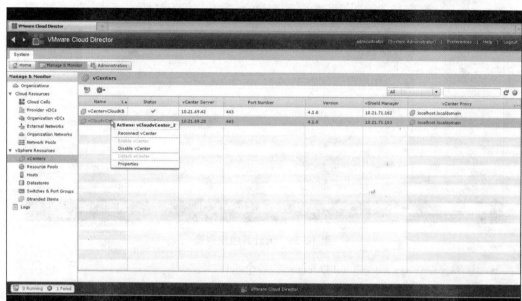

图 10-37　vCenter 的操作选项

管理员可以编辑 vCenter 的属性，如图 10-38 和图 10-39 所示。

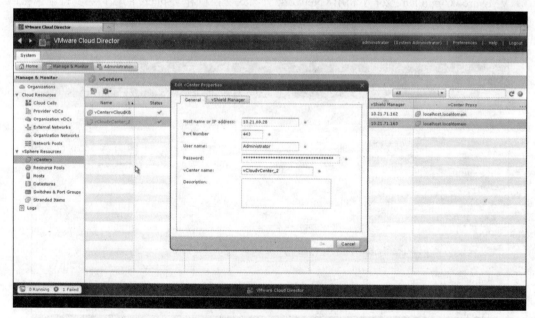

图 10-38　编辑 vCenter 的属性

图 10-39　vCenter 的管理地址和密码

查看资源池，如图 10-40 所示。

图 10-40　查看资源池

右键单击资源池，通过右键菜单可以方便地选择配置资源池属性，如图 10-41 所示。

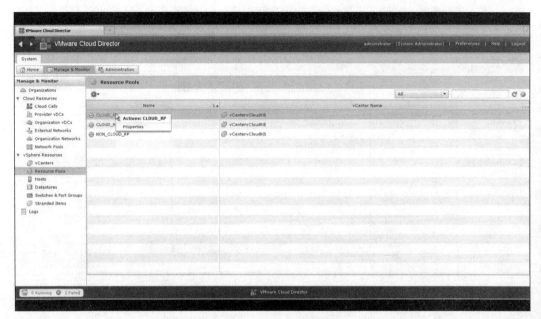

图 10-41　资源池的操作选项

在资源池属性对话框中管理员可以查看 CPU、内存和存储情况，如图 10-42 所示。

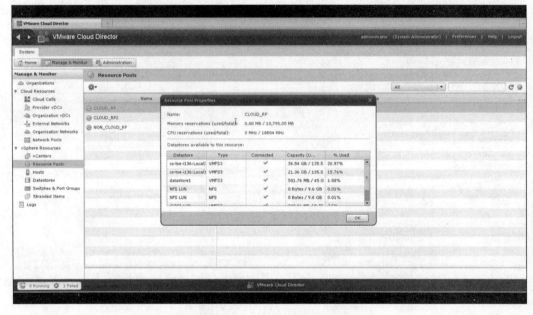

图 10-42　资源池属性对话框

管理员也可以配置 ESX 主机，如图 10-43 所示。

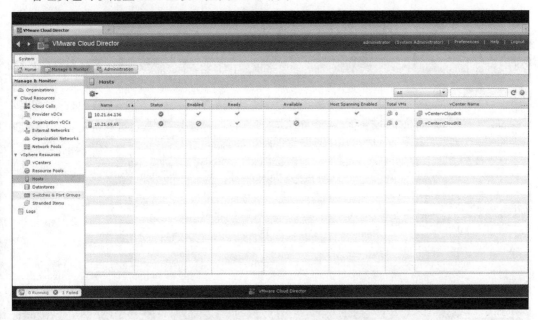

图 10-43 ESX 主机列表

查看所有的 Datastore 利用情况，如图 10-44 所示。Datastore 的操作选项如图 10-45 所示。

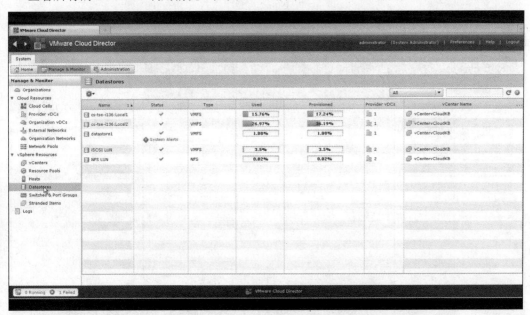

图 10-44 查看所有的 Datastore 利用情况

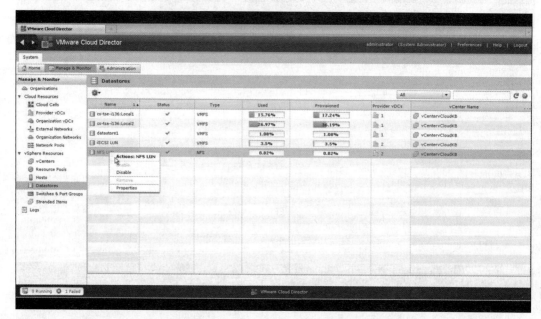

图 10-45　Datastore 的操作选项

可以查看 Datastore 的属性，或者对其阈值做出修改，如图 10-46 所示。

图 10-46　查看 Datastore 的属性

在 vCloud 中也可以管理整个云中的虚拟交换机，如图 10-47 所示。

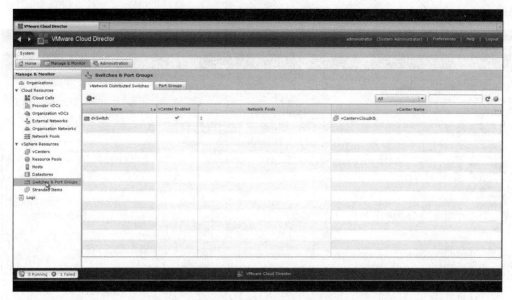

图 10-47 云中的虚拟交换机

2. 云资源

云资源是一个抽象的底层 vSphere 资源，为 vCloud Director 虚拟机和 vApp 提供计算和内存资源，还能访问存储和网络连接。

vApp 是一个虚拟的系统，包含一个或多个独立的虚拟机，以及定义操作细节的参数。云资源包括供应商和组织虚拟数据中心、外部网络、组织网络以及网络池。用户为 vCloud Director 添加云资源之前，必须先添加 vSphere 资源。云资源列表如图 10-48 所示。

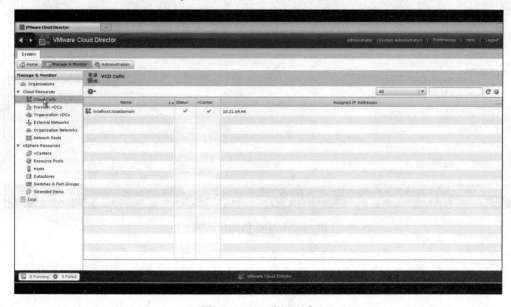

图 10-48 云资源列表

管理员可以查看资源提供者的 DC 及其属性,如图 10-49 所示。DC 的操作选项如图 10-50 所示。

图 10-49　资源提供者的 DC 列表

图 10-50　DC 的操作选项

在 DC 属性对话框中提供了整个 DC 的资源预览和使用情况，如图 10-51 所示。

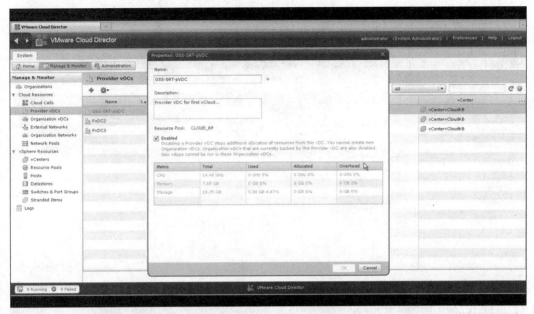

图 10-51　DC 属性对话框

管理员也可以查看隶属于组织架构部门的 DC，它实际上是由 DC 提供者映射到组织架构的，并通过资源池来管理，如图 10-52 所示。DC 的操作选项如图 10-53 所示。

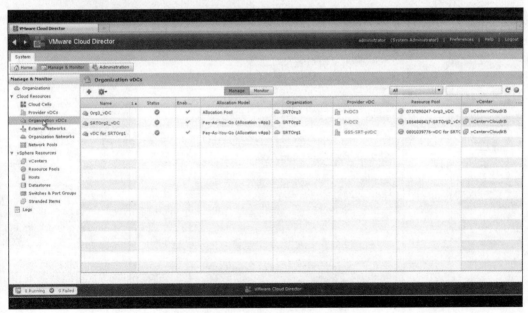

图 10-52　隶属于组织的 DC 列表

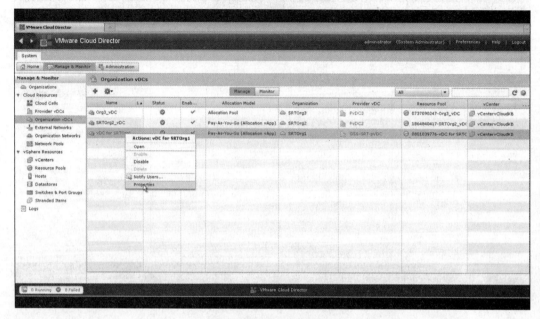

图 10-53　DC 的操作选项

在组织架构 DC 的属性中有 4 个页，如图 10-54 所示。

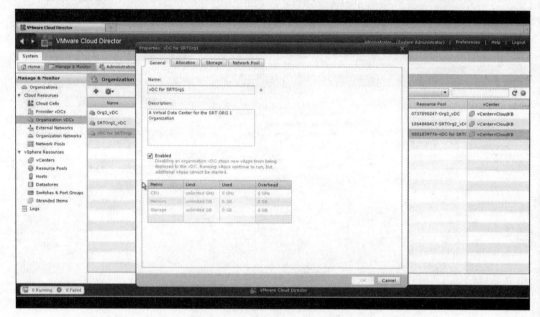

图 10-54　组织中的 DC 属性

Allocation 标签页可以管理资源的分配，如图 10-55 所示。

图 10-55 Allocation 标签页

Storage 标签页可以分配存储空间的限制，如图 10-56 所示。

图 10-56 Storage 标签页

Network Pool 标签页可以管理虚拟网络，如图 10-57 所示。

图 10-57　Network Pool 标签页

General 标签页则用来给整个 DC 命名，也可以控制整个 DC 的开关，如图 10-58 所示。

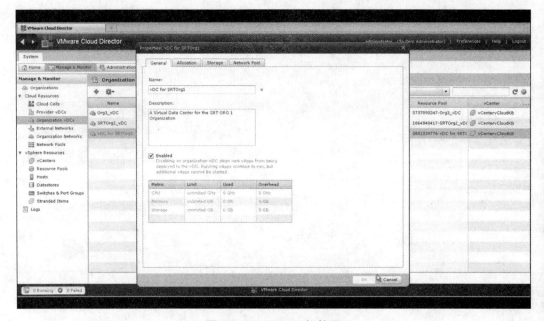

图 10-58　General 标签页

"External Networks"栏用来管理 DC 对外的网络接口，如图 10-59 所示。

图 10-59 管理外部网络

同样地，管理员可以用右键菜单来查看属性，如图 10-60 所示。

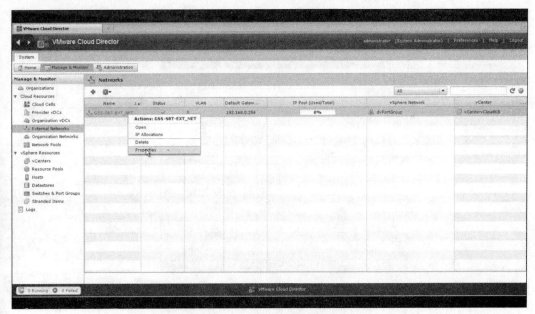

图 10-60 外部网络的操作选项

除了名称和描述外，也能看到外部网络使用的端口组，如图 10-61 所示。

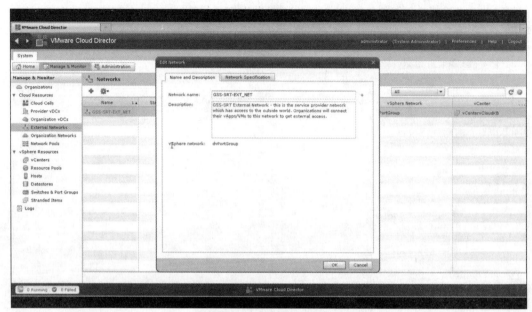

图 10-61　外部网络的端口组

还有具体的网络配置，如图 10-62 所示。

图 10-62　外部网络的配置

"Organization Networks"栏则用来查看组织内部的网络,如图 10-63 所示。

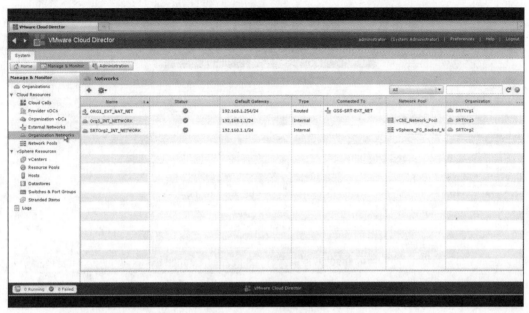

图 10-63　内部网络列表

对于内部网络,提供了更多操作选项,如图 10-64 所示。

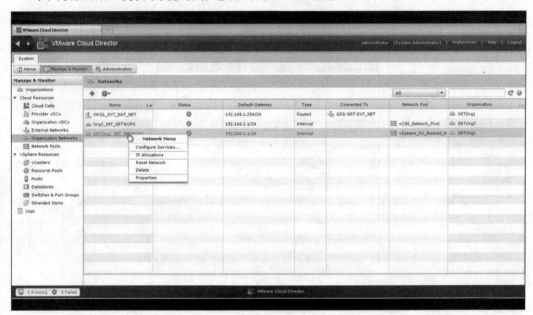

图 10-64　内部网络的操作选项

打开内部网络对话框，如图 10-65 所示。

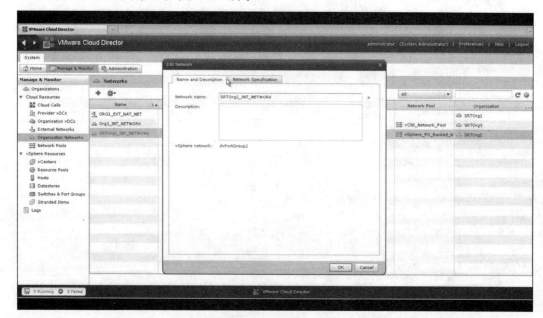

图 10-65　内部网络对话框

同样地，可以修改网络配置，如图 10-66 所示。

图 10-66　内部网络的配置

另外，在 vCloud 中还可以查看网络资源池，如图 10-67 所示。

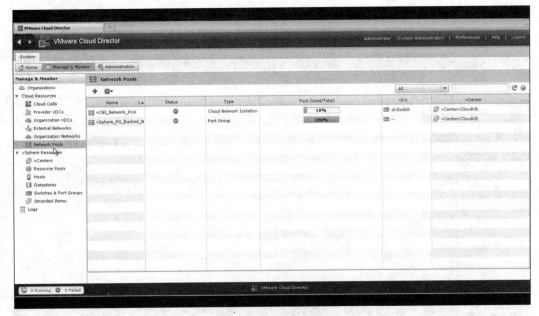

图 10-67　网络资源池列表

打开网络资源池属性对话框，资源池的操作选项如图 10-68 所示。

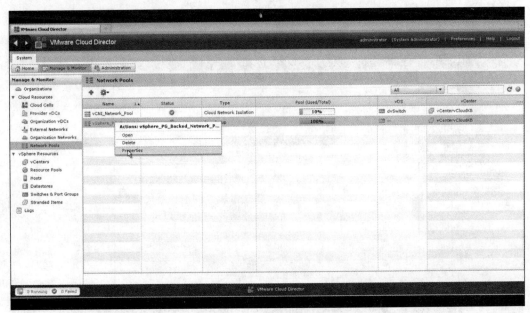

图 10-68　资源池的操作选项

在网络资源池属性对话框中，可以将网络资源池应用到某个 vCenter 中，也可以配置它的参数，如图 10-69 所示。

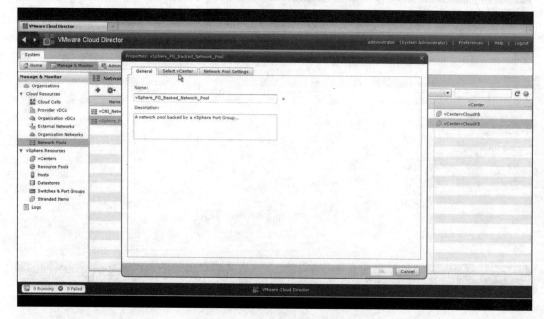

图 10-69　网络资源池属性对话框

"Select vCenter"标签页用来建立绑定，如图 10-70 所示。

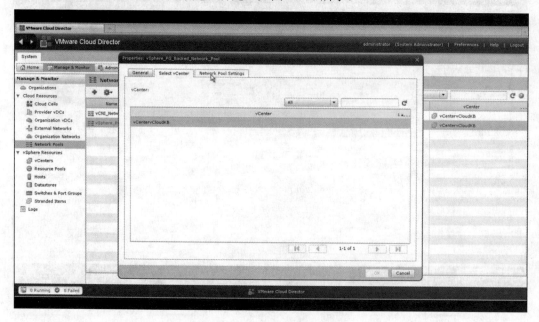

图 10-70　vCenter 选择页面

"Network Pool Settings" 标签页用来划分 VLAN，如图 10-71 所示。

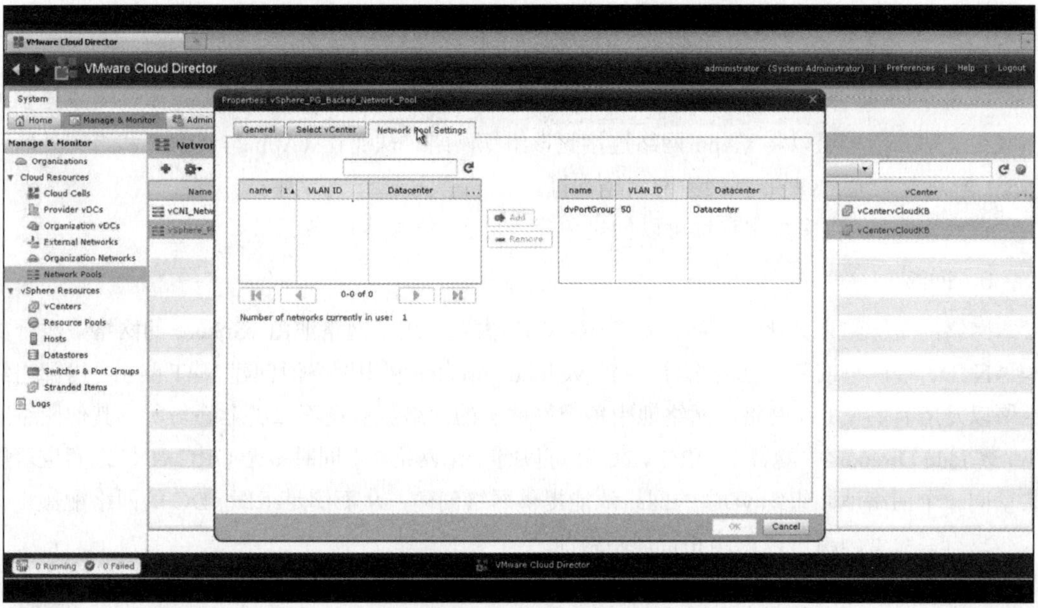

图 10-71　VLAN 划分页面

3．供应商虚拟数据中心

供应商虚拟数据中心（PvDC）将一个独立 vCenter 服务器资源池的计算和内存资源与连接到该资源池的一个或多个数据存储资源结合在一起，从而可以为不同地理位置或业务单位的用户，以及具有不同性能要求的用户，创建多个供应商 vDC。PvDC 为 ORG vDC 提供资源。

4．组织虚拟数据中心

组织虚拟数据中心（ORG vDC）为组织提供资源，是 PvDC 的一个分区。ORG vDC 提供环境，供虚拟系统存储、部署和运营。同时还为虚拟介质，如软盘和光盘提供存储。一个独立的组织可以有多个 ORG vDC。

5．vCloud Director 网络

vCloud Director 支持 3 种类型的网络：外部网络、组织网络和 vApp 网络。

有些组织网络和所有的 vApp 网络都由网络池支持。

（1）外部网络

外部网络是一个基于 vSphere 端口组的逻辑化、差异化的网络。组织网络可以连接到外部网络，为 vApp 内的虚拟机提供 Internet 连接。

只有系统管理员可以创建和管理外部网络。

（2）组织网络

组织网络包含在 vCloud Director 组织中，对组织中所有的 vApp 可用。组织网络允许组织内的 vApp 之间相互通信。用户可以将组织网络连接到外部网络，从而提供外部连接。还可以创建一个组织内部的独立组织网络。组织网络的某些类型支持网络池。

只有系统管理员可以创建组织网络。系统管理员和组织管理员都可以管理组织网络，只是组织管理员相对有一些限制。

（3）vApp 网络

vApp 网络包含在 vApp 内，允许 vApp 内的虚拟机之间相互沟通。如果组织网络连接到外部网络，那么用户可以将 vApp 网络连接到该组织网络，从而让 vApp 与组织内和组织外的其他 vApp 进行沟通。vApp 网络由网络池支持。

访问 vApp 的大多数用户都可以创建和管理自己的 vApp 网络。

6．网络池

网络池是一组未分化的网络，对 ORG vDC 内部可用。网络池由 vSphere 的网络资源，如 VLAN ID、端口组或云孤立网络等支持。vCloud Director 利用网络池创建 NAT 路由、内部组织网络以及所有的 vApp 网络。网络池中每个网络上的网络流量在第二层上都与所有其他网络隔离。vCloud Director 中的每个 ORG vDC 都可以有一个网络池，同时多个 ORG vDC 之间也可以共享同一个网络池。组织 vDC 的网络池能提供网络创建，从而满足组织 vDC 的网络配额。

只有系统管理员可以创建和管理网络池。

7．组织

vCloud Director 通过使用组织，可以支持多租户用户。一个 vCloud 组织就是一个管理用户、组以及计算资源集合的单位。当用户创建或导入时，组织管理员提供一个建立凭据，对用户进行组织级别的身份验证。

系统管理员负责创建和提供组织，而组织管理员负责管理组织中的用户、组以及目录。组织列表如图 10-72 所示。

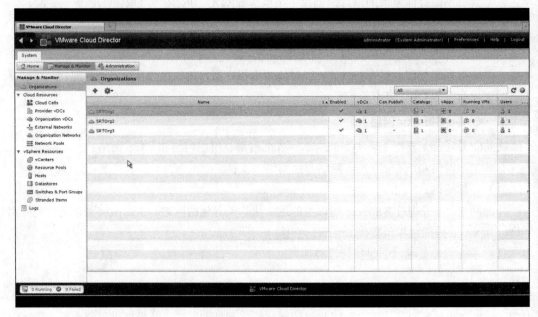

图 10-72　组织列表

右键单击组织名，选择"Properties"，打开组织属性对话框，如图 10-73 所示。

图 10-73 组织的操作选项

"General"标签页提供了组织的命名和描述，如图 10-74 所示。

图 10-74 为组织命名和描述

配置该组织的目录信息服务器，如图 10-75 所示。

图 10-75　组织的 LDAP 配置

更多的 LDAP 配置选项，如图 10-76 所示。

图 10-76　组织的 LDAP 配置选项

配置目录发布服务，如图 10-77 所示。

图 10-77 目录发布服务配置

配置 E-mail 服务器，用来发送系统通知，如图 10-78 所示。

图 10-78 E-mail 服务器配置

最后是组织策略配置，如 vApp 的授权时间和存储配额，如图 10-79 和图 10-80 所示。

图 10-79　组织策略配置 1

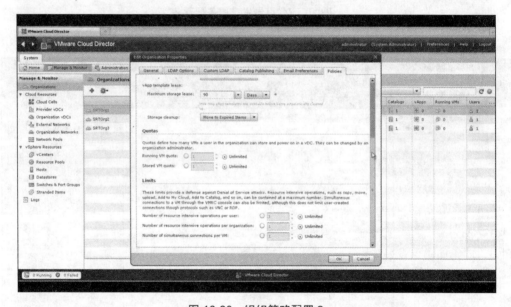

图 10-80　组织策略配置 2

8．用户和组

组织可以包含任意数量的用户和组。用户由组织管理员创建或直接从类似 LDAP 的目录服务导入，组则必须从目录服务导入。组织内的权限通过用户和组的权利以及角色的分配进行控制。

9．目录

组织使用目录来存储 vApp 模板和媒体文件。组织内访问目录的成员，可以使用目录的 vApp

模板和媒体文件创建自己的 vApp。系统管理员可以允许组织发布目录给其他组织使用，这样组织管理员可以选择提供哪些目录项目给用户。

小结

本章主要介绍了云计算的基本概念、基础技术和一些应用实例。通过阅读本章，读者对云计算的相关知识可以达到入门的程度。如果想了解更多知识，则可以前往 http://www.vmware.com/resources/techresources/查找关于本章所述技术的文档。

反侵权盗版声明

电子工业出版社依法对本作品享有专有出版权。任何未经权利人书面许可，复制、销售或通过信息网络传播本作品的行为；歪曲、篡改、剽窃本作品的行为，均违反《中华人民共和国著作权法》，其行为人应承担相应的民事责任和行政责任，构成犯罪的，将被依法追究刑事责任。

为了维护市场秩序，保护权利人的合法权益，我社将依法查处和打击侵权盗版的单位和个人。欢迎社会各界人士积极举报侵权盗版行为，本社将奖励举报有功人员，并保证举报人的信息不被泄露。

举报电话：（010）88254396；（010）88258888

传　　真：（010）88254397

E-mail：dbqq@phei.com.cn

通信地址：北京市万寿路 173 信箱　电子工业出版社总编办公室

邮　　编：100036